绿色化学导论

（第二版）

Introduction to Green Chemistry

李进军 吴峰 编著

图书在版编目(CIP)数据

绿色化学导论/李进军，吴峰编著．—2版．—武汉：武汉大学出版社，2015.8

ISBN 978-7-307-16389-8

Ⅰ.绿…　Ⅱ.①李…　②吴…　Ⅲ.化学工业—无污染技术　Ⅳ.X78

中国版本图书馆CIP数据核字(2015)第163067号

责任编辑：黄汉平　　责任校对：汪欣怡　　整体设计：马　佳

出版发行：**武汉大学出版社**　(430072　武昌　珞珈山)

(电子邮件：cbs22@whu.edu.cn　网址：www.wdp.com.cn)

印刷：武汉珞珈山学苑印刷有限公司

开本：787×1092　1/16　印张：14　字数：328千字　插页：1

版次：2002年12月第1版　　2015年8月第2版

2015年8月第2版第1次印刷

ISBN 978-7-307-16389-8　　定价：29.00元

前　　言

绿色化学是实现化学工业可持续发展的必然途径。近三十年来，绿色化学领域得到了深入的发展。鉴于化学在人类社会生活中发挥的不可替代的作用，绿色化学教育是各国政府都很关心的重要教育内容。国内外高校纷纷开设了“绿色化学”课程，宣传和普及绿色化学教育。早在2002年，徐汉生先生编著了《绿色化学导论》一书，受到了读者的热烈欢迎。受该书的启发，结合绿色化学近些年的发展，我们编著了这本教材，期望对于拓宽学生的知识面、优化学生的知识结构具有积极的作用。

全书包括9章，根据绿色化学的主要研究内容，大体分为绿色化学原料、绿色溶剂、绿色催化、高效合成技术、绿色产品、绿色能源等内容。编著过程中，我们尽可能地标注原始参考文献，方便读者自学、质疑与核实。

本书由李进军、吴峰编著，李进军编写第一、二、三、四、五章，吴峰编写第六、七、八、九章，由李进军统稿。武汉大学环境化学实验室的研究生程微、李苏奇、胡立鹃、袁亚男、张维东、李仪、陈维、杨少杰等在整理文献及编写过程中做了大量工作，在此一并致谢！

绿色化学所涉及的研究内容广泛，而我们自身的研究领域有限。在编写过程中，我们参考了大量研究人员的综述性文献和学位论文，向这些学界前辈致以崇高的敬意！

限于编者的水平与精力，错误与遗漏之处定然不少，诚请读者批评指正！

编者

2015年6月

目　录

第 1 章　绪论 ……………………………………………………………… 1

1.1　化学与人类社会的关系回顾 …………………………………………… 1

1.1.1　化学工业的巨大成就 ………………………………………………… 1

1.1.2　化学工业带来的资源与环境问题 …………………………………… 1

1.1.3　可持续发展战略方针 ………………………………………………… 2

1.2　绿色化学的产生与发展 ………………………………………………… 3

1.2.1　绿色化学的定义 ……………………………………………………… 3

1.2.2　绿色化学的发展历程 ………………………………………………… 3

1.2.3　绿色化学热点研究领域 ……………………………………………… 4

参考文献 ……………………………………………………………………… 6

第 2 章　绿色化学原则 …………………………………………………… 8

2.1　前十二条 ………………………………………………………………… 8

2.2　后十二条 ………………………………………………………………… 15

2.3　绿色工程十二条原则 …………………………………………………… 17

参考文献 ……………………………………………………………………… 20

第 3 章　绿色原料 ………………………………………………………… 22

3.1　碳酸二甲酯 ……………………………………………………………… 22

3.1.1　碳酸二甲酯概述 ……………………………………………………… 22

3.1.2　碳酸二甲酯的制备方法 ……………………………………………… 23

3.1.3　碳酸二甲酯的应用 …………………………………………………… 25

3.2　二氧化碳 ………………………………………………………………… 31

3.2.1　CO_2概述 ……………………………………………………………… 31

3.2.2　CO_2在化学合成中的应用 …………………………………………… 33

3.3　氧气 ……………………………………………………………………… 36

3.3.1　分子氧氧化技术概述 ………………………………………………… 36

3.3.2　分子氧氧化技术的应用 ……………………………………………… 37

3.4　过氧化氢 ………………………………………………………………… 40

3.4.1　过氧化氢概述 ………………………………………………………… 40

3.4.2　过氧化氢的制备 …… 40
3.4.3　过氧化氢在绿色化学中的应用 …… 41
3.5　高铁酸盐 …… 43
3.5.1　高铁酸盐概述 …… 43
3.5.2　高铁酸盐的制备 …… 44
3.5.3　高铁酸盐的应用 …… 44
3.6　有机高价碘试剂 …… 46
3.6.1　有机高价碘试剂概述 …… 46
3.6.2　高价碘在有机合成中的应用 …… 49
3.7　亚铁氰化钾 …… 52
3.7.1　绿色氰化剂概述 …… 52
3.7.2　亚铁氰化钾参与的氰化反应 …… 53
3.8　生物质 …… 53
3.8.1　生物质概述 …… 53
3.8.2　生物质利用方法与衍生产品 …… 54
参考文献 …… 57

第4章　绿色溶剂 …… 64
4.1　水 …… 64
4.1.1　水溶剂概述 …… 64
4.1.2　水作为溶剂的应用 …… 64
4.2　超临界流体 …… 67
4.2.1　超临界流体概述 …… 67
4.2.2　超临界流体的应用 …… 70
4.3　离子液体 …… 74
4.3.1　离子液体概述 …… 74
4.3.2　离子液体的应用 …… 76
4.4　聚乙二醇 …… 79
4.4.1　聚乙二醇概述 …… 79
4.4.2　聚乙二醇在有机合成中的应用 …… 79
4.5　低共熔溶剂 …… 81
4.5.1　低共熔溶剂概述 …… 81
4.5.2　低共熔溶剂的应用 …… 81
4.6　无溶剂反应 …… 84
4.6.1　无溶剂反应概述 …… 84
4.6.2　无溶剂反应举例 …… 84
参考文献 …… 87

第 5 章　绿色催化 …… 91
5.1　固体酸催化 …… 91
5.1.1　固体酸催化概述 …… 91
5.1.2　典型固体酸催化剂及应用 …… 93
5.2　固体碱催化 …… 109
5.2.1　固体碱催化概述 …… 109
5.2.2　典型固体碱催化剂及应用 …… 109
5.3　离子液体催化 …… 115
5.3.1　离子液体催化概述 …… 115
5.3.2　典型离子液体催化剂的应用 …… 116
5.4　生物催化 …… 121
5.4.1　生物催化概述 …… 121
5.4.2　酶的定向进化 …… 123
5.4.3　典型生物催化应用 …… 124
5.5　仿生催化 …… 128
5.5.1　仿生催化概述 …… 128
5.5.2　金属卟啉催化剂 …… 128
5.5.3　仿生催化应用 …… 130
5.6　不对称催化 …… 137
5.6.1　不对称催化概述 …… 137
5.6.2　典型不对称催化技术应用 …… 138
5.7　光催化 …… 142
5.7.1　光催化概述 …… 142
5.7.2　典型可见光催化有机反应 …… 144
5.8　天然气催化燃烧 …… 145
5.8.1　天然气催化燃烧概述 …… 145
5.8.2　天然气催化燃烧催化剂与反应工艺 …… 147
参考文献 …… 151

第 6 章　高效合成技术 …… 159
6.1　微波辅助技术 …… 159
6.1.1　微波辅助合成概述 …… 159
6.1.2　微波辅助合成技术应用 …… 160
6.2　超声辅助技术 …… 163
6.2.1　超声化学概述 …… 163
6.2.2　超声辅助技术的应用 …… 165

6.3　有机电化学合成 …… 166
6.3.1　有机电化学合成概述 …… 166
6.3.2　有机电化学合成反应分类与典型应用 …… 168
6.4　多组分反应 …… 171
6.4.1　多组分反应概述 …… 171
6.4.2　多组分反应示例 …… 172
参考文献 …… 173

第7章　绿色产品 …… 175
7.1　绿色农药 …… 175
7.1.1　生物农药 …… 175
7.1.2　化学农药 …… 176
7.2　绿色表面活性剂 …… 176
7.2.1　烷基多苷 …… 176
7.2.2　烷基醚羧酸盐 …… 177
7.2.3　生物质表面活性剂 …… 178
7.3　绿色清洗剂 …… 178
7.4　绿色缓蚀剂 …… 179
7.4.1　缓蚀剂概述 …… 179
7.4.2　绿色缓蚀剂 …… 180
7.5　绿色阻垢剂 …… 181
7.5.1　阻垢剂概述 …… 181
7.5.2　绿色阻垢剂 …… 182
7.6　绿色涂料 …… 182
7.6.1　水性涂料 …… 183
7.6.2　粉末涂料 …… 183
7.6.3　高固体分涂料 …… 184
7.7　绿色制冷剂 …… 184
7.7.1　绿色制冷剂概述 …… 184
7.7.2　绿色制冷剂研究现状 …… 185
7.8　可降解高分子材料 …… 187
7.8.1　可降解高分子材料概述 …… 187
7.8.2　可生物降解高分子材料 …… 187
7.8.3　其他类型可降解高分子材料 …… 189
7.9　绿色水泥 …… 190
7.9.1　绿色水泥概述 …… 190
7.9.2　绿色水泥的主要发展方向 …… 190

参考文献 …… 193

第 8 章　绿色能源 …… 198
8.1　燃料电池 …… 198
8.1.1　燃料电池的概念与工作原理 …… 198
8.1.2　燃料电池的优点 …… 199
8.1.3　燃料电池的分类 …… 199
8.2　氢能 …… 202
8.2.1　氢能概述 …… 202
8.2.2　氢能的制取与储存 …… 202
8.2.3　氢能的应用 …… 203
8.3　生物质能 …… 204
8.3.1　生物质能概述 …… 204
8.3.2　生物质能的转化与应用[22] …… 205
参考文献 …… 206

第 9 章　循环经济与工业生态学 …… 208
9.1　循环经济 …… 208
9.2　工业生态学 …… 209
参考文献 …… 214

第1章 绪　论

1.1 化学与人类社会的关系回顾

1.1.1 化学工业的巨大成就

化学是一门中心的、实用的和创造性的科学[1]。毋庸置疑，化学学科与化学工业的发展已经使人类社会的面貌发生了翻天覆地的变化。化学工业创造了大量新产品，极大地提高了人们的生产能力，丰富了人们的物质生活，彻底改变了人类的衣、食、住、行。化学给人类社会带来的巨大影响难以枚举，美国著名化学家布里斯罗在《化学的今天和明天》中描述：

从早晨开始，我们在用化学品建造的住宅中醒来，家具是部分地用化学工业生产的现代材料制作的，我们使用化学家们设计的肥皂和牙膏并穿上由合成纤维和合成染料制成的衣服，即使天然纤维(如羊毛或棉花)也是经化学品处理过并染色的，这样可以改进它们的性能。

为了保鲜，食品要被包装和冷藏起来，而这些食品要么用化肥、除草剂和农药使之生长；要么家畜类需兽医药来防病；要么需加入维生素后食用；甚至我们购买的天然食品，如牛奶，也必须经过化学检验后方可食用。

我们的交通工具——汽车、火车、飞机——在很大程度上依靠化学工业的产品；晨报是用化学家们制造的油墨在用化学方法制造的纸上印刷的；用于说明事物的照片要用化学家们制造的胶卷和胶片；日常生活中的金属制品都是用经过以化学为基础的冶炼转化为金属或合金后制造的，为了保护它们还要涂上油漆。

化妆品是由化学家制造和检验过的；警察和军人用的武器也都依靠化学。事实上，在我们的日常生活中很难找出一种不依靠化学和化学家帮助而制造出来的产品。

1.1.2 化学工业带来的资源与环境问题

化学工业在给人类带来巨大福祉的同时，也消耗了大量自然资源，并造成了严重的环境污染，已经严重威胁着人类及子孙的生存和地球的命运。从20世纪中叶开始，人类就先后发现了诸多环境问题：全球变暖、臭氧层破坏、酸雨、淡水资源危机、能源短缺、森林资源锐减、土地荒漠化、物种加速灭绝、垃圾成灾、有毒化学品污染等。这些问题中多数与化学工业有关，引发了人们严肃的思考[2,3]。先后发生过多次环境公害事件，如比利时马斯河谷烟雾事件、美国洛杉矶烟雾事件、美国多诺拉烟雾事件、英国伦敦烟雾事件、日本水俣病事件、日本富山骨痛病事件、日本四日市哮喘事件和日本米糠油事件等。

1962 年，美国学者雷切尔·卡逊发表了《寂静的春天》一书，指出了使用化学农药 DDT 对农村造成的可怕影响，“这儿的清晨曾经荡漾着鸟鸣的声浪，而现在只有一片寂静覆盖着田野、树木和沼泽，牛羊、小鸟、儿童、成人都得了神秘的疾病，甚至死亡”。这位先行者的警告遭到了很多既得利益者的攻击，但她还是唤醒了一部分人，并引发了现代环保主义运动。

在我国，随着经济社会的发展，与化学相关的行业造成的污染问题也十分突出。根据世界银行发表的中国环境报告测算，每年环境污染造成的损失即达 540 亿美元，占全国 GDP 的 8%，几乎冲抵了我国的年经济增长量。全世界目前每年产生 3~4 亿吨危险废弃物，中国化工业排放的废水、废气和固体废渣分别占全国工业排放总量的 22.5%、7.82% 和 5.93%，化学物质引起的环境污染已占总环境污染的 80%~90%[4]。

此外，从一定意义上讲，现代化学工业是以不可再生资源为基础的，特别是化石资源作为能源和材料的基础来源，在社会经济中起着至关重要的作用。材料是人类一切生产、生活的物质基础，一种材料的开发和使用，通常是某一时代生产力发展水平的标志。然而，21 世纪的人类将面临不可再生资源（在人类生活的时间尺度范围内）——化石原料和金属矿物逐渐耗尽与短缺的窘境，所以可持续发展是人类社会唯一的选择[5]。

1.1.3　可持续发展战略方针

1972 年联合国在瑞典斯德哥尔摩召开了第一次人类环境大会，共有 113 个国家和地区参加，大会形成的《人类环境宣言》向全球发出呼吁：在决定世界各地的行动时，必须更加审慎地考虑它们对环境产生的后果。大会还决定成立“世界环境与资源委员会”，责成其负责制订长期环境对策，研究有效解决环境问题的途径。“世界环境与资源委员会”于 1987 年发表了研究报告《我们共同的未来》，指出环境危机、能源危机和发展危机不能分割，地球的资源和能源远不能满足人类发展的需要，必须为了当代人和下代人的利益改变发展模式。

1992 年召开的“世界环境与发展大会”，有 183 个国家、102 位国家元首、70 个国际组织参加，会议通过了《环境与发展宣言》（后被称为地球宪章），提出了实现可持续发展的 27 条基本原则；制订了《21 世纪议程》，这是全球实现可持续发展的行动计划；还签署了《气候变化框架公约》等。这次大会拉开了世界各国走可持续发展道路的序幕，是人类发展史上的一座重要的里程碑。

联合国环境和发展委员会将可持续发展定义为：既符合当代人类的需求，又不损害后代人满足其需求能力的发展。可持续发展鼓励经济增长，但不仅重视经济增长的数量，更注重追求经济增长的质量；可持续发展的标志是资源的永续利用和良好的生态环境；可持续发展的目标不仅是经济增长，还注重谋求全社会的进步，包括人类在保障健康、接受教育、享有自由平等方面的权利；可持续发展的基本特性是公平性，包括代内公平和代际公平。持续性，即不应该损害支持地球生命的自然系统。共同性，指的是全球人民有共同的目标，应该共同努力。

为应对世界面临的环境问题，实现可持续发展战略，20 年来世界各国都在行动，取得了不少成绩。如德国在世界上最早制定循环经济与废物利用法，并大力发展循环经济；日本制定了建设循环型社会的法律体系，并在发展经济过程中十分注意节约资源，是资源节约型社会的典范；美国在发展工业生态学方面走在了世界前沿；欧洲各国强调提高资源利用率的重要性，大力发展绿色产业和废品回收业，做到了在人均资源消耗量减少的情况下保持 GDP 的增长[6]。

化学工业带来的大量环境与资源问题往往使人们下意识地把化学与污染联系在一起。为了实现化学工业的可持续发展，人们提出了“绿色化学”的发展思路。

1.2　绿色化学的产生与发展

1.2.1　绿色化学的定义

绿色化学又称环境无害化学（environmentally benign chemistry）、环境友好化学（environmentally friendly chemistry）、清洁化学（clean chemistry）[7]。绿色化学涉及有机合成、催化、生物化学、分析化学等学科，内容广泛。绿色化学倡导用化学的技术和方法减少或停止那些对人类健康、社区安全、生态环境有害的原料、催化剂、溶剂和试剂、产物、副产物等的使用与产生。

绿色化学的定义是在不断地发展和变化的。刚出现时，它更多的是代表一种理念、一种愿望。但随着学科发展，它本身在不断的发展变化中逐步趋于实际应用，且其发展与化工密切相关。绿色化学倡导人、原美国绿色化学研究所所长、耶鲁大学教授 P. T. Anastas 教授在 1992 年提出的“绿色化学”定义是：“The design of chemical products and processes that reduce or eliminate the use and generation of hazardous substances”即“减少或消除危险物质的使用和产生的化学品和过程的设计”。从这个定义上看，绿色化学的基础是化学，而其应用和实施则更像是化工。绿色化学所涉及的内容越来越广[8]。

需要指出的是，绿色化学与污染控制化学不同。污染控制化学研究的对象是对已被污染的环境进行治理的化学技术与原理，使之恢复到被污染前的面目。绿色化学的理想是使污染消除在产生的源头，使整个合成过程和生产过程对环境友好，不再使用有毒、有害的物质，不再产生废物，不再处理废物，这是从根本上消除污染的对策。由于在始端就采用预防污染的科学手段，过程和终端均为零排放或零污染。世界上很多国家已把“化学的绿色化”作为新世纪化学进展的主要方向之一。

1.2.2　绿色化学的发展历程

绿色化学最初发端于美国。1984 年美国环保局（EPA）提出“废物最小化”，基本思想是通过减少产生废物和回收利用废物以达到废物最少，初步体现绿色化学的思想。但废物最小化不能涵盖绿色化学整体概念，它只是一个化学工业术语，没有注重绿色化学生产过程。

1989 年美国环保局又提出了“污染预防”的概念，指出最大限度地减少生产场地产生的废物，包括减少使用有害物质和更有效地利用资源，并以此来保护自然资源，初步形成绿色化学的思想。

1990 年，美国颁布了污染防止法案，将污染的防止确立为国策。所谓污染防止是使得废物不再产生，因而不再有废物处理的问题。该法案中第一次出现“绿色化学”一词，定义为采用最小的资源和能源消耗，并产生最小排放的工艺过程。

1991 年，“绿色化学”成为美国环保局的中心口号，确立了绿色化学的重要地位。同时，美国环保局污染预防和毒物办公室启动“为防止污染变更合成路线”的研究基金计划，目的是资助化学品设计与合成中污染预防的研究项目。1993 年研究主题扩展到绿色溶剂、安全化学品等，并改名为“绿色化学计划”，“绿色化学计划”构建了学术界、工业界、政府部门及非政府组织等自愿组合的多种合作，目的是促进应用化学来预防污染[9]。

日本也制定了新阳光计划，在环境技术的研究与开发领域确定了环境无害制造技术、减少环境污染技术和二氧化碳固定与利用技术等绿色化学的内容。其他国家的企业、政府和学术界也把绿色化学的研究作为重要的研究与开发方向。

1995 年，美国前总统克林顿设立了“总统绿色化学挑战奖”，用来奖励在化学品的设计、制造和使用过程中体现绿色化学的基本原则、在源头上减少或消除化学污染物方面卓有成效的化学家或公司、企业。所设奖项包括更新合成路线奖、变更溶剂和反应条件奖、设计安全化学品奖、学术奖和小企业奖共 5 项。1996 年进行了首次颁奖，以后每年一次[8]。

澳大利亚皇家化学研究所 RACI(The Royal Australian Chemical Institute)于 1999 年设立了“绿色化学挑战奖”。此奖项旨在推动绿色化学在澳洲的发展，奖励为防止环境污染而研制的各种易推广的化学革新及改进，表彰为绿色化学教育的推广做出重大贡献的单位和个人。此外，日本也设立了“绿色和可持续发展化学奖”，英国设立了绿色化工水晶奖、英国绿色化学奖、英国化学工程师学会(IChemE)环境奖等[8]。

1998 年，P. T. Anastas 和 J. C. Warner 出版了“Green Chemistry: Theory and Practice”专著，并提出绿色化学十二条原则，这是绿色化学发展史上的里程碑。接着由英国皇家化学会主办的国际性杂志 *Green Chemistry* 于 1999 年 1 月创刊，现在成了绿色化学领域的权威学术刊物。

我国在绿色化学方面的活动也逐渐活跃。1995 年，中国科学院化学部确定了“绿色化学与技术”的院士咨询课题。1996 年，召开了“工业生产中绿色化学与技术”研讨会，并出版了《绿色化学与技术研讨会学术报告汇编》。1997 年，国家自然科学基金委员会与中国石油化工集团公司联合立项资助了“九五”重大基础研究项目“环境友好石油化工催化化学与化学反应工程”。中国科技大学绿色科技与开发中心在该校举行了专题讨论会，并出版了《当前绿色科技中的一些重大问题》论文集。1998 年，在合肥举办了第一届国际绿色化学高级研讨会。《化学进展》杂志出版了《绿色化学与技术》专辑。四川联合大学也成立了绿色化学与技术研究中心。2006 年 7 月正式成立了中国化学学会绿色化学专业委员会。上述活动推动了我国绿色化学的发展[3,10]。

1.2.3　绿色化学热点研究领域

绿色化学以利用可持续发展的方法，把降低维持人类生活水平及科技进步所需的化学产品与过程所使用与产生的有害物质作为努力的目标，因而与此相关的化学化工活动均属于绿色化学的范畴。近年来，绿色化学的研究主要围绕化学反应、原料、催化剂、溶剂和产品的绿色化来进行。英国 Crystal Faraday 协会在 2004 年提出的路线图中给出了 8 个技术领域，即绿色产品设计、原料、反应、催化、溶剂、工艺改进、分离技术和实现技术。在此基础上，纪红兵和佘远斌提出了绿色化工产品设计、原料绿色化及新型原料平台、新型反应技术、催化剂制备的绿色化和新型催化技术、溶剂的绿色化及绿色溶剂、新型反应器及过程强化与耦合技术、新型分离技术、绿色化工过程系统集成、计算化学与绿色化学化工结合等 9 个方面绿色化学和化工的发展趋势[8]。

1. 绿色化工产品设计

绿色化工产品设计要求对环境的影响最小化，这包括设计过程中的生命周期分析和循环回收、回用设计等。如果一个产品本身对环境有害，仅仅降低其成本和改进其生产工艺对环境的影响是不够的，化学工业需要思考更多的是产品全生命周期中的成本和收益，特别是要考虑社会和环境的成本。

2. 原料的绿色化及新型原料平台

原料在化工产品的合成中极其重要，它影响了化工产品的制造、加工、生产和使用等过程。选择原料时，应尽量使用对人体和环境无害的材料，避免使用枯竭或稀有的材料，尽量采用可回收再生原材料，采用易于提取、可循环利用的原材料，使用环境可降解的原材料。基于以上原则，一些新型的原料平台，如以石油化工中的低碳烷烃作为原料平台、以甲醇和合成气作为原料平台、以废旧塑料为原料平台和以生物质作为原料平台等在化工生产中越来越受到瞩目。

3. 新型反应技术

迄今为止，化学家构筑了大量的化学反应。从绿色角度来看，由于很多传统有机合成反应用到有毒试剂和溶剂，这些有毒试剂和溶剂的绿色替代物的开发给这些传统反应的重新构筑提供了机遇。另外反应与生物技术、分离技术、纳米技术等的结合使得开发新型反应路径仍有空间。

4. 催化剂制备的绿色化和新型催化技术

由于催化剂不仅能改变热力学上可能进行的反应速率，还能有选择地改变多种热力学上可能进行的反应中的某一种反应，选择性地生成所需目标产物，因此在实现化工工艺与技术的绿色化方面举足轻重。高效无害催化剂的设计和使用成为绿色化学研究的重要内容，选择性对于催化剂的评价和绿色程度的评价尤为重要，选择性的提高可开辟化学新领域，减少能量消耗和废物产生量。

5. 溶剂的绿色化及绿色溶剂

大量的与化学品制造相关的污染问题不仅来源于原料和产品，而且源自在其制造过程中使用的辅助性物质。最常见的是在反应介质、分离和配方中所用的溶剂。目前广泛使用的溶剂是挥发性有机化合物(VOCs)，其在使用过程中有的会引起臭氧层的破坏，有的会引起水源和空气污染，因此需要限制这类溶剂的使用。采用无毒无害的溶剂，代替挥发性有机化合物作溶剂已成为绿色化学的重要研究方向，在新工艺过程中需要限制这些溶剂的使用，最好不用，或用环境友好的代替物替代环境不友好的溶剂。

6. 新型反应器及过程强化与耦合技术

为了实现绿色化工技术，许多工艺的改进，如反应器的设计、单元过程的耦合强化，成为这些技术得以实现的基础，可极大地提高原子效率并降低能耗。在常规的化学反应基础上，采用新技术进行过程强化，可使反应得以强化。例如，微波应用于有机反应，能大大加快化学反应的速度，缩短反应时间，具有产物易于分离、产率高等优点，已广泛应用于各类化学反应。由于超声波能加快反应速度、缩短反应时间、提高产率和反应选择性、具有温和的反应条件等多种有利因素，近些年来更是作为一种绿色化学的有效手段广泛应用于有机合成中。

7. 新型分离技术

化工分离过程耗费相当一部分能量，因此研究新型分离技术对于国民经济来说非常重要。分离追求的目标是节省能源、减少废物、避免废物盐的产生、减少循环、避免或减少有机溶剂的使用等。目前超临界流体萃取、分子蒸馏、膜的使用以及生物分子和大分子的分离是研究的焦点。超临界流体萃取和分子蒸馏涉及高压或高真空，设备一次性投资大，操作条件也较为苛刻，这是阻碍其大规模推广应用的主要因素。用于生物大分子的新型分离手段成本较高，需进一步开发新的技术，降低成本。

8. 绿色化工过程系统集成

可持续发展给传统的过程系统工程提出了新的挑战，为此，必须研究绿色过程系统集成的理论及方法。作为过程工业中的重要组成部分——化学工业，绿色化工过程系统集成涉及的是一个“化学供应链”的问题，涵盖从分子→聚集体→颗粒→界面→单元→过程→工厂→工业园的全过程，主要研究与“化学供应链”相关的过程工程或产品工程的创造、模拟、优化、分析、合成/集成、设计和控制等问题，并将环境、健康和安全对过程或产品的影响作为约束条件或目标函数嵌入模型中，以多目标、多变量、非线性为重要特征，以全系统的经济、环境和资源的协调最优为最终目标。

9. 计算化学与绿色化学化工结合

模拟化学的数值运算与计算机化学的逻辑运算结合起来进行“分子的理性设计”，将是21世纪化学的特色之一。完全顺应目前备受化学界重视和倡导的绿色化学的思想，使化学成为与生态环境协调发展的、更高境界的化学。在进行绿色化工工艺和技术的过程中，借助于量子化学计算的结果，可以更为精确地选择底物分子、催化剂、溶剂以及反应途径，这样可使用尽可能少的实验达到预期目标，大大减少了实验次数，从而在研发阶段从根本上减少了原料的消耗，使得对环境污染的排放也相应减少，大大提高研究效率。

参考文献

[1] R. 布里斯罗. 化学的今天和明天——一门中心的、实用的和创造性的科学[M]. 北京：科学出版社，2001.

[2]朱清时. 绿色化学与可持续发展[J]. 中国科学院院刊，1997(6)：415-420.

[3]李正启. 绿色化学与人类社会的可持续发展[J]. 化学工业，2011，29(4)：3-5.

[4] 高鹏，李维俊. 绿色化学与可持续发展[J]. 北方环境，2011，23(9)：25-26.

[5] 陈重西. 可持续环境友好的经济发展模式展望[J]. 青岛大学学报，2012，27(2)：71-84.

[6] 钱易. 环境保护与可持续发展[J]. 中国科学院院刊，2012，27(3)：307-313.

[7] 徐汉生. 绿色化学导论[M]. 武汉：武汉大学出版社，2002.

[8] 纪红兵，佘远斌. 绿色化学化工基本问题的发展与研究[J]. 化工进展. 2007，26(5)：605-614.

[9] 沈玉龙，曹文华. 绿色化学[M]. 2版. 北京：中国环境科学出版社，2009.

[10]闵恩泽，傅军. 绿色化学的进展[J]. 化学通报，1999 (1)：10-15.

第2章　绿色化学原则

绿色化学的一个重要概念是设计。通过在分子水平上精心设计化学品与化学合成工艺，可以消除它们内在的危害与造成事故的风险，降低化学过程的不良后果，可以实现化学与生态环境的协调。通过对绿色化学领域的研究和实践进行总结，相关领域的研究人员提出了一系列绿色化学的设计规则，可以作为绿色化学设计指南。

2.1　前十二条

1998年，Anastas和Warner提出了绿色化学的十二条原则，简称前十二条[1]。2010年，Anastas[2]等对十二条原则进行了进一步阐述，下面将对这十二条原则进行介绍。

1. 预防(Prevention)

防止废物产生优于废物产生后进行处理。

防止废物是绿色化学十二条原则的第一条。生产过程中产生的任何没有现实价值的物质都可称为废物(waste)，包括未转化的原料、反应过程中的无用副产物、未成功分离的有用产物、溶剂和其他辅助材料等。需要指出的是，能源也被看成是原料的一部分，因此，能源的损失也被看成浪费(waste)。根据毒性、数量及释放方式等的不同，废物会对环境造成一定影响。

化学过程中产生的废物是造成环境污染的主要原因之一，因此，其排放量在一定程度上可以说明化学过程对环境造成负荷的程度。1992年，荷兰学者Sheldon提出了E-因子的概念，也称环境因子(environmental factor)，定义为化学过程中所产生的废物质量与目标产物质量的比值，用于量化生产每公斤产品所产生的废物。E-因子现在已成为被广泛认可的评估制造过程的环境可接受性的指标之一。一般而言，化学反应步骤越多，产品越精细，E-因子往往也越大(表2.1.1)。

表2.1.1　**典型化工行业的环境因子**

工业部门	E-因子	产品产量/t	排放废弃物量/t
石油炼制	约0.1	$10^6\sim10^8$	$10^5\sim10^7$
大宗化学品工业	1~5	$10^4\sim10^6$	$10^4\sim10^6$
精细化工	5~50	$10^2\sim10^4$	$10^2\sim10^5$
制药工业	25~100	$10\sim10^3$	$10^2\sim10^5$

防止废物即设计防止废物产生的化学工艺，防止废物的形成要优于废物形成之后对其进行处理。在副产物不可避免的情况下，可以寻求产业生态学的解决途径，使得废物成为新的有价值的原材料，用于其他的生产过程，再次进入生命周期(life cycle)。

必须指出的是，仅仅依据产生的废物的质量并不能评估一个化学过程对环境的影响，还必须考虑废物在环境中的行为和毒性。Sheldon 提出了环境商(environmental quotient, EQ)作为综合评价指标。

环境商表示为：$EQ = E \times Q$

式中，E 为 E-因子；Q 为指定废物的环境不友好熵值(assigned unfriendliness quotient)。

例如，可以将 NaCl 的 Q 值指定为 1，依据毒性和回收的难易程度等的不同，将不同重金属的熵值指定为 100~1000。显然，Q 值的指定具有一定的争议，但是通过这种方法可以将废物的环境影响进行量化。值得注意的是，一个特定的物质的 Q 值可能和其产生的数量、生产的地点和是否回收等因素有关。例如，每年产生 100~1000 吨 NaCl 废物不会造成严重的问题，这种情况下可以将其 Q 指定为 0。但是如果每年产生 1 万吨 NaCl 则会产生严重的环境问题，因此，这种情况下需要指定一个较大的 Q 值。另一方面，在产生量比较高的情况下，如果可以方便对其进行回收再利用，降低环境影响，则又可以指定一个较小的 Q 值[3]。

2. 原子经济性(atom economy)

设计的合成方法应当使所有原料的原子被吸收进最终产品中。

产率是传统化学对合成过程的效率的评价指标，但是即使 100%产率的化学反应，也可能产生大量的废物，因此，单纯用产率不能衡量化学过程对环境的影响。

1991 年，美国斯坦福大学的 Trost 提出了原子利用率(atom utilisation)、原子经济性(atom economy)或原子效率(atom efficiency, AE)的概念，在数值上等于目标产物的分子量与所有反应物的分子量的比值(式 2.1.1)。高效的合成反应应该最大化地利用原材料中的每一个原子，使之最大数量地进入产物中。一个理想的化学反应应该吸收所有的反应物原子进入产物中，即原子利用率为 100%。

AE =(目标产物的分子量/全部反应物的分子量之和)× 100%

例如，式(2.1.1)所示的合成间三苯酚的反应：

$$\text{2,4,6-}(O_2N)_3C_6H_2CH_3 + K_2Cr_2O_7 + 5\,H_2SO_4 + 9\,Fe + 21\,HCl \longrightarrow$$

$$C_6H_3(OH)_3 + Cr_2(SO_4)_3 + 2\,KHSO_4 + 9\,FeCl_2 + 3\,NH_4Cl + CO_2 + 8\,H_2O \qquad (2.1.1)$$

MW = 126　　392　　272　　1143　　160.5　　44　　144

$$AE = \frac{126}{392+272+1143+160.5+44+144} \times 100\% \approx 5\%$$

由于产生大量废物，计算得到原子利用率只有约 5%。

有些类型的反应原子利用率可以达到 100%，例如重排反应(式(2. 1. 2))、加成反应(式(2. 1. 3))等。

$$\text{环己酮肟} \xrightarrow{H_2SO_4} \text{己内酰胺} \qquad (2.1.2)$$

$$CH_2{=}CH_2+Br{-}Br \xrightarrow{\text{催化剂}} H_2C(Br){-}CH_2(Br) \qquad (2.1.3)$$

需要指出的是，与 E-因子相比，原子利用率是一个理论数值，其计算基于反应产率为 100%的假设，且不考虑反应方程式中没有出现的化学计量试剂和辅助试剂。理想情况下，可以根据原子利用率计算 E-因子，例如，原子利用率为 40%的反应，E-因子为 1.5(60/40)。但实际上，由于化学反应的转化率通常达不到 100%，有部分反应物最终成为废物，且通常需要使用辅助试剂和化学计量试剂，产生的废物的量远远高于计算得到的副产物的量，E-因子往往要远高于根据原子利用率计算得到的数值[3]。例如，式 2. 1. 1 所示的合成间三苯酚的反应，根据原子利用率(5%)计算得到的 E-因子约为 20，但实际反应过程中的 E-因子约为 40。

3. 低危害化学合成(less hazardous chemical synthesis)

只要有可能，设计的合成方法都应该使用和产生对人类健康和环境低毒或无毒的物质。

绿色化学要求合成化学家在设计合成工艺时要考虑反应对人体和环境的危险性。可以通过选用低毒和无毒的化学品为选料、采用温和的反应条件等措施来降低危险性。

例如，环氧丙烷的传统合成方法是氯醇法，分为两步：

$$CH_2{=}CH_2+Cl_2+H_2O \longrightarrow ClCH_2CH_2OH + HCl \qquad (2.1.4)$$

$$ClCH_2CH_2OH + Ca(OH)_2 \longrightarrow \text{环氧乙烷} + CaCl_2+H_2O \qquad (2.1.5)$$

新型催化直接氧化法反应式为：

$$CH_2{=}CH_2+1/2\ O_2 \longrightarrow C_2H_4O \qquad (2.1.6)$$

很显然，传统的氯醇法需要使用剧毒的氯气作为反应原料，存在泄漏造成环境事故的风险，而且原子利用率低，有废物产生，也可能污染环境。而直接氧化法以无毒的氧气为氧化剂，反应的原子利用率为 100%，无废物产生。因此，直接氧化工艺降低了合成的危险性。

4. 设计更安全的化学品(designing safer chemicals)

设计的化学产品在保留功效的同时降低毒性。

人们在设计化学品的过程中，往往只考虑其功能，却很少考虑其危害性。理解化学品对环境存在的影响及其在生物圈中的转化规律对于可持续发展至关重要。通过对物质分子属性的了解，可以设计出对人类和环境更加安全的分子。

最近数十年以来，人们在毒理学领域展开了大量的工作，使其不再仅仅是单纯的描述性科学，大量的毒理机理被揭示出来，使得有可能通过相关性、数学方程和模型将化合物的结构、属性和功能关联起来。这有利于全面设计策略的发展，即设计出既满足功能需求，又具有较低环境危害性的化学品。

设计更安全化学品有几种方法和途径[1]：

如果已知某一反应能产生毒性，则可以在确保功效不变的前提下，通过改变分子结构使这个反应不发生，从而避免或降低该化学品的危害性。

如果已知化学结构同毒性之间的关系，则可以通过避免、减少或消除同毒性有关的官能团来降低毒性。

有毒物质只有到达了靶器官才能产生毒性，可以通过分子属性的改变来降低有毒物质的生物利用率(bioavailability)。例如，通过改变水溶性和极性等性质，使分子难以被生物膜和组织吸收，阻止其进入人体和动物有机体。

还可以通过分子设计加快物质的降解速率，降低其在环境中的残留时间，从而减弱毒性效应。例如，氨基甲酸酯等电排置换后杀虫效果相似，但更易于降解(图 2. 1. 1)。

(a) (b)

图 2. 1. 1　氨基甲酸酯(a)与等电置换物(b)结构式

5. 使用更安全的溶剂或助剂(safer solvents and auxiliaries)

只要有可能，不使用辅助物质(如溶剂、分离试剂等)；必须用时也使用无害的。

溶剂是绿色化学研究中非常活跃的领域。在合成过程中，往往大多数物质的浪费都是由于溶剂带来的。而且，很多传统的溶剂都有毒、易燃或者有腐蚀性，其挥发性和溶解性造成大气、水和土壤的污染，增加了工人暴露的风险，并且存在造成突发性环境事故的风险。蒸馏是常用的溶剂的回收和再利用方法，而蒸馏是非常耗能的过程。为了克服这些缺陷，化学家们开始寻找安全的解决方案，使用无溶剂合成体系，或者以水、超临界流体及离子液体等作为替代溶剂，是重要的研究方向。相关的内容将会在第四章中介绍。

6. 具有能效的工艺设计(design for energy efficiency)

应该认识到化学工艺的能量需求对于环境和经济的影响，并使其最小化。有可能的情况下，合成应该在常温和常压下进行。

能源消耗量的日渐增加以及化石能源的日渐枯竭已经引起了人们的广泛关注，推动了节能设计的快速发展，在化学工业中，提高能源效率也是绿色设计需要考虑的重要方面。

如原则 1 所述，能源也被看成是原料的一部分，高耗能也意味着高原料成本，生产过程中能源的不充分利用也造成浪费。可以设计不需要消耗大量能源的化学反应或过程，例如，用催化剂降低化学反应的能垒，或者通过选择合适的反应物或反应途径使合成过程可以在室温或低温下进行。

除了提高能量效率外，还可选择可再生替代能源，如生物柴油、太阳能、风能、氢能、地热能及燃料电池等。相关能容将会在第 8 章进行介绍。

7. 使用可再生原料(use of renewable feedstocks)

只要技术和经济上可行，使用可再生资源作为原料，而不是正在枯竭的资源。

据估计，当前大部分的产品都来源于化石原料。而化石资源的耗竭必将影响人们的生活水平和经济的发展。发展可再生资源作为生活物质和能量物质的原料来源是非常紧迫的任务。这其中最重要的可再生原料是生物质，包括林产品、农产品、农业秸秆废弃物等。主要的生物质成分包括木质素、纤维素、脂类、甲壳素等。通过对这些原料的深度开发，有望替代不可再生的化石资源，提供工业产品、生活产品和能源物质。相关的内容将在第 3 章中进行介绍。

8. 减少衍生物(reduce derivatives)

如有可能，尽量减少或避免运用衍生化手段(阻断基团、保护/脱保护、物理化学过程的暂时修饰)，因为这些步骤需要额外的试剂并可能产生废物。

共价衍生化(covalent derivatization)是有机合成和分析化学中常用的技术。在有机合成过程中，为了使反应在选择性位点发生，或保护某些敏感基团以抑制副反应，或改变在溶剂中的溶解性，往往需要通过进行分子修饰衍生化来实现，在合成的最后阶段，通过化学反应去掉修饰基团，在这个过程中必定消耗额外的试剂，并产生废物。因此，绿色化学要求化学合成要尽可能减少衍生化步骤。

例如，从青霉素 G 制取抗生素中间体——6-氨基青霉烷酸，传统合成过程分为三步(图 2.1.2)，需要通过硅烷化来保护青霉素 G 的羰基，还需要二甲基苯胺来去除硅烷化步骤中产生的 HCl。而通过生物催化工艺，使用固定化青霉素酰化酶，可以直接脱去青霉素 G 的酰基[4]。

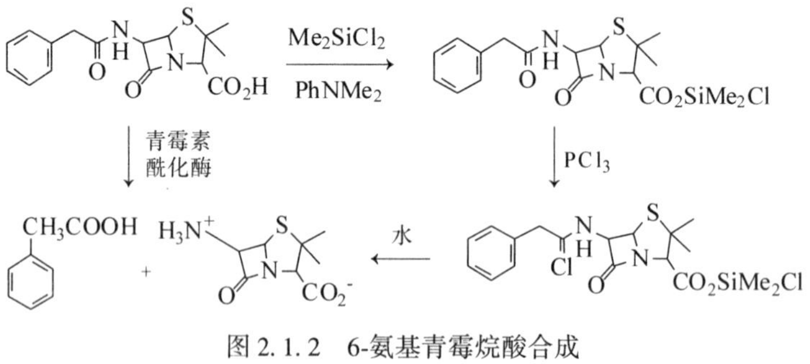

图 2.1.2　6-氨基青霉烷酸合成

Warner 等人提出非共价衍生化(non-covalent derivatization)的概念，即通过分子间的作用力实现衍生化，而不是共价键。非共价衍生化可以通过使用较少的能量和原料实现化学修饰和去保护。例如，为了提高氢醌(hydroquinone, HQ)在化学过程中的疏水性，需要对其分子结构进行修饰，这可以通过在 HQ 分子上以共价键结合烷基来实现(式 2.1.7)，最后通过特定反应将烷基脱除。Warner[2,3] 等通过 HQ 与对苯二甲酰胺(terephthalamide,

TPA)的分子识别与自组装形成1∶1络合物(图2.1.3)，从而提高HQ在应用过程中的疏水性。HQ与TPA之间以分子间作用力结合，很显然，脱保护的过程只需要消耗较少的能量，而且保护剂分离后可以再次使用，减少了废物的产生。

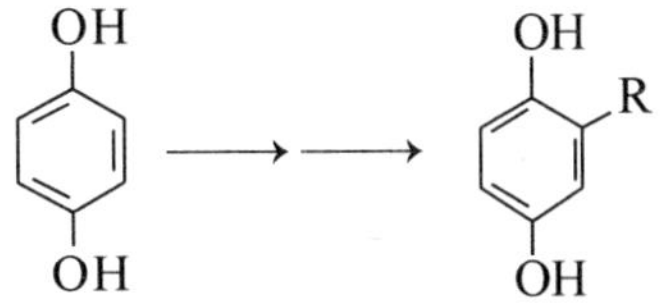

(2.1.7)

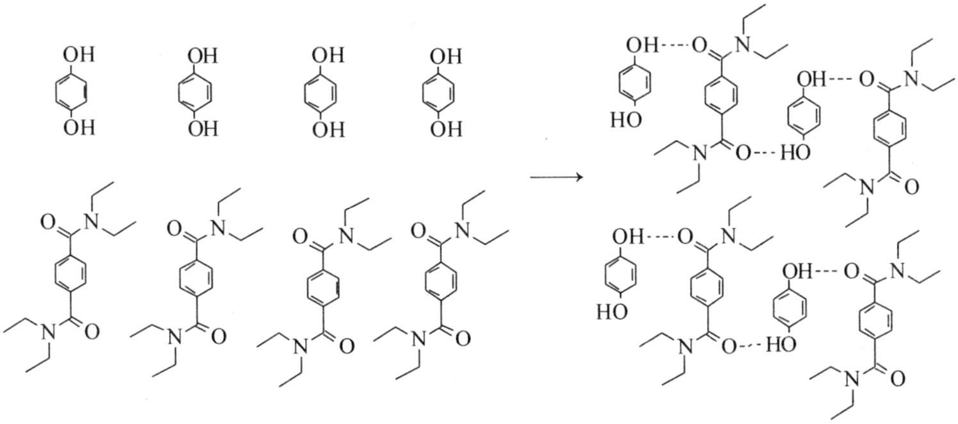

图2.1.3 HQ与TPA自组装增强疏水性

9. 催化(catalysis)

使用催化剂(尽可能好的选择性)优于使用化学计量试剂。

在很多情况下，化学反应中废物的产生都和使用化学计量比的试剂有关。用催化的方法取代使用化学计量比的试剂是提高合成效率的最有效途径之一。例如，二异丁基氢化铝(diisobutyl aluminium hydride，DIBAL-H)在有机还原反应中常被用作氢供体(式2.1.8)。为了促进反应的进行，常常需要使用化学计量比的DIBAL-H，从而造成相当数量的废物的产生。而用Ru络合物为催化剂，以H_2为还原剂，通过催化加氢反应实现有机物的还原(式2.1.9)，则不需要使用化学计量比试剂，从而避免了相应的衍生废物的产生。

(2.1.8)

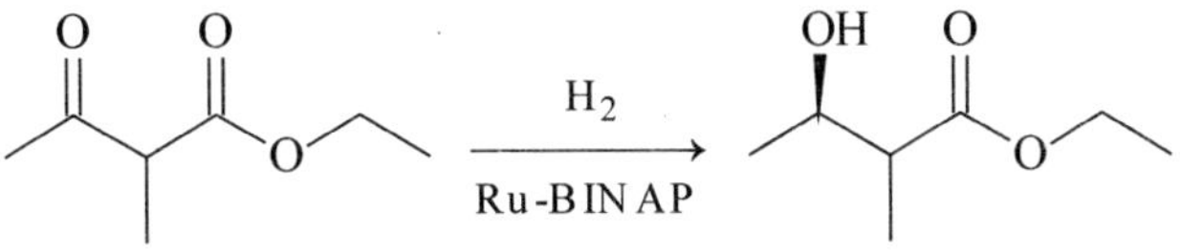

(2.1.9)

催化可以减少或避免使用化学计量比试剂，并能提高目标产物的选择性，这意味着较少的原料使用量和较少的废物产生量。而且，催化还能降低反应能垒，这意味着较低的能耗，使一些通常难以发生的反应得以进行，使很多化学品的生产成为可能。绿色催化领域内比较活跃的研究方向包括固体酸碱催化、离子液体催化、不对称催化、生物催化及仿生催化等。相关的内容将会在第 5 章中进行介绍。

10. 设计可降解产品(design for degradation)

设计出的化学产品在完成使用功能后应当能降解为无害产物，而不是持久性存在于环境中。

很多有机化学品的难降解性是其造成环境污染的根源之一。经过数十年的数据收集，人们已经发现某些特定结构的化学物质较难降解，如含卤素、支链、季碳、叔胺和某些杂环结构的化合物，因此在能保证产品正常功能的情况下，应尽可能设计不含这些结构的化合物。例如，20 世纪 50 年代，四丙基苯磺酸盐(tetrapropylene alkylbenzene sulfonate, TPPS)是常用的洗涤剂表面活性剂，由于其降解比较慢，在水体中造成较大量积累，以至于“从水龙头放出来的水会形成泡沫”。后来，研究人员发现直链烷基比支链烷基更容易生物降解(图 2. 1. 4)，用线性烷基苯磺酸盐(linear alkylbenzene sulfonate, LAS)替代 TPPS 可以缓解磺酸盐表面活性剂造成的水体污染。

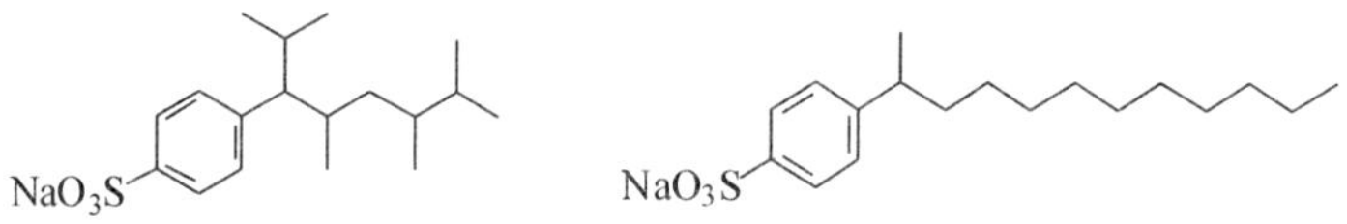

NaO_3S　　NaO_3S

图 2. 1. 4　TPPS 和 LAS 结构

另一方面，有些官能团，如酯或酰胺，可以被环境中大量存在的各种酶降解，因此，在产品分子结构中设计相应的官能团有助于其生物降解。例如，双(氢化牛油烷基)二甲基季铵化合物(DHTDMAC)等长链季铵盐化合物具有表面活性，可以作为家用织物柔顺剂，曾经被大量应用并释放到环境中，其在水体沉积物中的生物降解率低，且内在的生物毒性较高。通过向其结构中引入易水解的酯键，可以大大提高生物可降解性，如甲基二乙醇胺型双酯基季铵盐(DEEDMAC)的生物降解率比 DHTDMAC 高 70%以上(图 2. 1. 5)。

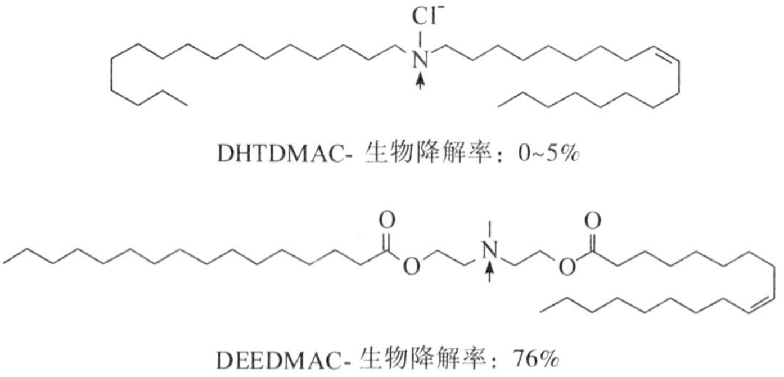

Cl^- N

DHTDMAC- 生物降解率：0~5%

O O N O O

DEEDMAC- 生物降解率：76%

图 2. 1. 5　季铵盐表面活性剂结构及生物降解率

11. 实时分析以防止污染(real-time analysis for pollution prevention)

要进一步发展分析技术，以满足能在危险物质形成之前进行实时、在线监测和控制。

过程分析是化工生产中必要的工作，目的是监控化学变化过程，并能根据变化立即采取相应行动，以防止产生不期望的后果。化学反应是动态过程，随着反应的进行，如果反应条件发生变化，就有可能改变反应方向，使副产物的数量增加或产生一些有毒有害物质。反应物浓度的变化也可能使反应不完全，造成原料浪费。而且，反应条件(如温度、压力)的异常变化可能造成意外事故的发生。因此，在反应过程中应该对反应体系进行实时的分析和控制。“原位分析”(in situ analysis)技术在过程分析中可以发挥重要作用。通过原位监测，可以快速发现反应过程中的变化和问题，从而快速采取行动，提高反应效率，防止事故的发生。

实时直接分析往往不容易做到，因为很多分析方法仍然需要进行费时的样品预处理，或因技术的限制依赖所谓的“离位分析”(ex situ analysis)。因此，开发新型高效监测方法、灵敏传感器、高效数据处理分析方法并通过集成形成新型仪器装置是迫切的任务。

12. 提高化学过程的内在安全性以防止意外事故(inherently safer chemistry for accident prevention)

在化学过程中，选用的物质或使用物质的方式应当使发生化学事故(包括释放、爆炸和火灾)的可能性最小化。

由于原料和产品内在的一些特点(如毒性、易挥发性、易燃性、易爆性等)以及生产工艺自身的局限性，在化工生产过程中经常存在安全隐患，如危险物质泄漏和爆炸、火灾等危险状况发生。因此，需要通过化学品和工艺的设计，提高化学过程的内在安全性，使事故发生的可能性最小化。达到安全化学过程的途径是慎重选择化学品及其形态，设计安全生产工艺，并利用实时技术对有害物质进行快速处理，降低事故隐患。

绿色化学旨在通过化学产品和工艺的设计来减少其内在的危害，绿色化学设计应贯穿化学品生命周期的各个阶段，绿色化学的原则是统一的设计标准系统。

闵恩泽和傅军[4]用一幅简要的流程图表示了绿色化学的主要设计原则和研究内容(图2.1.6)。

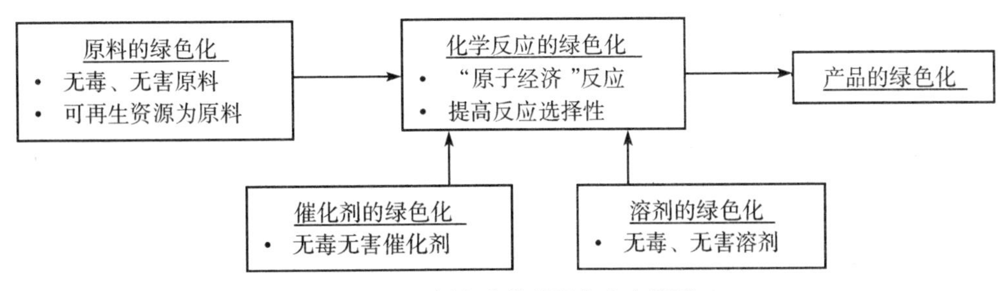

图 2.1.6　绿色化学的研究内容简图

2.2　后十二条

毫无疑问，Anastas 和 Warner 提出的绿色化学的十二条原则是绿色化学设计的正确指导思想。但一些化学家从技术、经济和其他化学家通常并不强调的某些因素出发，认为这十二条绿色化学原则仍然不够完整，不能准确衡量化学品及其制备和使用的过程对人体健康和环境的负面影响程度[5]。Glaze[6]指出，化学转化的绿色(greenness)程度只有在放大(scale-up)、应用(application)和实践(practice)中才能评估。要综合考虑有效技术、经济和商业等方面，通常要在因此而导致的一些矛盾因素之间进行权衡。有鉴于此，利物浦大学的 Winterton[7] 提出了另外的绿色化学十二条原则(twelve more green chemistry principles)，简称“后十二条”，以帮助从业人员评估化学工艺的相对“绿色性”。包括：

1. 识别和量化副产物(identify and quantify by-products)

很少有化学工艺能实现目标产物的绝对完美选择性。副产物的分离与处理往往成本高昂且耗费大量资源，因而很有可能决定一个产品或工艺的经济可行性，哪怕是副产物的形成量比较少。在放大的工艺中，未分离的副产物可能会重新进入反应体系，因此，有必要测试在反应刚开始的时候加入每一种副产物对反应结果的影响。

2. 报告转化率、选择性和产率(report conversions, selectivities and productivities)

即使是高产率的化学过程，也可能整体效率低下并产生大量浪费(废弃物)，可能会需要使用大量化学计量试剂，产生的一系列的副产物需要分离和后处理。因此，为了辅助工艺设计，还需要报告除了产率之外的更多指标信息，包括转化率、选择性、生产率(相关衡量指标，如原子利用率和产率函数等)和速率。

3. 建立工艺过程的总体物料衡算(establish full mass-balance for process)

生产和分离目标产物过程中所有使用的材料都应该被明确、量化和说明。此外，产物纯化回收阶段所用到的所有材料(包括溶剂)都应该被详述并量化。

4. 测定溶剂和催化剂在废气和废液中的损失量(measure catalyst and solvent losses in air and aqueous effluent)

与简单地称量回收的催化剂和溶剂相比，更好地估算催化剂和溶剂损失量的方法是测量它们在废渣、废液和废气中的浓度。

5. 研究基础热化学(investigate basic thermochemistry)

实验室小规模的反应操作也许是非常安全的，然而，工艺放大过程中表面与体积比的下降可能会导致意料之外的显著的传热限制。设计工程师在建立中试装置前应该非常清楚这样的效应。

6. 预测传热和传质限制(anticipate heat and mass transfer limitations)

核查影响传质和传热的其他因素及其对反应结果的影响，包括搅拌速率、气体扩散、固液接触。

7. 咨询化学或工艺工程师(consult a chemical or process engineer)

向有关专业人员咨询关于反应工艺放大的意见，查询发表的文献，尽可能确定和进一步理解化学工艺中可能的限制因素，并在实验室研究中加以考虑。

8. 考虑化学因素的选择对整个工艺的影响(consider effect of overall process on choice of chemistry)

与运行放大工艺相关的很多选项是由一系列化学因素的选择决定的，包括原材料、给料、反应器、副产物的分离、纯度与纯化操作、能源与辅料的使用方式、催化剂及溶剂回收与废物处理等。必须务实地考虑这些因素，根据特定生产体系的化学特征做出相关选择。例如，从初始原料（如石油）到给料经过了多少步骤？醇可以通过烯烃的水化得到，而后者需要通过饱和烃裂解或脱氢得到，那么，为什么不直接以饱和烃为原料生产醇呢？是否会基于成本考虑而不使用高纯度给料？是否会产生需要到产品链的其他地方进行处理的废物？如果使用的是工业纯度的原料，而不是实验室的研究纯度，会产生什么样的影响？

9. 促进发展和应用衡量工艺可持续性的手段（help develop and apply sustainability measures）

用一些参数来定性和定量评估所使用的工艺的可持续性。

10. 量化并最小化辅料和其他投入（quantify and minimise use of utilities and other inputs）

在实验室研究中这些通常是被忽视的。然而，水（例如，用于冷却和萃取）、电或惰性气体的使用可能是造成消耗和排放的重要因素。例如，在 CO_2 超临界流体工艺中，CO_2 的压缩和再压缩实际上是能耗非常高的过程。

11. 认识安全与废物最小化之间存在矛盾的情况（recognise where safety and waste minimisation are incompatible）

例如，以氧气为氧化剂的烃类选择性氧化，要考虑避开爆炸范围，而不是单纯追求高选择性和废物最小化。

12. 监控、报告和最小化实验室废物排放（monitor, report and minimise laboratory waste emitted）

这是绿色凭证的真实和直接的展示。

这些原则可以引导绿色化学家和实验研究人员制订研究计划并开展工作，使他们将注意力放在最富有成效的研究领域，包括对工艺化学家、化学工程师和技术人员有特殊用途的基础数据的收集和整理。这些人与工业界关系密切，他们通常希望对废物最小化的潜力进行评估，进而对化学品生产过程的绿色程度进行评价。考虑到绿色化学及其技术在保护环境的同时，只有给企业带来一定的经济利益，才能从根本上提升并塑造自身的良好形象，Winterton 提出的 12 条绿色化学原则显得十分重要。

2.3 绿色工程十二条原则

绿色化学原则被广泛接受并用作评价化学品及生产工艺是否绿色的标准，但这些原则并没有完整地包括许多与环境影响高度相关的概念。例如，化学品及其制备和使用过程的固有特性、生命周期评价的必要性、放热反应中热量的回收利用等。基于上述原因，并着眼于如何通过科学和技术创新提高可持续发展能力，绿色工程（green engineering）的概念便应运而生[8]。

绿色工程聚焦于如何通过科学与技术实现可持续发展。和传统工程学科相比，绿色工程在产品生产、使用和寿命终结过程的各个环节均考虑资源和环境问题。Anastas[8] 等在绿色化学和绿色工程概念的基础上，又提出了 12 条绿色工程原则。

1. 设计者需要努力保证所有输入和输出的原料和能量尽可能内在无害(Designers need to strive to ensure that all material and energy inputs and outputs are as inherently nonhazardous as possible.)

通常通过两种基本的途径使产品、工艺或系统更加环境友好：改变系统的内在本质，或改变系统的环境和条件。例如，内在属性的改变可以减弱一个化学品的内在毒性，从而降低其环境危害性；条件的改变，如控制释放和暴露，也可以做到这一点。因为各种原因，改变内在属性往往更有效，因为可以彻底避免“失败”。而依靠技术控制改变系统条件，如使用空气净化器、采取污水处理措施等，存在潜在的因技术原因导致失败的可能，一旦失败，可能导致对人类健康和自然生态系统的重大危害。

设计者在设计可持续性产品、工艺或系统时，应该先评估所使用的材料和能源的内在属性，确保其尽可能环境友好。分子设计者也应该发展创造内在友好的材料和能源的方法和技术。

2. 防止废物产生优于废物产生后进行处理或清除(It is better to prevent waste than to treat or clean up waste after it is formed.)

废物指的是当前工艺或系统无法有效开发和使用的物质和能量。废物的产生和处置需要消耗时间、精力和费用。此外，危险废物更是需要额外投资进行监测和控制。

3. 设计的分离和纯化操作应使能量消耗和材料使用最小化(Separation and purification operations should be designed to minimize energy consumption and materials use.)

在很多生产加工过程中，产品的分离和纯化是最消耗能源和材料的步骤。很多传统的分离方法需要用到大量有毒溶剂，或需要大量能量用于加热或加压。合理的设计有可能使产品通过内在的物化属性(如溶解性和挥发性)实现自分离(self-separation)，从而减少废物量和加工时间。

4. 设计的产品、工艺和系统应该使质量、能量、空间和时间效率最大化(Products, processes, and systems should be designed to maximize mass, energy, space, and time efficiency.)

工艺和系统使用过多的时间、空间、能量和材料，这种情况称为“效率低下”(Inefficiencies)。因低效产生废物(浪费)的后果往往会分布在产品和过程的整个生命周期。

效率最大化设计策略适用于分子、工艺和系统等不同层次，应用的例子较多。化工生产常常用低浓度反应体系，大型间歇式反应器只有部分体积得到应用。通过工艺强化技术，例如使用微反应器，在有效混合的条件下小体积连续运行，使用较少材料也可以获得高产率。此外，用旋转盘反应器取代间歇式反应器，用粉末涂料取代油漆，用数字媒体取代纸质媒体，都是效率最大化的例子。

5. 产品、过程和系统的“输出拉动”优于能源和材料的“输入推动”(Products, processes, and systems should be “output pulled” rather than “input pushed” through the use of energy and materials.)

勒夏特列原理(Le Chatelier’s principle)指出：在一个已经达到平衡的反应系统中，如果改变影响平衡的条件(如温度、压强以及参加反应的化学物质的浓度)，系统将会作出调节，使平衡向着能够减弱这种改变的方向移动。例如，向体系中输入反应物，反应物浓度的增加会促使平衡移动，从而使产物浓度也增加。化工过程中常通过能源与材料的过量输入来“推动”目标产物的产出。但是，也可以通过将产物移出反应体系来“拉动”平衡的移动，促进更多反应物完成转化，这个过程不需要过量的能源和材料，减少了废物(浪费)量。

6. 制定再生、重复使用或有益配置设计时应将嵌入的熵和复杂性作为投资(Embedded entropy and complexity must be viewed as an investment when making design choices on recycle, reuse, or beneficial disposition.)

整合进产品中的复杂性通常是投入的材料、能源和时间的函数。对于高度复杂和高熵物质，其再生(Recycle)常会造成原有价值的下降(down-cycling)。例如，硅晶片被投入了高度的复杂性，很难通过再生来回收其价值。具有高复杂性的产品应该努力实现重复使用(reuse)。然而，复杂性较低的产品有利于实现保值再生(value-conserving recycling)或有益配置(beneficial disposition)。产品寿命终结后的再生、重复使用或有益配置应依据投入的材料、能量以及相应的复杂性。

7. 产品耐用但非不朽应该是一个设计目标(Targeted durability, not immortality, should be a design goal.)

产品在使用寿命终结后难以降解已经带来了广泛的环境问题，因此，有必要设计具有预期寿命的物质，避免其在环境中持久存在。然而，这一策略往往要与产品的耐用性相平衡，避免因为降解性降低了使用寿命，因而还应该考虑有效的保养和修复，实现在整个生命周期中最小的额外物质和能源投入。

通过将耐久性而不是不朽作为设计目标，产品寿命终结后对人类和环境健康的危害风险将显著下降。例如，一次性使用的尿布由几种材料组成，包括不可生物降解的高分子包装材料，在西方国家曾是典型的不可回收的市政垃圾，虽然这个产品的使用寿命很短。一个解决方案是使用淀粉基包装材料，它由食品类原料(淀粉和水)制备，在生命周期末段可以很容易溶解在水中，从而不会造成长期的环境负担。

8. 应该将不必要的容量和性能设计看成缺陷(Design for unnecessary capacity or capability(e. g., “one size fits all”) solutions should be considered a design flaw.)

在设计过程中有一种倾向，就是对产品或工艺进行尽可能的优化，使其能适应最极端的条件和最坏的情况。这就需要在产品或工艺中引入一些特别的成分，这些成分可能基本没有发挥作用的机会，但在生命周期末段需要对其进行处置。超安全标准的设计、过度的生产能力和容量设计都意味着材料和能源成本的增加。

9. 多组分产品中材料的多样性应该最小化，以利于其分解和保值(Material diversity in multicomponent products should be minimized to promote disassembly and value retention.)

很多产品都是由多种组分构成的。例如，汽车是由塑料、玻璃和金属组成的。而塑料中又含有各种化学添加剂，包括稳定剂、增塑剂、染料和阻燃剂等。这种多样性决定了使用寿命终结时进行分解回收的难易程度。在进行设计的时候，如果在保证其正常功能的情况下使材料的多样性最小化，那么最后的分解资源化就会更容易。

10. 产品、工艺和系统的设计必须整合可获得的能量和物质流(Design of products,

processes, and systems must include integration and interconnectivity with available energy and materials flows.)

设计的产品、工艺和系统应该充分利用操作单元、生产线、生产设备、工业园或地点现有的物质和能量流框架，这样可以使产生能量和获取与处理原材料的需求最小化。例如，生产过程中可以充分利用其他反应产生的热能，形成的副产物有可能成为其他反应的给料。能量发生系统能够用来发电和加热蒸汽，从而增加效率。通过这种方式，“废弃”材料和能量能够通过生产线、装置和工业园被捕获，并进入到系统工艺和最终产品中。

11. 产品、工艺和体系的设计应该考虑其商业寿命终结后的表现(Products, processes, and systems should be designed for performance in a commercial “afterlife”.)

在许多情况下，产品、工艺和系统寿命的商业终结是由于技术和样式的过时，而不是性能和质量的原因。为了减少废物，仍然有价值的组分应该被回收再利用或重新配置。因此，提倡预先进行标准设计，通过允许在回收组分的基础上进行下一代产品、工艺和系统的设计，减少获取或加工原材料的需求。例如，手机、个人数字用品和笔记本电脑常因样式过时或技术进步而退休，但是其物理组分仍然能正常工作，因而还有价值。设计组成部分可以再生的产品能够显著降低寿命终结后的环境负担。

12. 输入的材料和能源应该具有可再生性而非耗竭性(Material and energy inputs should be renewable rather than depleting.)

原料和能源的来源是产品、工艺和体系的可持续性的主要决定因素。不可再生物质的使用必将造成其耗竭，因而是不可持续的。通常认为生物材料可再生。此外，工艺中产生的废物可以被回收并使用，则也可认为其具有可持续性。

这些绿色工程原则面向工程实际，是实现绿色设计和可持续发展目标的一整套方法论，为科学家和工程师参与对人体健康和环境有利的原料、产品、工艺和系统的设计和评价提供了一套参照框架。基于绿色工程原则的设计可以让人们在不超出环境、经济和社会因素底线的同时，为企业带来巨大的经济效益和社会效益。必须指出，和绿色化学原则相类似，12 条绿色工程原则是一个整体而不是孤立的应用[8]。

参考文献

[1]徐汉生. 绿色化学导论[M]. 武汉：武汉大学出版社，2002.

[2] Anastas P, Eghbali N. Green Chemistry: Principles and Practice[J]. Chemical Society Review, 2010, 39(1): 301-312.

[3]沈玉龙，曹文华. 绿色化学(第二版)[M]. 北京：中国环境科学出版社，2009.

[4]Cannon A S, Warner J C. Noncovalent derivatization: green chemistry applications of crystal engineering[J]. Crystal Growth & Design, 2002, 2(4): 255-257.

[5]Trakhtenberg S, Warner J C. Green chemistry considerations in entropic control of materials and processes[J]. Chemical Reviews, 2007(107): 2174-2182.

[6]闵恩泽，傅军. 绿色化学的进展[J]. 化学通报，1999(1)：10-15.

[7]蔡卫权，程蓓，张光旭等. 绿色化学原则在发展[J]. 化学进展，2009，21(10)：

2001-2008.

[8]Glaze W H. Sustainability engineering and green chemistry[J]. Environmental Science & Technology, 2000, 34: 449A.

[9]Winterton N. Twelve more green chemistry principles[J]. Green Chemistry, 2001, 3: G73-G75.

[10]Anastas P T, Zimmerman J B. Design through the 12 Principles of green engineering [J]. Environment Science & Technology, 2003, 37: 94A-101A.

第3章　绿色原料

化工生产需要大量的化学原料，其中相当一部分原料具有毒性，或者使用过程中容易发生突发性事故，对环境和人体存在潜在的危害；有些原料是不可再生材料，其使用不具备可持续性。绿色化学倡导尽可能采用无毒或低毒的原料，开发安全原料和可再生原料的使用技术。

3.1　碳酸二甲酯

3.1.1　碳酸二甲酯概述

碳酸二甲酯(dimethyl carbonate，DMC)的分子式为 $C_3H_6O_3$，结构式如图 3.1.1 所示。常温下，DMC 是一种无色透明、略有气味、微甜的液体，相对分子量为 90.07U，熔点 4 ℃，沸点 90.1 ℃，密度 1.069 g/cm^3，微溶于水，但可以与醇、醚、酮等大多数有机溶剂混溶，液体的 pH 值为中性，无腐蚀性。DMC 在常压下可以和甲醇形成共沸物，共沸温度 63.8℃。

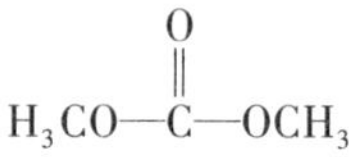

$$H_3CO-\overset{\overset{\displaystyle O}{\|}}{C}-OCH_3$$

图 3.1.1　DMC 结构式

DMC 毒性很低，其 $LD_{50}=12\ 900$ mg/kg，相比之下，甲醇的 $LD_{50}=3\ 000$ mg/kg，因此，DMC 于 1992 年在欧洲通过了非毒化学品的登记。DMC 分子结构中含有羰基(—CO)、甲基(—CH_3)、甲氧基(—OCH_3)等官能团。碳酸二甲酯分子中有两个活性位，即烷基碳原子和羰基碳原子，随着反应温度的不同两种碳原子的反应活性可以改变。在弱碱性物质存在时，亲核试剂(Nu)被活化，形成亲核阴离子，可以进攻 DMC 中两个活性位中的一个，从而引发羰基化(式 3.1.1)或甲基化反应(式 3.1.2).

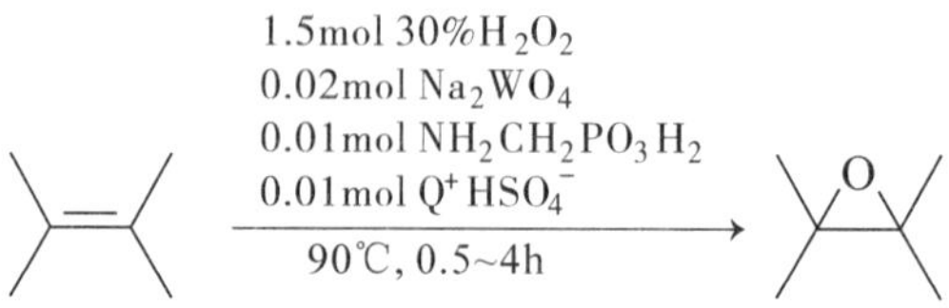

$$\text{(alkene)}\xrightarrow[\text{90℃, 0.5~4h}]{\begin{array}{l}\text{1.5mol 30\% }H_2O_2\\ \text{0.02mol }Na_2WO_4\\ \text{0.01mol }NH_2CH_2PO_3H_2\\ \text{0.01mol }Q^+HSO_4^-\end{array}}\text{(epoxide)}\qquad(3.1.1)$$

$$\mathrm{Nu^-} + \mathrm{CH_3O{-}C(=O){-}OCH_3} \longrightarrow \mathrm{NuCH_3} + [\mathrm{CH_3OCOO}]^- \quad (\to \mathrm{CH_3O^-} + \mathrm{CO_2}) \tag{3.1.2}$$

DMC 化学性质非常活泼，在多种类型的化学反应中具有良好的反应活性，可广泛用于羰基化、甲基化、甲氧基化等有机合成过程，已成为一种重要的有机化工中间体，用于生产聚碳酸酯、异氰酸酯、聚氨基甲酸酯、苯甲醚、四甲基醇铵、长链烷基碳酸酯、碳酰肼、丙二酸酯、碳酸二乙酯、呋喃唑酮、肼基甲酸甲酯、苯胺基甲酸甲酯等多种化工产品。用 DMC 可替代剧毒的光气(碳酰氯)、氯甲酸甲酯、硫酸二甲酯等作为甲基化剂或羰基化剂使用，可以提高生产操作的安全性，并降低环境污染(表 3.1.1)；DMC 可替代氟利昂、苯、甲苯、二甲苯、二氯乙烷、三氯乙烷、三氯乙烯等有毒有害溶剂，用于油漆涂料、反应溶剂等；DMC 也可以作为汽油添加剂，可提高其辛烷值和含氧量，进而提高其抗爆性；DMC 还可作清洁剂和萃取剂等。DMC 是一种符合现代“清洁工艺”要求的环保型化工原料，且用途非常广泛，因而受到了国内外化工行业的广泛重视。近年来，其合成方法和应用领域不断拓宽，被称为现代有机合成的“新基块”[1]。

表 3.1.1　**DMC、$COCl_2$、DMS 和 CH_3Cl 的物性、毒性比较**[1]

性能	DMC	$COCl_2$	DMS	CH_3Cl
外观	无色透明液体	无色气体	无色透明液体	无色液体
分子量(U)	90.07	98.82	125.13	50.49
熔点(℃)	4	-118	-27	-97.6
沸点(℃)	90.3	8.2	188(分解)	-23.7
相对密度 d_4^{20}	1.071	1.432	1.3322	-
折射率 η_D^{20}	1.366	-	1.3874	-
闪点(℃)	17	-	83	-
水溶性(%)	13.9	微溶	2.72	溶于水
口服(老鼠 LD_{50})	13 g/kg	—	0.205 g/kg	1.8 g/kg
吸入(老鼠 LD_{50})	140，240 min	1.4，3min	0.45，240 min	152，30 min
毒性等级	普通化学品	剧毒物	剧毒物	剧毒物
突变性	无	有	有	有

3.1.2　碳酸二甲酯的制备方法

自 1918 年用氯甲酸甲酯与甲醇反应制得 DMC 以来，人们一直致力于高效、安全的

DMC 合成方法的研究。已开发出来的合成 DMC 的方法主要有光气法、甲醇氧化羰基化法、酯交换法、甲醇与二氧化碳直接反应法、尿素醇解法等。光气法由于原料剧毒、设备腐蚀严重，已逐步被淘汰。目前工业应用的主要生产方法是酯交换法和甲醇氧化羰基化法，其他一些方法则还处于研究开发中[2]。DMC 的合成技术不断朝着路线简单化、过程无毒化、无污染化的清洁合成技术方向发展[1]。

3.1.2.1　甲醇氧化羰基化法

按反应相态，甲醇氧化羰基化法合成 DMC 可分为液相法、气相法和低压气相法 3 类[2]。合成的总化学反应方程式如下：

$$2CH_3OH+1/2\ O_2+CO \longrightarrow CH_3O-\overset{\overset{\displaystyle O}{\|}}{C}-OCH_3 + H_2O \tag{3.1.3}$$

甲醇液相氧化羰基化法是最早出现的非光气合成法，是目前 DMC 的主要工业生产方法。该方法是意大利 Ugo Romano 等人于 1979 年研发成功，1983 年意大利埃尼公司(Enichem Synthesis)首次在拉文纳(Ravenna)实现工业化。ENI 法以氯化亚铜为催化剂，反应在两台串联的带搅拌的反应器中分两步进行。甲醇既为反应物又为溶剂。反应温度 120~130℃，压力 2.0~3.0MPa。典型工艺流程包括氧化羰基化工段及 DMC 分离回收工段。采用氯苯作萃取剂分离 DMC 与甲醇的混合物。ENI 液相法单程收率 32%，选择性按甲醇计近 100%。不足之处是选择性按 CO 计不稳定(最高时 92.3%，最低时仅 60%)，主要原因是带搅拌的釜式反应器造成 CO 对 DMC 选择性为时间减函数。此外，腐蚀性大，催化剂寿命短[3]。

3.1.2.2　酯交换法

酯交换法，又称酯基转移法，是近年来在合成 DMC 领域发展较快的一种方法[2]。该方法是由环烷基碳酸酯与甲醇发生酯交换反应合成 DMC，同时生成二元醇副产物(式(3.1.4))。酯交换反应是可逆反应，受化学平衡的影响，将反应生成的 DMC 和二元醇从体系中蒸馏出来，有利于平衡向正方向移动，提高 DMC 的产率[1]。

其反应方程如下：

$$\begin{array}{l} \quad\;\; H \\ R-C-O \\ \quad\;\, | \qquad\;\; \diagdown \\ \quad\;\, | \qquad\quad C{=}O \\ \quad\;\, | \qquad\;\; \diagup \\ H_2C-O \end{array} +2CH_3OH \rightleftharpoons \begin{array}{l} CH_3O \\ \quad\;\; \diagdown \\ \qquad C{=}O \\ \quad\;\; \diagup \\ CH_3O \end{array} + \begin{array}{l} R-CHOH \\ \qquad | \\ \quad\; CH_2OH \end{array} \tag{3.1.4}$$

反应式中，R 为 H(碳酸乙烯酯)、CH_3(碳酸丙烯酯)、烷基或芳基。碳酸乙烯酯(EC)和碳酸丙烯酯(PC)是常用的环烷基碳酸酯。酯交换法合成 DMC 虽然产品收率高，反应条件也较温和，但目前我国主要是由环氧乙(丙)烷与二氧化碳反应合成碳酸乙(丙)烯酯，其工艺复杂，投资大，产量低，因而原料不易得到、产品成本高，此外，还存在副产物成分太高、分离过程复杂等缺点。

3.1.2.3　甲醇与二氧化碳直接反应法

CO_2是主要工业排放物，也是重要温室气体之一。从另一个角度看，CO_2也是一种潜在的碳源，且储量丰富。用甲醇和 CO_2直接合成 DMC(式 3.1.5)，具有反应原料来源广、成本低、原子利用率高(83%)的特点，且反应物和产物无毒[4]，在合成化学、碳资源利用和环境保护方面均具有重要意义，目前国内外都积极致力于该过程的研究[1]。甲醇和CO_2直接合成 DMC，在温度 0~800℃和压力 0~1MPa 范围内反应的自由能变化 ΔG 均为正值，说明该反应在热力学上是不可行的[2]。因此研制高活性的新型催化剂和新反应技术，促进 CO_2 的活化，提高 DMC 的收率，是整个工艺实现工业化的关键[1,4]

$$2CH_3OH + CO_2 \xrightleftharpoons{\text{催化剂}} H_3CO{-}C({=}O){-}OCH_3 + H_2O \tag{3.1.5}$$

3.1.2.4 *尿素醇解法*

尿素醇解法是一种新型 DMC 生产工艺，反应过程如下：

$$\begin{aligned} &CO_2 + 2NH_3 \longrightarrow (NH_2)_2CO \\ &(NH_2)_2CO + 2CH_3OH \longrightarrow (CH_3O)_2CO + 2NH_3 \end{aligned} \tag{3.1.6}$$

热力学计算表明，其理想反应自由能变化 ΔG 为+12.6 KJ/mol(100℃)，因此在热力学上是行不通的[2]，为了促使反应在热力学上能够进行，可升高温度，使用高性能催化剂，以提高 DMC 的收率。如可以用有机锡[$Bu_2Sn(OCH_3)_2$]为催化剂。

尿素醇解法具有原料价廉易得、操作工艺简单、反应产生的氨气可以回收利用等优点，而且反应过程中无水生成，避免了其他几种非光气工艺路线需处理甲醇-DMC-水复杂体系的问题，产物后续分离提纯简便，制备过程基本无污染，是符合人类可持续发展要求的绿色化工工艺[1]。但尿素直接醇解法也存在着反应条件苛刻、DMC 的收率较低等不足，目前仍处于研究阶段。

3.1.3 碳酸二甲酯的应用

3.1.3.1 *羰基化试剂*

碳酖氯(Cl-CO-Cl)，俗称光气，在室温下是有甜味的气体，沸点为 8℃，它含有活泼的氯原子，反应活性较高，是以前有机合成的重要原料，如生产氨基甲酸盐、碳酸盐、异氰酸盐、尿素塑料及杂环化合物等，此外，还可以用作氯化剂、脱水剂、烃化剂、保护或活化剂等。但是，光气有剧毒，在空气中的最高允许含量为 1.0×10^{-7}，吸入微量也能使人畜死亡[5]。而且，以光气为原料会产生盐酸及氯化物等副产物，带来严重的设备腐蚀及废物处理的问题[6]。因此，寻找替代光气的清洁生产途径是绿色化学发展的方向。

DMC($CH_3O-CO-OCH_3$)具有与光气类似的亲核反应中心，当 DMC 的羰基受到亲核攻击时，酰基-氧键断裂，形成羰基化合物，副产物为甲醇，因此 DMC 可以代替光气成为一种安全的反应试剂来合成碳酸衍生物，如氨基甲酸酯类农药、聚碳酸酯、异氢酸酯等。

1. 聚碳酸酯

聚碳酸酯(Polycarbonate，PC)是一种重要的工程塑料。传统的 PC 合成方法是以甲基氯为溶剂，使丙二酚与光气进行反应(式 3.1.7)。以 DMC 为原料合成 PC，一般是先用 DMC 与酚进行酯交换生成碳酸二苯酯(DPC)(式 3.1.8)，再由 DPC 与丙二酚在熔融状态下反应生成 PC(式 3.1.9)[7]。用 DMC 代替光气，由于工艺中不含氯原料，因而制得的产品纯度高、质量好，可用于制造磁带、磁盘等光电子产品。目前，合成芳香基的 PC 产品是 DMC 在化工上最大的用途[1]。

$$n\,HO-C_6H_4-C(CH_3)_2-C_6H_4-OH + nCOCl_2 \longrightarrow H\!\left[O-C_6H_4-C(CH_3)_2-C_6H_4-O-\overset{O}{\overset{\|}{C}}\right]_n O-C_6H_5 \qquad (3.1.7)$$

$$2\,C_6H_5OH + CH_3O\overset{O}{\overset{\|}{C}}OCH_3 \longrightarrow C_6H_5-O-\overset{O}{\overset{\|}{C}}-O-C_6H_5 + 2CH_3OH \qquad (3.1.8)$$

碳酸二苯酯(DPC)

$$n\,DPC + n\,HO-C_6H_4-C(CH_3)_2-C_6H_4-OH \longrightarrow H\!\left[O-C_6H_4-C(CH_3)_2-C_6H_4-\overset{O}{\overset{\|}{C}}\right]_n O-C_6H_5 \qquad (3.1.9)$$

2. 烯丙基二甘醇碳酸酯

烯丙基二甘醇碳酸酯(allyl diglycol carbonate, ADC)是一种光学性能优异的热固性树脂，具有耐磨性、耐化学药品性，可替代玻璃用于树脂眼镜片和光电子材料等领域。原工艺是以丙烯醇、二甘醇以及光气为原料(式 3.1.10，式 3.1.11)。使用 DMC 代替光气，生产过程毒性低、无腐蚀性、废物少(式 3.1.12，式 3.1.13)。更重要的是，用 DMC 代替光气制造的烯丙基三甘醇碳酸酯不含卤素，品质高。以 DMC 为原料生产的树脂眼镜片已在许多国家投放市场[1,7]。

$$HOC_2H_4OC_2H_4OH + 2COCl_2 \longrightarrow O(C_2H_4O\overset{O}{\overset{\|}{C}}Cl)_2 + 2HCl \qquad (3.1.10)$$

$$O(C_2H_4O\overset{O}{\overset{\|}{C}}Cl)_2 + 2HOCH_2CH=CH_2 \xrightarrow{NaOH} O(C_2H_4O\overset{O}{\overset{\|}{C}}OCH_2CH=CH_2)_2 + 2NaCl + 2H_2O \qquad (3.1.11)$$

$$2CH_2=CHCH_2OH + (CH_3)_2CO_3 \longrightarrow (CH_2=CHCH_2O)_2CO + 2CH_3OH \qquad (3.1.12)$$

$$2(CH_2=CHCH_2O)_2CO + HOC_2H_4OC_2H_4OH \longrightarrow O(C_2H_4O\overset{O}{\overset{\|}{C}}\text{-}OCH_2CH=CH_2)_2 + 2CH_2=CHCH_2OH \qquad (3.1.13)$$

3. 异氰酸酯

异氰酸酯(isocyanate)主要包括甲苯二异氰酸酯(TDI)和二苯基甲烷二异氰酸酯(MDI)等，可以用于生产聚氨酯泡沫塑料、涂料、弹性体、黏合剂、杀虫剂、除草剂等。传统合成工艺是由光气与胺类反应。以 DMC 代替光气与胺反应生产异氰酸酯，DMC 与伯胺在碱性条件下反应得到氨基甲酸甲酯，经热分解得到异氰酸酯和甲醇(式(3.1.14)~式(3.1.18))。反应的第二步生成的副产物甲醇可以通过氧化羰基化法合成 DMC，可望成为零排放的绿色化学过程。[5]同时，可以避免传统光气工艺中原料和中间体剧毒、三废严重、装置腐蚀等问题[1]。

$$\text{2,4-}(NH_2)_2C_6H_3CH_3 + 2(CH_3O)_2CO \longrightarrow \text{2,4-}(NHCOOCH_3)_2C_6H_3CH_3\ (TDC) + 2CH_3OH \quad (3.1.14)$$

$$\text{2,4-}(NHCOOCH_3)_2C_6H_3CH_3 \longrightarrow \text{2,4-}(NCO)_2C_6H_3CH_3\ (TDI) + 2CH_3OH \quad (3.1.15)$$

$$C_6H_5NH_2 + (CH_3O)_2CO \longrightarrow C_6H_5NHCOOCH_3 + CH_3OH \quad (3.1.16)$$

$$2\ C_6H_5NHCOOCH_3 + HCHO \longrightarrow H_3COOHN{-}C_6H_4{-}\overset{H_2}{C}{-}C_6H_4{-}NHCOOCH_3 + H_2O \quad (3.1.17)$$

$$H_3COOHN{-}C_6H_4{-}\overset{H_2}{C}{-}C_6H_4{-}NHCOOCH_3 \longrightarrow OCN{-}C_6H_4{-}\overset{H_2}{C}{-}C_6H_4{-}NCO\ (MDI) + 2CH_3OH \quad (3.1.18)$$

4. 西维因杀虫剂

西维因((1-萘基)-N-甲基氨基甲酸酯，carbaryl)是一种杀虫剂，传统工艺由α-萘酚与异氰酸甲酯反应，或与光气、甲胺反应合成(式(3.1.19)~式(3.1.23))。原料光气和异氰酸甲酯均有剧毒，1984年发生了震惊世界的“印度博帕尔大惨案”，就是因异氰酸甲酯管理失控导致泄漏引起的。用DMC代替光气制备西维因就可大大提高生产的安全性[7]。

$$C_{10}H_7OH + CH_3NCO \longrightarrow C_{10}H_7O\overset{O}{\overset{\|}{C}}NHCH_3\ (\text{Carbary1}) \quad (3.1.19)$$

$$C_{10}H_7OH + COCl_2 \longrightarrow C_{10}H_7O\overset{O}{\overset{\|}{C}}Cl + HCl \quad (3.1.20)$$

$$C_{10}H_7O\overset{O}{\overset{\|}{C}}Cl \xrightarrow{CH_3NH_2} C_{10}H_7O\overset{O}{\overset{\|}{C}}NHCH_3 \quad (3.1.21)$$

$$\text{(1-萘酚, OH)} + (CH_3)_2CO_3 \longrightarrow \text{(萘基-}O\overset{O}{\overset{\|}{C}}OCH_3\text{)} + CH_3OH \qquad (3.1.22)$$

$$\text{(萘基-}O\overset{O}{\overset{\|}{C}}OCH_3\text{)} \xrightarrow{CH_3NH_2} \text{(萘基-}O\overset{O}{\overset{\|}{C}}NHCH_3\text{)} \qquad (3.1.23)$$

5. 长链烷基碳酸酯

以 DMC 和高碳醇(C12～C15)为原料可制得分子中具有碳基的长链烷基碳酸酯(式 3.1.24)，它是一种良好的合成润滑油基材，具有绝佳润滑性、耐磨性、自清洁性、耐腐蚀性等，目前已广泛应用于引擎油、金属加工油、压缩机油等[7]。

$$R'OH+R''OH+(CH_3)_2CO_3 \longrightarrow R'O\overset{O}{\overset{\|}{C}}OR'' +2CH_3OH \qquad (3.1.24)$$

6. 对称二氨基脲

肼与 DMC 发生羰基化反应得对称二氨基脲(式 3.1.25)，可代替剧毒、易燃、易爆的水合肼用作锅炉除垢剂，使用安全，市场前景较好。

$$2H_2N\text{-}NH_2+ (CH_3O)_2\overset{O}{\overset{\|}{C}} \longrightarrow H_2NHN—\overset{O}{\overset{\|}{C}}—NHNH_2+2CH_3OH \qquad (3.1.25)$$

7. N-甲基咔唑

N-甲基咔唑(肼基甲酸甲酯)是农药卡巴氧中间体，可以用肼和 DMC 合成，此法已用于工业化生产。

$$H_2NNH_2+(CH_3)_2CO_3 \longrightarrow H_2NNH\overset{O}{\overset{\|}{C}}OCH_3 +CH_3OH \qquad (3.1.26)$$

3.1.3.2　甲基化试剂

硫酸二甲酯(dimethyl sulfate，DMS)和甲基氯是常用的甲基化试剂，它们都具有剧毒性和强腐蚀性，且使用过程中需要用到大量碱液，生成大量废物，还存在产品分离问题。当 DMC 的甲基碳受到亲核攻击时，其烷基-氧键断裂，生成甲基化产品，因此，它能替代 DMS 或甲基氯作为甲基化剂[6]。而且使用 DMC 作为甲基化试剂往往反应收率更高、工艺更简单，有利于实现安全操作和环境友好的目的。

1. C-甲基化

以对苯乙腈的 C-甲基化为例。

传统路线：

$$\underset{(PAN)}{C_6H_5CH_2CN} +CH_3Cl+NaOH \longrightarrow \underset{(MPAN)}{C_6H_5CH(CH_3)CN} +NaCl+H_2O \qquad (3.1.27)$$

DMC 替代路线：

$$\text{C}_6\text{H}_5\text{CH}_2\text{CN}\ (\text{PAN}) + \text{CH}_3\text{O—}\overset{\overset{\text{O}}{\|}}{\text{C}}\text{—OCH}_3 \longrightarrow \text{C}_6\text{H}_5\text{CH(CH}_3\text{)CN}\ (\text{MPAN}) + \text{CH}_3\text{OH} + \text{CO}_2 \quad (3.1.28)$$

2. O-甲基化

苯甲醚，又称茴香醚，是重要的农药、医药中间体；还可用作油脂工业抗氧化剂、塑料加工稳定剂、食用香料等。用 DMC 代替 DMS 与苯酚生产苯甲醚，副产物为甲醇和 CO_2，毒性小，生产安全，转化率和选择性都提高[6]。

传统路线：

$$\text{C}_6\text{H}_5\text{OH} + (\text{CH}_3)_2\text{SO}_4 \longrightarrow \text{C}_6\text{H}_5\text{OCH}_3 + \text{CH}_3\text{SO}_4\text{H} \quad (3.1.29)$$

DMC 替代路线：

$$\text{C}_6\text{H}_5\text{OH} + \text{CH}_3\text{O}\overset{\overset{\text{O}}{\|}}{\text{C}}\text{OCH}_3 \longrightarrow \text{C}_6\text{H}_5\text{OCH}_3 + \text{CH}_3\text{OH} + \text{CO}_2 \quad (3.1.30)$$

3. N-甲基化

以碱金属交换的 Y 型分子筛(NaY、KY 等)为催化剂，以苯胺以及取代苯胺为底物与 DMC 反应，可以得到相应的甲基化产物，反应直接且高产率，甲基化反应选择性为 90%～97%[8]。

$$\text{XC}_6\text{H}_4\text{NH}_2 + \text{R—O—}\overset{\overset{\text{O}}{\|}}{\text{C}}\text{—O—CH}_3 \xrightarrow[130\sim160^\circ\text{C}]{\text{NaY}} \text{XC}_6\text{H}_4\text{NHCH}_3 + \text{ROH} + \text{CO}_2 \quad (3.1.31)$$

R＝Me，$MeO(CH_2)_2O(CH_2)_2$；

X＝H，*p*-NC，*P*-O_2N，*o*-MeO_2C，2，6-di-Me

4. S-甲基化

对称硫醚的传统合成方法是通过硫醇与卤代烃的烷基化反应制备的。近年来 DMC 在这反应中也得到了应用[3]。

$$\text{n-C}_6\text{H}_{13}\text{SH} \xrightarrow{+\text{DMC}} \text{n-C}_6\text{H}_{13}\text{SCH}_3 \quad (\text{产率，86\%})$$

$$\text{C}_6\text{H}_5\text{SH} \xrightarrow{+\text{DMC}} \text{C}_6\text{H}_5\text{SCH}_3 \quad (\text{产率，84\%})$$

$$\text{2-巯基吡啶 (SH)} \xrightarrow{+\text{DMC}} \text{2-甲硫基吡啶 (SCH}_3\text{)} \quad (\text{产率，79\%}) \quad (3.1.32)$$

$$\text{HS(CH}_2\text{)nSH} \xrightarrow{+\text{DMC}} \text{CH}_3\text{S(CH}_2\text{)nSCH}_3\text{，} \quad \text{n=6(产率，84\%)}$$

n＝5(产率，82%)

n＝3(产率，90%)

3.1.3.3　燃油添加剂

机动车油料燃烧排放的尾气中所含的 NO_x、CO、碳氢化合物、碳烟颗粒物等已经成为造成城市大气污染的重要原因。为了改善汽油的燃烧性能，通常需要向汽油中添加某些物质，如加入抗爆添加剂，也称为辛烷值改进剂。它可以提高车用汽油的辛烷值，防止汽缸中的爆震现象，提高发动机的有效热效率，保证汽车具有良好的动力性能，使汽车的油耗降低和减少污染物排放量[9]。目前，国际上广泛以甲基叔丁基醚(MTBE)为燃料添加剂，以提高汽油辛烷值。但现在人们发现，MTBE 有潜在的致癌性，而且由于加油站储油罐的泄漏，MTBE 对地下水会造成严重的污染，美国部分州已禁止使用[10]。

DMC 成为了新型燃油添加剂，其具有高氧含量(分子中氧含量高达 53%)，含氧量是甲基叔丁基醚(MTBE)的 3 倍，使汽油达到同等氧含量时使用的 DMC 的量比甲基叔丁基醚(MTBE)少 4.5 倍，可提高辛烷值$\left(\frac{R+M}{2}\right)=105$，有效降低颗粒物和其他污染物排放，而且它的合成不像 MTBE 依赖异丁烯的生产。DMC 在汽油中有良好的可溶性，添加有 DMC 的汽油遇到水不像含醇汽油那样容易出现浑浊或分层。DMC 具有低毒和容易快速生物降解等优点，克服了常用汽油添加剂易溶于水、污染地下水源的缺点。因此，DMC 成为替代 MTBE 的最有潜力的汽油添加剂之一。

3.1.3.4　低毒溶剂

DMC 具有优良的溶解性能，其表面张力大，黏度低，介电常数小，同时具有较高的蒸发温度和较快的蒸发速度，因此可作为低毒溶剂用于涂料工业和医药行业。DMC 不仅毒性小，还具有闪点高、蒸汽压低和空气中爆炸下限高等特点(表 3.1.2)，因此是集清洁性和安全性于一身的绿色溶剂。DMC 可以是半导体工业使用的对大气臭氧层有破坏作用的清洗剂 CFC 和三氯乙烷的替代品之一，也可替代传统的溶剂，作为化学反应的介质[1,7]。

表 3.1.2　**DMC、异丙醇、三氯乙烷之物性比较**

	DMC	异丙醇	三氯乙烷
分子量(U)	90.06	60.1	133.4
沸点(℃)	90.3	82.3	74.1
熔点(℃)	4	−88.5	−32.6
相对密度 d_4^{20}	1.07	0.786	1.32
蒸汽压，$\times10^3$Pa(20℃)	5.6	4.3	13.3
闪点(℃)	17	12	-
着火点(℃)	465	460	-
黏度(20℃)，$\times10^{-3}$Pa·s	0.625	2.41	0.79
介电率	2.6	18.6	7.12
溶解度(g/100g H_2O)	13.9	∞	0.44

续表

	DMC	异丙醇	三氯乙烷
溶解度(g H_2O /100g 溶剂)	4.2	∞	0.05
比蒸发速度	4.6	2.9	-
SP 值	9.4	10.9	8.6

3.2　二氧化碳

3.2.1　CO_2概述

随着社会经济的发展，化石能源的消耗与日俱增，随之而来的不仅是能源的日益短缺，化石燃料燃烧过程中排放的 SO_2、NO_x及 CO_2还导致了区域大气污染和全球性环境问题。其中，CO_2被认为是导致全球变暖的主要温室气体之一。化石燃料的燃烧所排放到大气中的 CO_2逐年增加，据研究表明，CO_2的排放量从 1970 年的 210 亿吨增加到 2004 年的 380 亿吨，增加了大约 80%。据 IEA(International Energy Agency)预测，到 2030 年或更长时间，以煤、石油、天然气为主的化石燃料将仍然占据世界能源消费的主导地位，在此期间 CO_2的排放量将会增加 40%~110%[11]。如果不加以控制，到 2100 年，全球 CO_2总排放量预计将增加到 360 亿吨[12, 13]。大气中 CO_2浓度增高主要是由人类的工业活动引起的。控制和减少 CO_2的排放量以及开发 CO_2固定化技术已经成为各国政府和科学家的共识，是具有重大战略意义的研究课题。

从另一个角度看，CO_2又是 C1 家族中最廉价而又最丰富的碳资源。CO_2不仅储量丰富，而且具有性质稳定、无毒、不可燃、易于处理等诸多优点。近年来，随着研究的不断深入，将 CO_2作为一种可再生的碳资源，用于合成具有高附加值的产品逐渐成为人们研究的热点。一方面，CO_2可以替代一些传统化工生产中有毒的原料，如光气等；另一方面，由 CO_2可以合成甲醇等可以作为新型能源的产品，这对于开发不可再生的化石燃料的替代品有着重要意义。因不论从环境保护的角度还是从资源利用的角度，CO_2的资源化利用都具有非常重要的意义[14]。

实际上，绿色植物的光合作用是地球上最大规模固定和转化 CO_2的过程，这也是全球碳循环的重要组成部分。但是光合作用的固碳规模还是不能与人类社会活动所致的 CO_2排放量相平衡。因此，如何通过 CO_2的资源化实现碳减排是备受关注的环保和绿色化学课题。经过科学家的不断努力，CO_2的资源化利用已取得长足发展(图 3.2.1)[15]。据统计，目前主要用于生产尿素、水杨酸、环状碳酸酯、聚碳酸、酯、甲醇等，其中有 90%被转化成尿素和无机碳酸盐及颜料[14]。将 CO_2作为化学原料使用具有技术上的难度，这是因为 CO_2热力学性质稳定，要实现有效的转化和利用，一般需要高温、高压等苛刻条件，还需要大量能量。因此，高效的 CO_2活化技术是重要的研究方向。

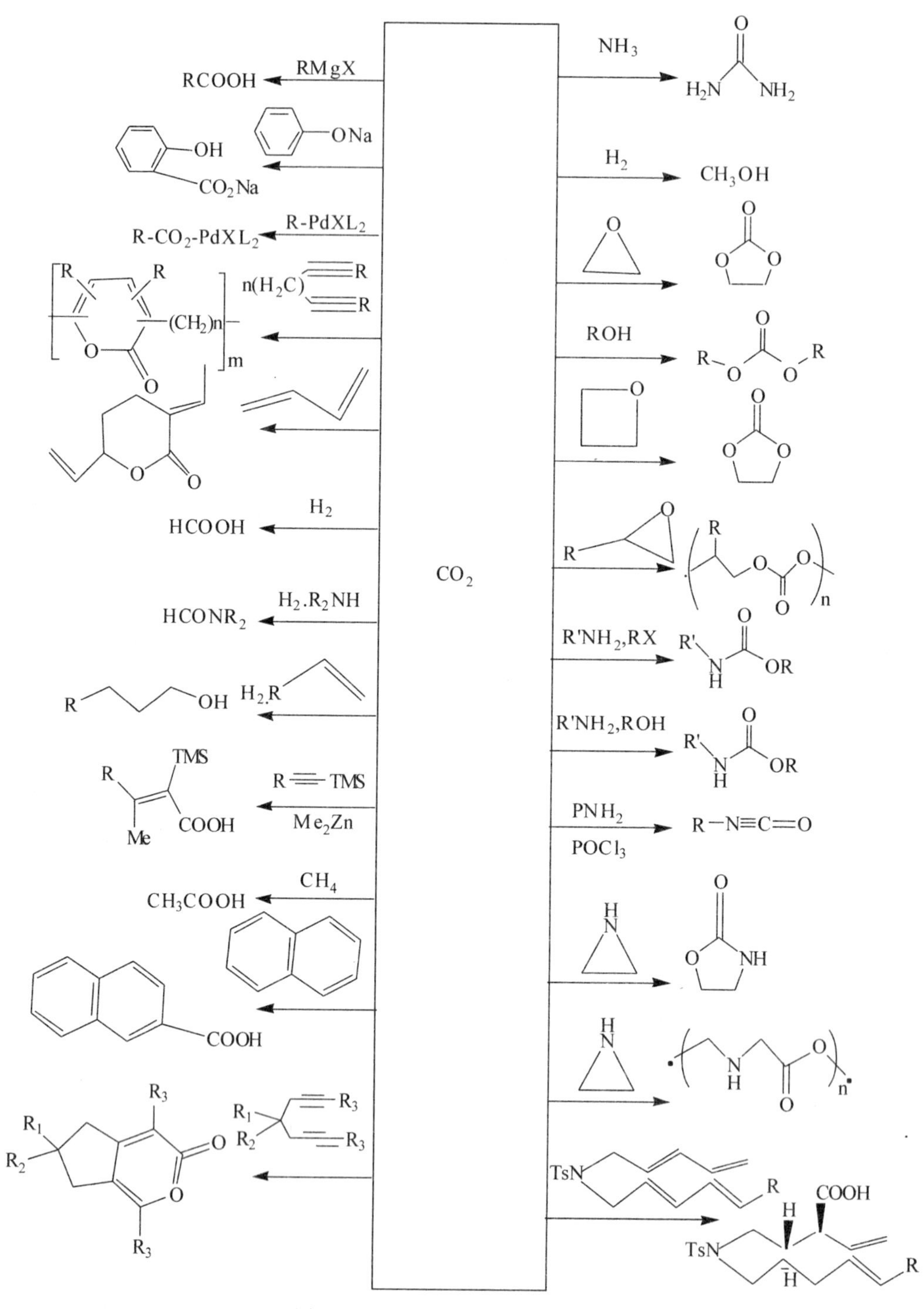

图 3.2.1　以 CO_2 为原料的化学反应

3.2.2 CO_2在化学合成中的应用

3.2.2.1 合成环状碳酸酯

以CO_2为原料合成环状碳酸酯的关键在于CO_2分子的活化，因此需要选择合适的催化剂，以促进反应顺利进行以及提高环状碳酸酯的产率。主要有以下反应途径：

1. CO_2与环氧化物直接环加成合成环状碳酸酯

由环氧化物和CO_2反应制备环状碳酸酯是研究得比较深入的比较有前景的反应之一，该反应已经实现工业化。锌/碱、固载锌配合物、稀土金属催化剂、大环金属配合物以及 salen 配合物等一系列用于该反应的催化剂被研发出来[16]。孙建敏等人[17]开发了 Lewis 酸与离子液体组成的二元催化体系，对苯基环氧化物与CO_2的加成反应具有较好的催化效果，反应条件温和，时间短，且反应中不使用其他有机溶剂，反应对环境友好。该催化过程是一个典型的“原子经济”反应（式 3.2.1）。

$$\text{R-环氧化物} + CO_2 \xrightarrow{\text{催化剂}} \text{R-环状碳酸酯} \qquad (3.2.1)$$

2. 烯烃直接氧化碳酰化合成环状碳酸酯

孙建敏等人[17]以苯乙烯、CO_2为原料，一锅法直接合成苯乙烯环状碳酸酯（式 3.2.2），反应过程中不使用任何的有机溶剂。

$$\text{R-CH=CH}_2 + [O] + CO_2 \longrightarrow \text{R-环状碳酸酯} \qquad (3.2.2)$$

[O]= 氧化剂

3. 环状缩醛与超临界二氧化碳反应合成环状碳酸酯

Aresta[18]等用功能化的过渡金属作催化剂，催化缩醛与超临界CO_2反应合成环状碳酸酯（式 3.2.3）。超临界二氧化碳既作为反应试剂又作为溶剂。此反应避免了有机溶剂的使用，且反应条件温和。

$$\text{环己酮缩乙二醇(O, OH)} + ScCO_2 \xrightarrow{FeLCl} \text{碳酸乙烯酯} + \text{环己酮} \qquad (3.2.3)$$

$L=(C_2F_4)H\text{-C(OH)=CH-C(=O)-Ph}$

4. 二醇与CO_2反应合成环状碳酸酯

Sun[19]等用 TBD、DBU、TEA 等一系列有机碱作为催化剂，以丙二醇、CO_2为原料，在乙腈中合成碳酸丙烯酯（式 3.2.4）。乙腈同时作为溶剂与脱水剂，大大提高了碳酸丙烯酯的产率，最高可达 15.3%。

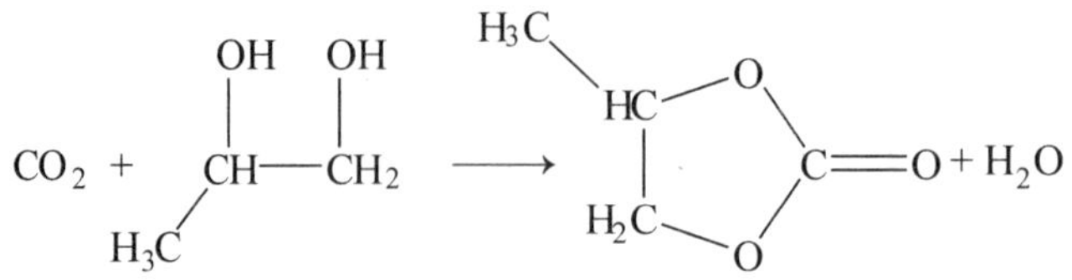

$$CO_2 + CH_3CH(OH)CH_2OH \longrightarrow \text{(4-甲基-1,3-二氧戊环-2-酮)} + H_2O \qquad (3.2.4)$$

5. 炔丙醇与 CO_2 反应合成环状碳酸酯

Jiang[20]等人研究了炔丙醇、胺与超临界 CO_2(8MPa、60℃)合成环状碳酸酯的反应，产物取决于丙炔醇取代基的类型(式 3.2.5)。

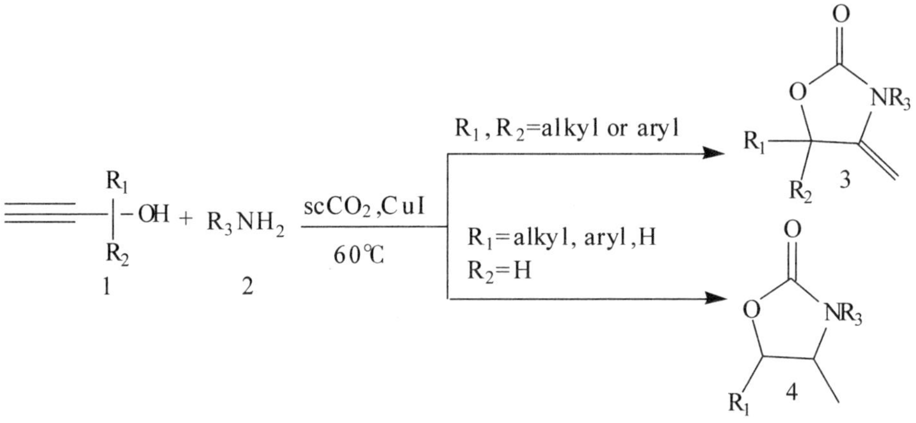

$$\text{HC}\equiv\text{C}-\text{C}(R_1)(R_2)-\text{OH}\ (1) + R_3NH_2\ (2) \xrightarrow[60℃]{scCO_2,CuI} \begin{cases} R_1, R_2=\text{alkyl or aryl}: & 3 \\ R_1=\text{alkyl, aryl, H};\ R_2=\text{H}: & 4 \end{cases} \qquad (3.2.5)$$

3.2.2.2　加氢还原合成甲醇

甲醇是一种基础的有机化工产品，可用来生产甲醛、醋酸、合成橡胶、合成树脂、化纤、二甲醚和甲基叔丁基醚等一系列重要化工产品，而且可以替代汽油作为动力燃料。以化石燃料燃烧的产物 CO_2 为原料合成新型能源，这对可持续发展无疑具有重大意义。CO_2 加氢合成甲醇反应如式 3.2.6 所示。Cu-Zn 系催化剂是研究和使用较多的 CO_2 加氢合成甲醇的催化剂。日本关西电力公司开发出 Cu-Zn-Al 的氧化物催化剂，在 247℃、9MPa 和 100 m^3/h 流速下，经 2700 h 试验，甲醇产率为 95%，预计催化剂寿命为 2 年[21]。

$$CO_2+3H^+ \longrightarrow CH_3OH+H_2O \quad \Delta H_{298}=-49.57kJ/mol \qquad (3.2.6)$$

3.2.2.3　合成聚羰基脲低聚物

聚羰基脲是一种分子中不含有亚甲基的聚酰胺类化合物(图 3.2.2)。聚羰基脲在水中的溶解度较尿素小，且随着平均聚合度的增加而降低。聚羰基脲主要用作缓释氮肥，有利于满足作物前期生长对氮元素的需求，其降解产物全部是作物生长所需养分，并且无基体残留，因而是一种绿色的缓释氮肥。该物质可以用光气等与尿素反应而制备，但光气是一种危险原料。陈建超[22]等在高压釜中，以 CO_2、尿素和 DMC 为原料，通过酯的氨解反应

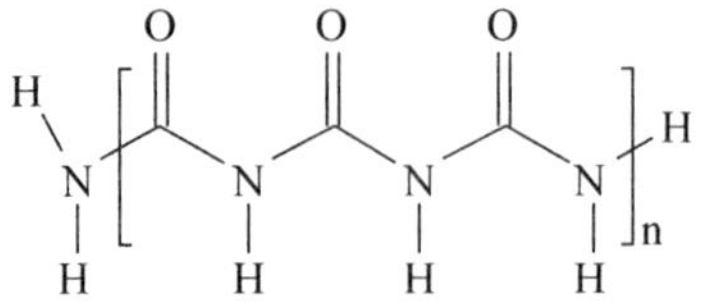

$$H_2N-[C(=O)-NH-C(=O)-NH-C(=O)-NH]_n-H$$

图 3.2.2　聚羰基脲的分子结构

合成了聚羰基脲低聚物(式 3.2.7)，产率最高达 88%，副产物甲醇可以利用已有技术与 CO_2再转化为 DMC，因而原料利用率高、成本较低。

$$CO_2+H_2O \longrightarrow HO-\overset{\overset{\displaystyle O}{\|}}{C}-OH \tag{3.2.7}$$

$$HO-\overset{\overset{\displaystyle O}{\|}}{C}-OH + OHC-\overset{\overset{\displaystyle O}{\|}}{C}-OCH_3 \longrightarrow 2HO-\overset{\overset{\displaystyle O}{\|}}{C}-OCH_3 \tag{3.2.8}$$

$$H_2N-\overset{\overset{\displaystyle O}{\|}}{C}-NH_2 + HO-\overset{\overset{\displaystyle O}{\|}}{C}-OCH_3 \longrightarrow H_2N-\overset{\overset{\displaystyle O}{\|}}{C}-NH-\overset{\overset{\displaystyle O}{\|}}{C}-OCH_3 + H_2O \tag{3.2.9}$$

$$H_2N-\overset{\overset{\displaystyle O}{\|}}{C}-NH-\overset{\overset{\displaystyle O}{\|}}{C}-OCH_3 + HO-\overset{\overset{\displaystyle O}{\|}}{C}-OH \longrightarrow H_2N-\overset{\overset{\displaystyle O}{\|}}{C}-NH-\overset{\overset{\displaystyle O}{\|}}{C}-OH + HO-\overset{\overset{\displaystyle O}{\|}}{C}-CH_3O \tag{3.2.10}$$

$$H_2N-\overset{\overset{\displaystyle O}{\|}}{C}-NH-\overset{\overset{\displaystyle O}{\|}}{C}-OH + H_2N-\overset{\overset{\displaystyle O}{\|}}{C}-NH_2 \longrightarrow H_2N-\overset{\overset{\displaystyle O}{\|}}{C}-NH-\overset{\overset{\displaystyle O}{\|}}{C}-\overset{H}{N}-\overset{\overset{\displaystyle O}{\|}}{C}-NH_2 + H_2O \tag{3.2.11}$$

3.2.2.4　等离子体制备合成气和含氧有机物

张冬梅[23]等在常温常压、无催化剂条件下，以 CH_4和 CO_2为原料，采用强电场电离放电，产生高能电子，与 CH_4 和 CO_2气体分子发生非弹性碰撞，使之发生激发、电离、离解和复合等一系列反应，离解生成大量 CO、O、OH 和 CH、CH_2、CH、C 及 H 等活性粒子，这些活性粒子经组合重排，生成气态烃、合成气和含氧有机物(醇、酸等)等。

3.2.2.5　合成羧酸

在 Ni、Fe、Mo、W 等过渡金属催化剂存在的情况下，大多数不饱和化合物，如烯烃、炔烃、连烯、二烯、烯炔等，会与 CO_2发生氧化偶联反应生成内酯、羧酸以及丙烯酸酯衍生物。在这些反应中，CO_2作为羰基化试剂。其中，CO_2与烯烃反应生成丙烯酸的反应(式 3.2.12)具有重要的前景。丙烯酸是具有重要工业应用价值的中间体，可以用来生产丙烯酸酯。而丙烯酸和丙烯酸酯可以作为合成高分子聚合物的单体，在塑料、纺织、皮革、造纸、建材以及包装材料等领域具有广泛应用[14]。

$$R-CH=CH_2 + CO_2 \xrightarrow{[M]} R-CH=CH-CO_2H \tag{3.2.12}$$

3.2.2.6　合成碳酸二甲酯

1. CO_2和甲醇直接反应合成碳酸二甲酯

$$2CH_2OH + CO_2 \underset{}{\overset{催化剂}{\rightleftharpoons}} H_3CO-\overset{\overset{\displaystyle O}{\|}}{C}-OCH_3 + H_2O \tag{3.2.13}$$

该路线工艺简单，原子经济性高，但采用 CO_2 和甲醇直接反应合成 DMC 受到热力学上的限制[24]。谷聪[25]等研究了在镁粉的催化作用下，超临界状态的 CO_2 和甲醇直接合成 DMC(式 3.2.13)。最佳合成条件为：反应温度 180℃，反应时间 7h，反应压力 7.5 MPa。在此最佳条件下，DMC 的产率为 2.55%。

2. “两步法”酯交换工艺

“两步法”酯交换工艺是 CO_2 先与环氧丙烷反应合成碳酸丙烯酯(PC)，然后 PC 与甲醇反应合成 DMC(式 3.2.14，式 3.2.15)。赵元[24]等将季铵盐化合物催化剂键合负载到壳聚糖分子上，制备出对环境友好的非均相催化剂，该催化剂对两步反应均有催化作用，可以省去中间产物 PC 的分离、纯化过程，且催化剂容易分离和重复使用。

$$\text{(环氧丙烷)} + CO_2 \longrightarrow \text{(PC)} \qquad (3.2.14)$$

$$\text{(PC)} + 2CH_3OH \longrightarrow H_3CO\text{–}C(=O)\text{–}OCH_3 + CH_3CH(OH)CH_2OH \qquad (3.2.15)$$

3. “一锅法”合成碳酸二甲酯

将 CO_2、甲醇、环氧丙烷同时加入反应器，在合适的催化剂下，直接合成 DMC，如式 3.2.16 所示。

$$\text{(R-环氧化物)} + CO_2 + CH_3OH \xrightarrow{\text{催化剂}} \text{(R-环状碳酸酯)} + H_3CO\text{–}C(=O)\text{–}OCH_3 + RCH(OH)CH_2OH \qquad (3.2.16)$$

“一锅法”工艺是对“两步法”酯交换工艺的重大改进，可以改善两步酯交换法流程长、能源消耗大的缺点，开发高效的催化剂是提高 DMC 产率的关键[24]。

3.3 氧气

3.3.1 分子氧氧化技术概述

在有机合成工业中，氧化是合成各种高附加值的有机中间体或精细化学品的重要技术。传统的氧化方法需要消耗大量的氧化剂，如重铬酸盐、高锰酸盐、二氧化硒等。这些氧化剂的使用会产生有毒有害废弃物，后处理困难，造成严重环境污染。从保护环境和可持续发展的角度来看，迫切需要发展清洁的氧化技术。毫无疑问，氧气是一种资源丰富、廉价易得、原子利用率高并且环境友好的理想氧化剂。

但是，氧气与大多数化合物在室温下反应的速度很慢。对于基态氧分子，产生这种反应惰性有两个原因。其一，氧气参与的氧化还原反应往往是多电子反应，一般条件下不可能通过一步反应实现；其二，由于自旋禁阻作用，基态为三重态的氧分子与基态为单线态的普通有机化合物在温和条件下很难反应，需要较高的活化能。此外，一旦分子氧被活化，它与有机化合物的反应又很难控制。因为氧分子的双自由基性质会促使形成高反应性及非选择性的自由基中间体，这些中间体的反应活性往往非常强，在反应条件下很容易造成深度氧化[26]。而且，这种氧化反应通常伴随着剧烈的放热，温度的升高会进一步降低反应的选择性。故而绝大多数的自发氧化反应都是无选择性和难以控制的。这不仅造成废物的产生，还给产物的分离和提纯带来很大困难。如何控制氧化深度、提高目标产物的选择性是需要研究解决的关键问题。因此，开发以氧气为氧化剂的催化反应体系具有十分重要的意义。

近年来，过渡金属络合物均相催化剂参与的分子氧氧化技术得到了较大的发展。均相络合催化氧化的作用机制可分为两种：一种是利用过渡金属络合物的中心金属离子或配位体的反应能力使底物氧化，被还原的金属离子或配位体再被分子氧氧化成初始状态，完成催化循环；另一种是过渡金属络合物与分子氧络合活化成超氧、过氧或单氧络合物(图3.3.1)，它改变了氧的自旋状态和反应能力，在温和条件下可使有机物发生选择性催化氧化[26]。

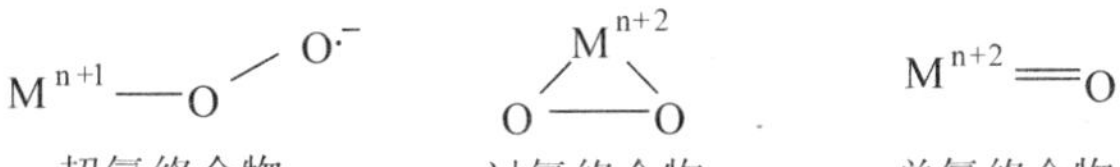

超氧络合物　过氧络合物　单氧络合物

图 3.3.1　过渡金属与分子氧形成的典型活性物种

3.3.2　分子氧氧化技术的应用

3.3.2.1　分子氧在醇类氧化中的应用

大部分的醇类均相催化需氧氧化采用第Ⅷ族金属化合物作为催化剂[27]。其中，Ru 和 Pd 等贵金属的化合物得到了广泛的应用。此外，Cu 和 Co 的化合物作为催化剂也有报道。

Backvall 等[28]采用 $RuCl(OAc)(PPh_3)_3$/hydroquinone/Co(Salophen)(PPh_3)三组分催化体系选择性氧化醇类，反应通过多步电子转移过程完成(图 3.3.2)。低价钌配合物使醇脱氢生成醛或酮，自身成为“RuH_2”，接着苯醌接受“RuH_2”的氢成为氢醌，同时使钌恢复低价状态，氢醌通过副催化剂“Co”的作用被氧气氧化为苯醌，完成催化循环。

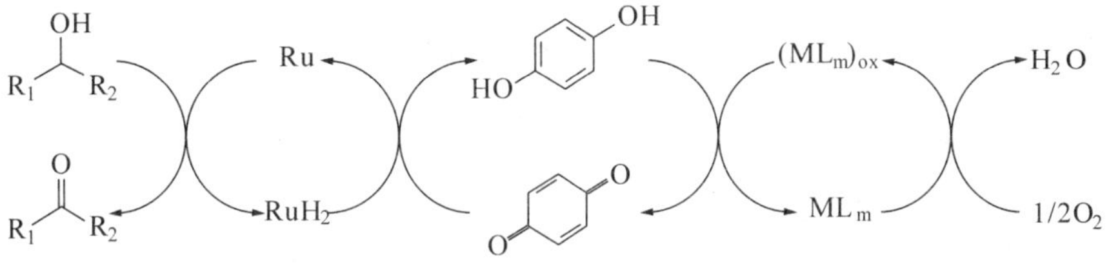

图 3.3.2　$RuCl(OAc)(PPh_3)_3$/hydroquinone/Co(Salophen)(PPh_3)催化体系选择性氧化醇类

Larock 等[29]采用 $Pd(OAc)_2$催化剂，在 DMSO 中用 O_2选择性氧化烯丙醇和苄醇，加入适宜的碱(如 Na_2CO_3、$NaHCO_3$等)可以显著提高该反应体系的反应速率和收率。Stahl 等分析了 $Pd(OAc)_2$/DMSO 体系的催化机理，认为反应可能按图 3.3.3 所示进行[30]。Pd(Ⅱ)将醇氧化为相应的醛或酮，自身还原为 Pd(0)，Pd(0)再被 O_2氧化形成过氧化物中间体，然后与 H^+反应，恢复至 Pd(Ⅱ)，完成催化循环。DMSO 在反应中除了作为溶剂之外，还与 Pd(0)形成配合物，防止 Pd(0)聚集生成金属 Pd，起到稳定催化剂的作用[31]。

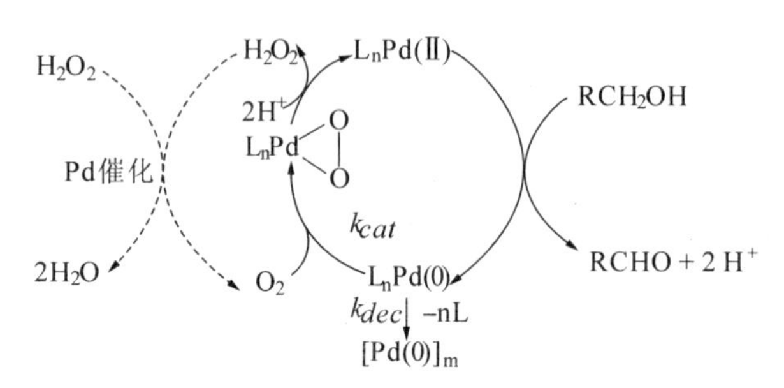

图 3.3.3 $Pd(OAc)_2$/DMSO 体系的催化机理

糖类转化是获取多种精细化学品的重要手段。特别是以 O_2为氧化剂的催化氧化方法在糖类及其下游产品的转化中有着广泛的应用[32]。葡萄糖的空气氧化反应一般在碱性水溶液中进行，通常以负载型贵金属为氧化剂，反应条件温和。通过氧化葡萄糖的不同的官能团可以得到不同的高附加值的化学品，如 D-葡萄糖酸、葡萄糖二酸等[33, 34]。Edye 等采用 Pt/C 催化体系，以空气为氧化剂，在中性溶液、373K 条件下选择性地氧化蔗糖 6 和 6′位的羟基，得到 6，6′-蔗糖二酸，收率达到 68%[35]。

3.3.2.2 分子氧在苯选择性氧化中的应用

苯酚是重要的化工原料，它是制双酚 A、碳酸醋、酚醛树脂、尼龙-6、清洁剂、杀菌剂、除草剂、染料、黏合剂、抗氧化剂及其他许多化合物的前驱体。苯酚合成路线有许多，传统的多步合成法(异丙苯法、甲苯-苯甲酸法、氯苯水解法等)需要加入酸及多种有机试剂，不仅原料成本高，还造成大量废物的产生。近年来，苯直接氧化羟基化生产苯酚吸引了研究者的广泛关注。用氧分子液相氧化羟基化苯制苯酚的反应温度低，耗能较少，设备简单，且不使用乙腈、甲醇等有毒有害溶剂。但这类反应目前的收率还不高，需进一步优化催化剂[36]。

Kunai 等研究发现，在 Cu^+存在的酸性溶液中，氧气能氧化苯，生成苯酚，其反应历程类似于“芬顿”反应[37]。很多研究表明，使用 Cu 催化剂时，必须有抗坏血酸的参与，分子氧才能使苯发生羟基化反应。在氧气和抗坏血酸同时存在的体系中，检测到有 H_2O_2产生，而 H_2O_2的生成量与苯酚的产率有直接的关系。Kunai 等经过深入研究，提出了 Cu 催化的 O_2氧化苯羟基化的自由基机理(式 3.3.1 ~式 3.3.5)。

$$2Cu(\text{II})+\text{Ascorbic acid}+1/2\ O_2 \longrightarrow 2Cu(\text{I})+\text{Dchydroascorbic acid}+H_2O \quad (3.3.1)$$

$$2Cu(\text{I})+O_2+2H^+ \longrightarrow 2Cu(\text{II})+H_2O_2 \quad (3.3.2)$$

$$Cu(\text{I})+H_2O_2+H^+ \longrightarrow Cu(\text{II})+\cdot OH+H_2O \quad (3.3.3)$$

$$C_6H_6 + \cdot OH \longrightarrow C_6H_6(H)(OH)\cdot \qquad (3.3.4)$$

$$C_6H_6(H)(OH)\cdot + Cu(\text{II}) \longrightarrow C_6H_5OH + Cu(\text{I}) + H^+ \qquad (3.3.5)$$

Miyakc 等[38]用负载在 SiO_2上的 V_2O_5为催化剂，以乙酸为溶剂，将空气、氢气混合气通入反应体系中制取苯酚，反应活性很高，反应的选择性达到 100%。Remias 等[39]用^{18}O同位素示踪技术，发现在 V 催化的反应中，有过氧化钒中间体生成，从而促进了苯分子的活化。

3.3.2.3 分子氧在环化反应中的应用

Larock 等[40]将 $Pd(OAc)_2$/DMSO 催化体系应用于环化反应(式 3.3.6~式 3.3.8)，在纯氧的气氛中，反应中加入的阴离子碱 NaOAc 和 $KHCO_3$通常可以提高反应的选择性和收率[41]。

$$\text{3-(cyclohex-1-enyl)propanoic acid} \xrightarrow[\text{DMSO, }O_2\text{(1 atm), 24h, 80℃}]{Pd(OAc)_2\text{(5 mol\%)}, \text{ NaOAc(1 equiv)}} \text{spirolactone, 91\%} \qquad (3.3.6)$$

$$\text{BocN(cyclopentenyl)CH(OH)CO}_2\text{Me} \xrightarrow[\text{DMSO, }O_2\text{(1 atm), 2h, 70℃}]{Pd(OAc)_2\text{(2 mol\%)}} \text{bicyclic oxazolidine (BocN, O, }CO_2Me\text{), 91\%} \qquad (3.3.7)$$

$$\text{(E)-hex-4-enyl-NHTs} \xrightarrow[\text{DMSO, }O_2\text{(1 atm), 72h, 25℃}]{Pd(OAc)_2\text{(5 mol\%)}, \text{ NaOAc(2 equiv)}} \text{N-Ts-2-vinylpyrrolidine, 93\%} \qquad (3.3.8)$$

3.3.2.4 分子氧在纸浆木质素去除工艺中的应用

传统的纸浆木质素去除工艺中使用的氯代有机物会对环境造成污染，用杂多酸盐和 O_2替代氯代有机物，可以实现纸浆中木质素的绿色去除[42]。主要反应机理如图 3.3.4 所示。选择合适的杂多酸盐，在将纸浆中剩余木质素氧化成 CO_2的同时，不破坏其中的纤维

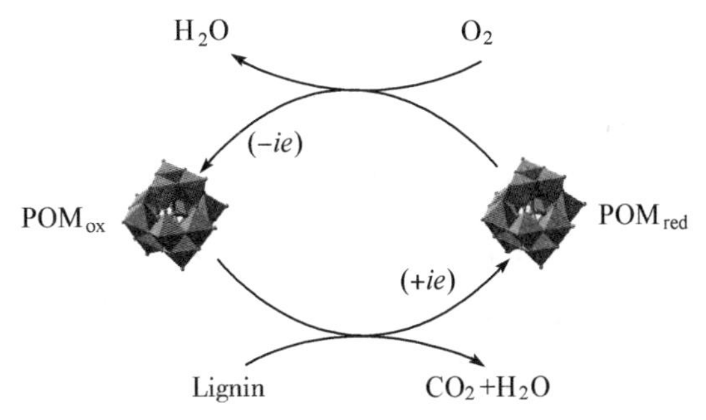

图 3.3.4 杂多酸与 O_2体系去除木质素的反应机理

素，随后，体系中的 O_2 又将杂多酸盐氧化为氧化态，实现催化循环。

3.4　过氧化氢

3.4.1　过氧化氢概述

过氧化氢(H_2O_2)，其水溶液俗称双氧水，是工业上重要的氧化剂、消毒剂和漂白剂。氧原子采取不等性的 sp^3 杂化轨道成键，分子为共价极性分子，立体结构犹如半展开书的两页纸，如图 3.4.1 所示。纯过氧化氢是一种蓝色的黏稠液体，沸点 150℃，熔点 -0.4℃，密度比水大得多(20℃时 1.465 g/cm^3)。许多物理性质和水相似，可与水以任意比例混合，是离子化溶剂[43]。

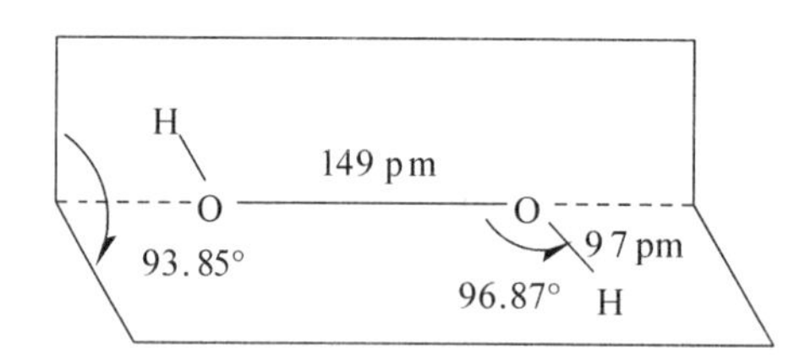

3.4.1　H_2O_2的分子结构

金属离子等杂质能催化分解 H_2O_2，分解产物为无毒害的水和氧气。H_2O_2具有强氧化性，其在酸性溶液中的氧化性显著高于在碱性溶液中。H_2O_2作为氧化剂使用后，产物主要是水，不产生有毒废物，因而是绿色化学试剂。H_2O_2被广泛用于纺织、造纸、卫生、化学化工和环保等行业。在美国，与 H_2O_2相关的研究分别在 1999 年、2007 年和 2010 年获得"总统绿色化学挑战奖"。在欧洲，H_2O_2在有机合成中作为绿色化学试剂的应用越来越普遍，在化学合成中的用量已占到了其使用总量的 43%。

3.4.2　过氧化氢的制备

H_2O_2最早于 1818 年由 Thenard 报道，是用硝酸与过氧化钡反应制备(式 3.4.1)。目前，全世界每年的 H_2O_2产量已超过了 220 万吨，其中 95%以上是由 20 世纪 40 年代开始商业化的蒽醌自氧化法(AO)制备(式 3.4.2)。

$$BaO_2(s)+2H_3O^+ \longrightarrow 2H_2O_2(aq)+Ba^{2+}+2H_2O \qquad (3.4.1)$$

$$+H_2 \xrightarrow{\text{Pd or Ni}} \quad \longrightarrow \quad + H_2O_2 \qquad (3.4.2)$$

H_2O_2也可以通过电解法来生产，但是电解法一般在强酸或者强碱条件下进行，产物需纯化后才能应用，同时生产过程会带来一定程度的污染。电解法的工作原理如下：当氧气或空气通过阴极表面时，溶解的氧气在 H^+ 存在的条件下被还原生成过氧化氢(式3.4.3)，同时阳极上发生水的氧化反应(式3.4.4)

$$O_2 + 2H^+ + 2e^- \longrightarrow H_2O_2 \tag{3.4.3}$$

$$2H_2O \longrightarrow O_2 + 4H^+ + 4e^- \tag{3.4.4}$$

近年来，在催化剂的作用下通过 O_2 和 H_2 直接合成 H_2O_2 取得了重大进展[44]，该方法不但经济，而且避免了其他方法污染大、耗能高的缺点。其中，Pd基催化剂是研究报道最多的。研究发现，掺杂第二金属活性组分可以提高Pd催化剂的活性和选择性，已报道的掺杂Pd基催化剂的第二金属有Au、Pt、Ce、La、Fe、Co、Ni、Cr、Mn、Zn、Cd、Cu等。例如，Hutchings等考察了单金属Pd、Au和双金属Pd-Au的催化性能，使用2.5% Pd/TiO_2催化剂，H_2O_2选择性为48%，产物中H_2O_2的质量分数为0.18%；而采用2.5%Au-2.5%Pd/TiO_2催化剂，H_2O_2选择性达到89%，产物中H_2O_2质量分数为0.404%；对2.5%Au-2.5%Pd/TiO_2进行硝酸预处理后，过氧化氢选择性达到95%，生产能力达到0.11 mol/(g·h)。

3.4.3 过氧化氢在绿色化学中的应用

3.4.3.1 在皮革工业中的应用[45]

皮革业不仅促进了我国农牧业的进步，对带动地域经济发展以及提升出口创汇能力也起着举足轻重的作用。然而，皮革工业也给生态环境带来巨大压力和负担。据统计，我国皮革行业每年排放污水在1亿吨以上，排放多种有害物质：铬3500吨、硫5000吨、悬浮物12万吨、化学耗氧量15万吨、生化耗氧量8万吨。脱毛工序是制革污染的主要来源之一，硫化物脱毛是常用的脱毛方法，硫化物主要来自该工序。

H_2O_2具有较强的氧化能力，它能破坏角蛋白分子中的双硫键，从而降低角蛋白的化学稳定性，促进其在碱溶液中的溶解。因此，H_2O_2可用于脱毛工艺。用H_2O_2脱毛不是将毛全部溶解，而是有一部分毛干仍保留在脱毛液中，这部分未溶的毛干可以通过过滤除去，不进入废液，从而减少废液中的氨基酸氮、COD及总固体物含量；脱毛体系中H_2O_2分解会产生O_2，促进部分有机物的氧化，也有利于COD值降低。而且，与硫化物脱毛相比，H_2O_2使皮内毛根去除干净，能以较快的速度分散胶原纤维，而且使革的粒面层与网状层连接紧密，不易出现松面现象。此外，过氧化氢在动物毛皮和粒面层天然色素的脱色过程、在皮革化学品合成和改性中都有很好的应用。

3.4.3.2 在有机合成方面的应用

1. 合成己二酸

己二酸(Adipic Acid，ADA)是一种重要的化工原料，主要用于合成尼龙-66(盐)、聚氨酯和增塑剂，还可用于生产高级润滑油、食品添加剂、医药中间体、塑料发泡剂、涂料、黏合剂、杀虫剂、染料等。目前工业合成己二酸主要采用硝酸氧化法，该方法由于使用强氧化性的硝酸，严重腐蚀设备，而且产生温室气体N_2O。

Noyori[46]等用钨酸钠作催化剂，用硫氢酸三辛基甲基铵作相转移催化剂，用过氧化氢作氧化剂，氧化环己烯制备己二酸(式3.4.5)，该合成过程中不使用有机试剂和卤化物，己二酸的产率达到了 90%以上。研究人员同时提出了这一反应的机理(图 3.4.2)。

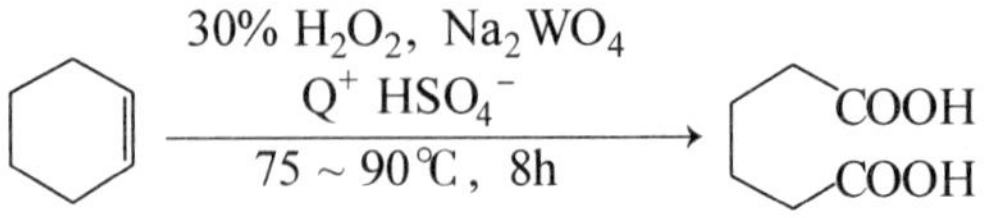

$$\text{环己烯} \xrightarrow[75\sim 90℃,\ 8h]{30\%\ H_2O_2,\ Na_2WO_4,\ Q^+\ HSO_4^-} \text{己二酸(COOH, COOH)} \quad (3.4.5)$$

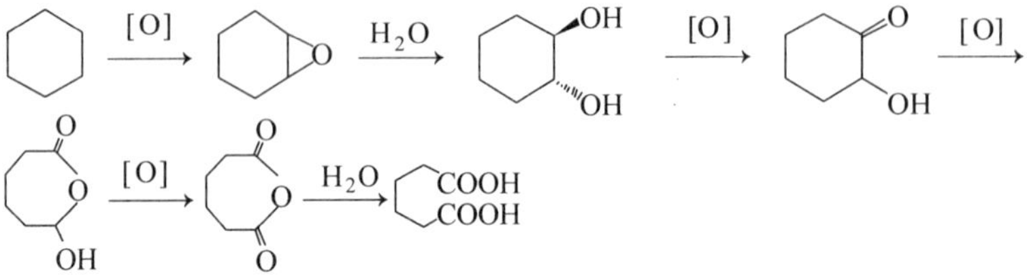

图 3.4.2　H_2O_2氧化环己烯合成己二酸的机理

曹小华等在无有机溶剂、相转移催化剂的情况下，以 30%的过氧化氢为氧化剂，以钨酸/磷酸配体体系催化氧化环己酮合成己二酸。研究发现，在水溶液中，当各物质摩尔比环己酮∶过氧化氢∶钨酸∶磷酸 =100∶500∶2.5∶2.5 时，90℃反应 5h，己二酸收率可达 86.7%。反应过程中未使用有机溶剂和相转移剂，原料易得，氧化条件温和，操作简单，反应时间短，是一条简单易行的绿色化途径[47]。

2. 合成酯

用 H_2O_2 合成酯的方法较多，Baeyer-Villiger 氧化反应是其中的一个重要方法。Gopinath[48]等在高氯酸存在下，用氧化钒作催化剂，催化 H_2O_2 氧化芳甲醛与甲醇反应生成芳甲酸甲酯。反应条件温和，时间短，产率高，目标产物易分离(式 3.4.6)[43]。

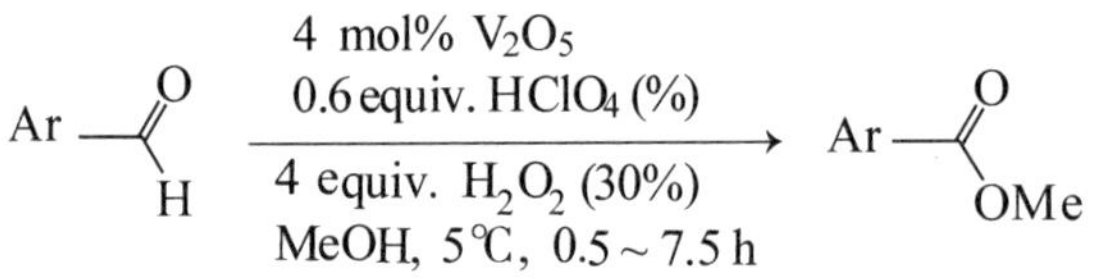

$$\text{ArCHO} \xrightarrow[4\ \text{equiv.}\ H_2O_2\ (30\%),\ \text{MeOH},\ 5℃,\ 0.5\sim 7.5\ h]{4\ \text{mol\%}\ V_2O_5,\ 0.6\ \text{equiv.}\ HClO_4\ (\%)} \text{ArCOOMe} \quad (3.4.6)$$

3. 合成醇、酚

H_2O_2氧化烯合成醇是制备醇、酚的常用方法，研究的热点主要是筛选高性能的氧化反应体系。Trudeau[49]等报道了顺式邻二醇的合成方法(式 3.4.7)，所用催化剂为 Rh 配合物。

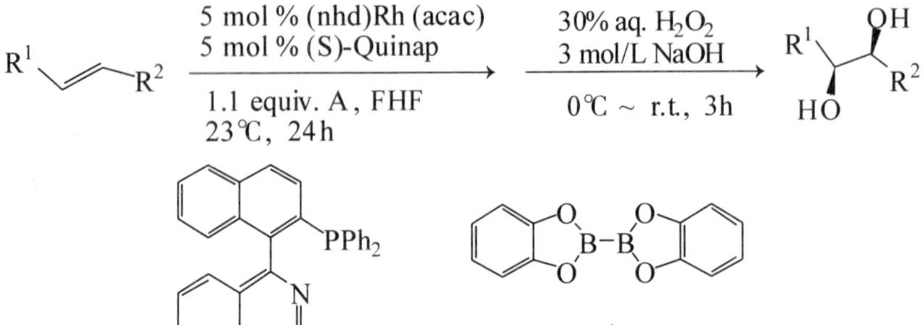

$$R^1\text{CH=CH}R^2 \xrightarrow[1.1\ \text{equiv. A, FHF},\ 23℃,\ 24h]{5\ \text{mol\%}\ (\text{nhd})\text{Rh}(\text{acac}),\ 5\ \text{mol\%}\ (S)\text{-Quinap}} \xrightarrow[0℃\sim \text{r.t.},\ 3h]{30\%\ \text{aq.}\ H_2O_2,\ 3\ \text{mol/L NaOH}} R^1\text{CH(OH)CH(OH)}R^2 \quad (3.4.7)$$

(S)-Quinap　　A

用 Fenton 试剂氧化苯是制备苯酚的方法之一。该方法存在的主要问题是产物苯酚比反应底物更活泼，易发生过氧化[43]。中国科学院兰州化学物理研究所的邓友全研究组[50]实现了在水相-离子液体(3-甲基-1-辛基咪唑六氟磷酸盐)两相体系中，用三(十二烷基磺酸)铁作催化剂，高选择性地氧化苯制备酚，产物酚进入水相，与离子液体相中的催化剂和底物分开，从而避免了酚的过氧化，反应的催化效率高，选择性可达到90%以上。

4. 合成醛、酮

用 H_2O_2 作为氧源氧化合成醛和酮，反应条件一般比较温和，反应过程可控，副反应少。Noyori 等[51]使用钨酸钠作催化剂，用硫氢酸三辛基甲基铵作相转移催化剂，用过氧化氢做氧化剂，可以将芳甲醇氧化成醛(式 3.4.8)，将仲醇氧化成酮(式 3.4.9)。

$$\text{R-}C_6H_4CH_2OH \xrightarrow[90℃,\ 3\sim5\text{h}]{\substack{<1.5\text{ mol }30\%\ H_2O_2\\ 0.003\sim0.005\text{ mol }Na_2WO_4\\ 0.003\sim0.005\text{ mol }Q^+\ HSO_4^-}} \text{R-}C_6H_4CHO \qquad (3.4.8)$$

$$R^1CH(OH)R^2 \xrightarrow[90℃,\ 4\text{ h}]{\substack{1.1\text{ mol }30\%\ H_2O_2\\ 0.002\text{ mol }Na_2WO_4\\ 0.002\text{ mol }Q^+\ HSO_4^-}} R^1COR^2 \qquad (3.4.9)$$

5. 合成环氧化物

Noyori 研究组[52]在不使用有机溶剂和卤化物的情况下，用钨酸钠、硫酸氢三辛基甲基铵、胺甲基磷酸、过氧化氢体系实现烯的环氧化(式 3.4.10)，反应具有较高产率。

$$R_2C{=}CR_2 \xrightarrow[90℃,\ 0.5\sim4\text{ h}]{\substack{1.5\text{ mol }30\%\ H_2O_2\\ 0.02\text{ mol }Na_2WO_4\\ 0.01\text{ mol }NH_2CH_2PO_3H_2\\ 0.01\text{ mol }Q^+\ HSO_4^-}} \text{epoxide} \qquad (3.4.10)$$

3.5 高铁酸盐

3.5.1 高铁酸盐概述

Fe(Ⅱ)和 Fe(Ⅲ)是自然界中常见的铁的化合态，但在强氧化剂的作用下也可以形成六价铁。高铁酸盐就是这种以高价态形式存在的铁的含氧酸盐，其通式为 M_xFeO_4，主要有 K_2FeO_4、Na_2FeO_4、Li_2FeO_4、Cs_2FeO_4、$BaFeO_4$、$CaFeO_4$、$ZnFeO_4$ 等[53]，其他的高铁酸盐化学稳定性低且合成工艺复杂，难以制备出纯度足够高的产物。

高铁酸盐具有比高锰酸钾、臭氧、重铬酸盐等常用氧化剂更强的氧化性。它在酸性条件下具有很高的电极电位。1958 年，Rogert H. wood 等人[54]通过测定高铁酸钾与高氯酸在 298K 下的反应热，计算出 FeO_4^{2-} 的生成自由能为 −77±2kcal/mol，进而计算出 Fe(Ⅵ)/Fe(Ⅲ)电对在酸性和碱性条件下的标准电极电位：

酸性条件：$Fe^{3+}+4H_2O \rightarrow FeO_4^{2-}+8H^++3e^-$　$E^0=+2.20$

碱性条件：$Fe(OH)_3+5OH^- \rightarrow FeO_4^{2-}+4H_2O+3e^-$　$E^0=+0.72$

纯净的高铁酸盐在干燥环境中能稳定存在，碱金属和碱土金属的高铁酸盐稳定性随金属离子体积增大而增加，过渡金属高铁酸盐较不稳定。在潮湿的环境条件下或纯度不高的情况下，高铁酸盐稳定性较差，遇水则发生分解，特别是在酸性条件或中性条件下很快放出氧气，并伴随有红棕色水合氢氧化铁沉淀的生成。通过控制温度、浓度、碱度、杂质及催化剂等条件，可以增加高铁酸盐在碱性溶液或非水溶剂中的稳定性[55]。

由于高铁酸盐具有强氧化性，其可以作为废水处理剂用于水污染控制。高铁酸盐能高效地氧化水中的有机物，自身被还原生成胶体氢氧化铁，而胶体氢氧化铁是一种性能优异的絮凝剂，可以进一步促进污染物的去除。高铁酸盐还原后得到的胶体可以在1 min内实现颗粒脱稳，而硫酸亚铁和硝酸铁只有在混合30 min后才能达到同样的效果。比较分别用高铁酸盐、$FeSO_4$以及$Fe(NO_3)_3$处理后的水的浊度，用高铁酸盐处理过的废水的浊度明显更低。

高铁酸盐也可用于电池。作为绿色电源的正极活性材料，它具有环境友好性，与铬和锰相比，铁是一种对环境无害的元素[56]。

高铁酸盐也可以作为氧化剂用于化学合成。

3.5.2 高铁酸盐的制备

林智虹[56]介绍了三种高铁酸盐制备工艺：

(1)在苛性碱存在的高温条件下，利用硝酸钾或过氧化物将铁盐或铁的氧化物氧化成高铁酸盐。该工艺的特点是产品批量较大，设备的时空效率较高，高铁酸盐收率和转化率也较高。但反应温度较高，且有苛性碱存在或生成，因而反应容器腐蚀严重，有一定的危险性。且直接烧制产品的纯度较低，需经一系列后续提纯处理。

(2)在水合氧化铁的浓碱液中，以次氯酸盐为氧化剂进行氧化反应。该方法自1948年由Schreyer提出后，曾被认为是制备碱金属高铁酸盐的最好方法。出于经济和方便考虑，目前使用最多的氧化剂是次氯酸盐，也有以H_2O_2和HSO_5^-作为氧化剂来制备高铁酸盐的报道。

(3)在浓碱溶液中以适宜的电流密度电解，阳极上铁溶解，进而生成高铁酸盐。主要影响因素有电解液中苛性碱的种类与浓度、电解液的温度、阳极表观电流密度、金属铁电极的化学组成(如纯度、含碳量及含碳形式)等。

高纯度的高铁酸盐多是通过溶解度比较大的Na_2FeO_4与相应的浓碱溶液发生复分解反应来制备的，例如，在Na_2FeO_4溶液中加入浓氢氧化钾溶液，使Na_2FeO_4转化成K_2FeO_4，低温抽滤可得到K_2FeO_4晶体。

3.5.3 高铁酸盐的应用

3.5.3.1 高铁电池

以高铁酸盐为正极材料的电池为高铁电池。它与传统的碱性锌锰电池相比，理论容量比二氧化锰高(表3.5.1)，而且在高放电电流下，容量比二氧化锰更高[57]。从环保的角度考虑，高铁电池废弃后的最终产物是 Fe_2O_3，对环境无害，所以又被称为“绿色电池”。同时，自然界中的铁资源丰富，在实现了高铁酸盐的规模化、低成本生产的情况下，还具有资源和价格优势[58]。目前，高铁电池的研究已成为一个热点，世界上许多电化学工作者已经就高铁酸盐的合成、放电性能、材料的稳定性以及分解机理和动力学参数等方面进行了卓有成效的研究工作。

表 3.5.1　　**高铁酸盐电极材料的属性**

电极材料	分子量(g/mol)	理论容量(mAh/g)
K_2FeO_4	198	406
Na_2FeO_4	166	485
Li_2FeO_4	134	601
Cs_2FeO_4	384	209
$MgFeO_4$	144	558
$SrFeO_4$	208	388
Ag_2FeO_4	336	240
$BaFeO_4$	257	313
MnO_2	87	308

3.5.3.2　水消毒剂

含氯强氧化性消毒剂常被用于饮用水消毒，但其往往能与水体中的有机物反应，形成毒性较高的氯代产物，造成潜在的饮用水安全问题。高铁酸盐是一种新型高效的非氯饮水消毒剂。它可高效地氧化去除水中的有机污染物，还能使水脱色、脱臭。高铁酸钾对微污染水有良好的净化效果，其还原产物 $Fe(OH)_3$ 还有絮凝净水作用，不会引起二次污染。曲久辉等人[59]研究了高铁酸盐对饮用水中富里酸(FA)的去除效能与作用条件，结果表明，当高铁酸钾与 FA 的质量比为 12 时，FA 去除效率可达 90%；在浑浊水中高铁酸盐具有氧化和絮凝的双重作用，FA 去除效率更高，可达 95%。李通等人[60]则将高铁酸钾用于降解环丙沙星，发现此反应符合二级反应动力学模型，高铁酸钾加入量是影响环丙沙星降解效果的关键因素，反应最佳 pH 值为 9。

高铁酸盐具有足够的杀菌能力。当 pH 值为 8.2 时，6mg/L 的高铁酸盐杀菌 7min 后，可以杀死 99.9%的大肠杆菌。对病毒也有很强的杀灭能力，在 pH 7.8、高铁酸钾含量为 1 mg/L条件下，22 min 可以去除 99%大肠杆菌噬菌体 f_2；当 pH 6.9 时，消毒时间为 5.7min；pH 5.9 时，消毒时间只需要 0.77 min[56]。

高铁酸盐对一些有害无机化合物也有氧化作用，如氰化物、氨和硫化物等。在 pH 值为 8.0~11.0 时，高铁酸盐对氰化镍-EDTA 溶液中氰的去除率接近 100%[61]。当高铁酸盐和氨的投量比大于 1 时，22%以上的氨被除去，同时大约 99.9%的硫化氢也会被除去[56]。

此外，高铁酸盐对重金属离子也有吸附、沉降作用。苑宝玲等人[62]研究了高铁酸钾对饮用水中砷的去除，认为是氧化作用和絮凝作用共同作用的结果，在pH值为5.5~7.5、高铁酸钾与砷浓度比为15∶1、氧化时间为10 min、絮凝时间为30 min的情况下，处理后的水样中砷残留量可达到国家饮用水标准。相比于传统的铁盐法和氧化铁盐法，此方法更加简洁、效率更高。

3.5.3.3 有机物氧化合成

1897年，Moeser观察到氨可以被冷的高铁酸钾溶液氧化，而被高锰酸钾氧化只有在加热的条件下才能发生。到20世纪60年代，高铁酸盐开始被用于有机物的氧化合成。在合成反应过程中，可以通过调节pH值、反应温度、时间、氧化剂的阳离子及氧化剂与反应原料配比等，使得反应停留在所希望的阶段，得到所需产品[58]。

1971年，Audette等报道，在碱性水溶液中(pH 11.4)，高铁酸钾是一个选择性非常好的氧化剂，即使在室温下，也能将伯醇、伯胺以及仲醇迅速地氧化为其相应的醛和酮。高铁酸钾在给定条件下不能氧化双键，叔醇和叔胺也基本不被氧化。但由于这类反应需在强碱性(pH11.5~13.5)水溶液中进行，不适合于对碱性敏感或不溶于水的有机物，使其应用受到了限制[63]。

通过相转移催化技术，可以实现非水溶性反应物的高铁酸盐氧化。Kim等将2.5 mmol反应原料和0.25 mmol相转移催化剂(苄基三乙基氯化铵)溶于10 mL苯中，加入10 mL 10%的氢氧化钠水溶液搅拌，用10 mmol高铁酸钾作为氧化剂，在室温下反应，反应活性和选择性都非常好。将苯甲醇或3-苯基-2-丙烯-1-醇和饱和醇的混合物进行氧化时，只有前两者被氧化，说明在此实验条件下，高铁酸钾不会氧化饱和醇[63]。

高铁酸盐还可用于氧化环烷烃和烷烃。Ho等[64]在室温下用高铁酸钡-路易斯酸体系将环烷烃和烷烃氧化为相应的氯化物、醇和酮。他们将0.4 mol金属氯化物加入到1.5 mL二氯甲烷、0.5 mL醋酸、0.5 mL反应原料和5 μL氯苯的混合溶液中溶解，加入0.078 mmol高铁酸钡进行反应。醋酸起到金属氯化物和高铁酸钡的溶剂的作用。依路易斯酸的不同，氧化速率顺序为$AlCl_3$>$FeCl_3$>$MgCl_2$>LiCl>$ZnCl_2$，其中使用活性和稳定性较均衡的$MgCl_2$时，环烷烃氧化产率最高。如室温下氧化环己烷时，反应2h，氧化产率为54%(氯化环己烷31%、环己醇10%和环己酮13%)。用高铁酸钡-LiCl体系氧化丙烷和乙烷，在室温下反应2h，氧化发生在伯碳和仲碳位置，产率分别为35%(1-氯丙烷10%、2-氯丙烷19%和丙酮6%)和32%(氯乙烷28%和乙醛4%)[63]。

3.6 有机高价碘试剂

3.6.1 有机高价碘试剂概述

化学家Willgerodt于1886年第一次报道了有机高价碘化合物$PhICl_2$的制备，随后$PhI(OAc)_2$、$Ar_2I^+HSO_4^-$等其他许多有机碘化合物先后被制备出来。但之后的近一个世纪里有机高价碘化合物并未获得很大发展。直至最近20年，随着绿色化学理念逐渐深入人心，有机高价碘化合物作为反应氧化剂时反应条件温和、产率高、选择性好、对环境友好，得到越来越多的关注[65,66]。

在高价碘试剂中，以三价和五价碘试剂的研究和应用最为广泛。

3.6.1.1 三价碘试剂

三价碘试剂衍生物种类较多，通常依据和碘原子相连的配体的类型对有机三价碘化合物进行分类。其中，在有机合成中应用较多的包括图 3.6.1(a~j)：(a)二氯芳基碘；(b)二氟芳基碘；(c)亚碘酰芳基化合物；(d)二羧酸芳基碘；(e)羟基有机磺酸基芳基碘；(f，g)苯并杂环高价碘试剂；(h)碘盐；(i)碘酰亚胺；(j)碘叶立德。其中(a)和(b)分别是进行氯化反应和氟化反应时十分有效的试剂。(c)、(d)和(e)都具有比较温和的氧化性质，通常被应用于有机物的氧化反应中。有机碘试剂(f)和(g)较与其相似的环有更高的稳定性，因而可分离出来作为其他类似不稳定三价碘化合物的替代物。(h)一般不具有特别强的氧化性，但是由于基团-IAr 有很好的离去效果，因此可被应用于各种反应中。(i)和(j)分别被用来制备卡宾和氮烯[65, 66]。

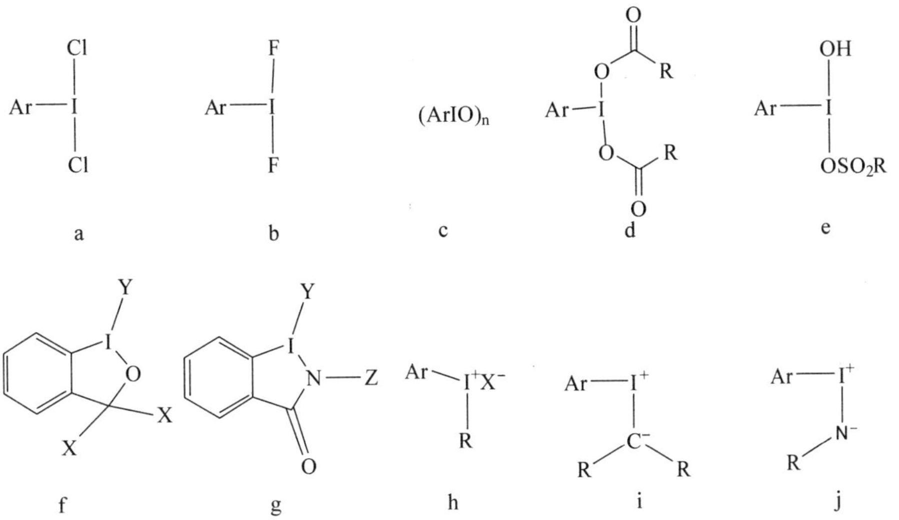

X=Me，CF_3 或 2X=0

Y=OH，OAc，N_3，CN 等

Z=H，Ac 等

图 3.6.1 有机三价碘化合物

1. 二乙酰氧基碘芳烃

二乙酰氧基碘芳烃在有机合成中是一种重要的氧化剂。其中应用最广泛的是乙酸碘苯二酯($PhI(OAc)_2$)(简称 DIB)和二(三氟乙酰氧基)碘苯($PhI(OOCCF_3)_2$)(简称 BTI)及相应的衍生物[67~69]。

Kázmierczak 等报道了一种由各种碘芳烃迅速合成相应的二乙酰氧基碘芳烃的方法，该方法成本低，且产率高(式 3.6.1，式 3.6.2)。其用 $CrO_3/AcOH/Ac_2O/H_2SO_4$体系氧化十七种碘芳烃，然后在反应后的溶液混合物中加入过量 20%醋酸铵溶液，即可得到粗产品二乙酰氧基碘芳烃晶体[70]。

$$3ArI+2CrO_3+H_2SO_4+6Ac_2O \xrightarrow[30min]{40℃} 3ArISO_4+Cr_2(SO_4)_2+12AcOH \tag{3.6.1}$$

$$3ArISO_4+6AcONH_4 \xrightarrow[快反应]{5℃} 3ArI(OAc)_2+3(NH_4)_2SO_4 \tag{3.6.2}$$

Ar = ph，4-FC_6H_4，2-ClC_6H_4，3-ClC_6H_4，4-C_6H_4，4-BrC_6H_4，2，4-$Cl_2C_6H_3$，2，4，6-$Cl_3C_6H_2$，3-$NO_2C_6H_4$，4-$NO_2C_6H_4$ 等

二乙酰氧基芳烃作为方便易得的高价碘化合物，一直被广泛用来制备其他一些亚碘基衍生物，例如 $ArIX_2$和 $Ar_2I^+X^-$等。通过二乙酰氧基芳烃与各基团对应的酸或酸的衍生物发生配体交换反应，可以得到相应的亚碘酰基衍生物[67]。二乙酰氧基碘芳烃与适当的亲核试剂反应，可以合成多种三价碘盐。二乙酰氧基碘盐制备的一般方法是：DIB 与芳烃化合物在三氟甲磺酸中反应。*p*-二[二(三氟乙酰氧基碘)]苯与相应的芳基硅反应，生成二-(三氟甲磺酸)碘盐[67, 71]。

2. 亚碘酰苯

亚碘酰苯是亚碘化合物中最重要也是研究最广的化合物，是一种线型多聚体(图 3.6.2)。$PhI(OAc)_2$在碱性条件下水解可制备得到亚碘酰苯。

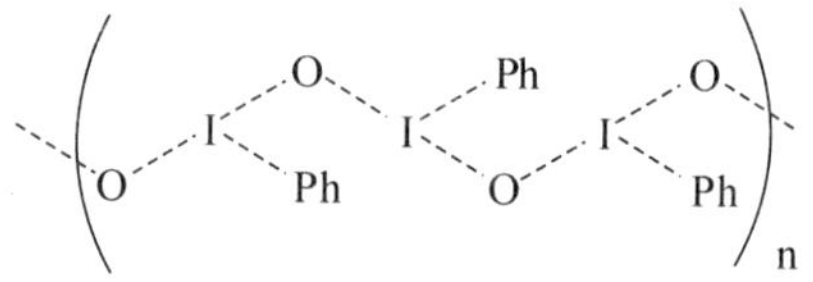

图 3.6.2　亚碘酰苯

亚碘酰苯在一般溶剂中溶解度较低，限制了其应用。在有 PhIO 参与的反应中，一般需要有羟基类溶剂(水或甲醇[72])或催化剂(Lewis 酸、Br^-离子或过渡金属络合物)的参与，PhIO 活化单体在反应中起氧化作用。在 KBr 作用下，亚碘酰苯能将苯甲醇氧化成苯甲酸；在相同的条件下，二级醇则被氧化成相应的酮[73]。

3.6.1.2　*五价碘试剂*

与三价碘化合物相比，五价碘有机物具有潜在的爆炸性，不易保存和使用，因而研究和应用相对较少。常见的有机五价碘化合物有碘酰苯(idoxybenzene，IB)、邻碘苯甲酸(o-iodoxy-benzoic acid，IBX)和戴斯 - 马丁高价碘(Dess-Martin periodinane，DMP)等(图 3.6.3)。

1. 碘酰苯(IB)类化合物

现有文献中报道的碘酰苯类化合物很少，因为只有少数芳基取代的碘酰苯类化合物是稳定的。

Lucas 和 Kennedy[74]报道了从亚碘酰苯直接在水蒸气蒸馏下得到碘酰苯(式 3.6.3)。Sharefkin 和 Saltzman[75]报道了另一种更简便的直接从碘苯在过氧乙酸下得到碘酰苯的方法(式 3.6.4)。Skulsi 及其合作者[76]发展了用高碘酸钠作氧化剂氧化碘苯的新方法来制备碘酰苯，其适用范围几乎涵盖了所有的芳基取代的碘酰苯(式 3.6.5)。

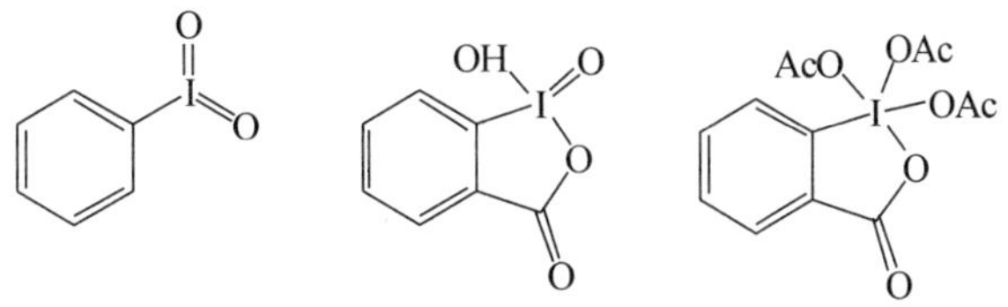

IB iodylbenzene　IBX o-iodylbenzoic　DMP Dess-Martin periodinane

图 3.6.3 有机五价碘化合物

$$2PhIO \xrightarrow[\text{水蒸气蒸馏}]{H_2O} PhIO_2 + PhI \tag{3.6.3}$$

$$PhI \xrightarrow[2.\ H_2O,\ 35\sim100℃]{1.\ 2CH_3CO_3H} PhIO_2 \tag{3.6.4}$$

$$ArI \xrightarrow[58\%\sim91\%]{NaIO_4,\ H_2O,\ \text{回流},\ 8\sim10h} PhIO_2 \tag{3.6.5}$$

Ar = Ph，4-MeOC_6H_4，4-MeC_6H_4，3-MeC_6H_4，2-MeC_6H_4，4-FC_6H_4，4-ClC_6H_4，3-ClC_6H_4，3-BrC_6H_4，3-$NO_2C_6H_4$，4-$NO_2C_6H_4$，3-$HO_2CC_6H_4$，4-$NaO_2C_6H_4$，2-$NaO_2C_6H_4$

2. 邻碘氧苯甲酸(IBX)

最常用的制备 IBX 的方法是在硫酸水溶液中用溴酸钾氧化邻碘苯甲酸[77]，另一种改进的方法是用 Oxone($2KHSO_5$-$KHSO_4$-K_2SO_4)氧化邻碘苯甲酸[78](式 3.6.6)。

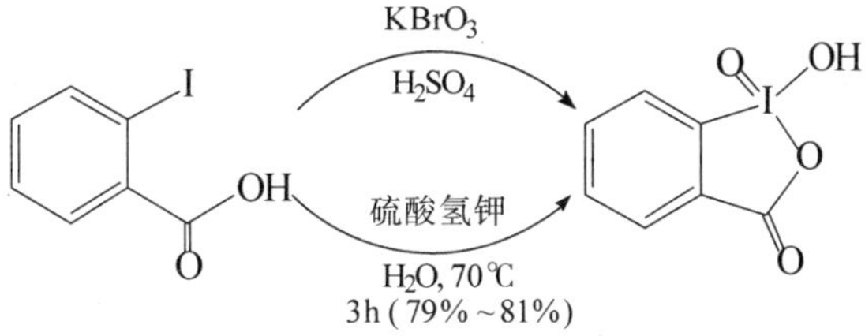

$KBrO_3$ / H_2SO_4；硫酸氢钾 / H_2O, 70℃ / 3h (79%~81%)　(3.6.6)

3. 戴斯-马丁高价碘(DMP)

1983 年，Dess-Martin[79]将 IBX 转化为酯溶性较好的 Dess-Martin 试剂。Ireland 等人在此基础上改进了制备 Dess-Martin[80]试剂的方法，在对甲基苯磺酸存在的情况下，用 IBX 和醋酸酐反应得到产物 DMP(式 3.6.7)。

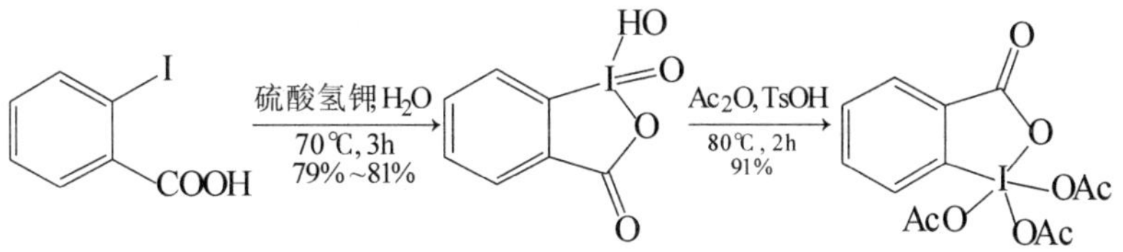

硫酸氢钾 H_2O / 70℃, 3h / 79%~81%；Ac_2O, TsOH / 80℃, 2h / 91%　(3.6.7)

3.6.2 高价碘在有机合成中的应用

高价碘在有机合成中有着广泛的应用，以下对氧化、加成、取代和重排等反应类型作简要介绍[67]。

3.6.2.1　氧化反应

作为氧化剂是高价碘化合物最基本的应用，与二价汞盐 Hg(Ⅱ)、三价铊盐 Tl(Ⅲ)和四价铅盐 Pb(Ⅳ) 等无机氧化剂具有相似的反应性能，但高价碘化合物具有无毒、环境友好、反应条件温和等优点。在反应中使用有机高价碘化合物可将醇氧化成醛或者酮、醛氧化成酸以及硫醚类化合物氧化成亚砜等。

高价碘化合物作为氧化剂的另一大优点是对底物的化学选择性高，在含有多个官能团的大分子中，高价碘化合物可以在不同条件下选择性地氧化不同的官能团，进而控制氧化产物的生成。例如，一般在二甲亚砜和丙酮的混合溶剂中，IBX 选择性氧化醇羟基，而在氯仿与水的混合溶剂中加催化量的 TBAB，则选择性氧化硫醚(式 3.6.8)。

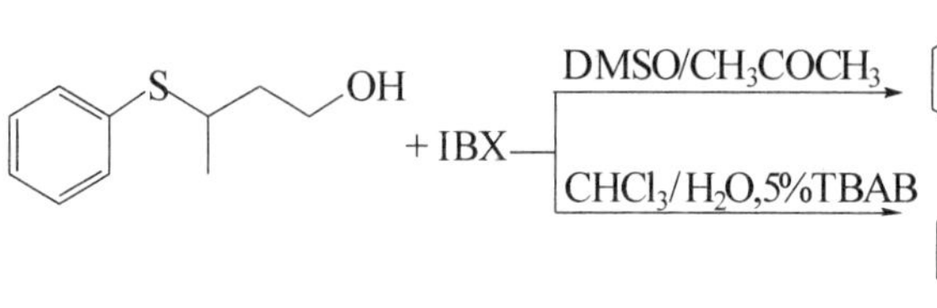

$+$ IBX　DMSO/CH_3COCH_3；$CHCl_3/H_2O$,5%TBAB　(3.6.8)

DMP 在作用于分子内同时具有双键和羟基的分子式，可以选择性氧化羟基，而双键则不受影响(式 3.6.9)。

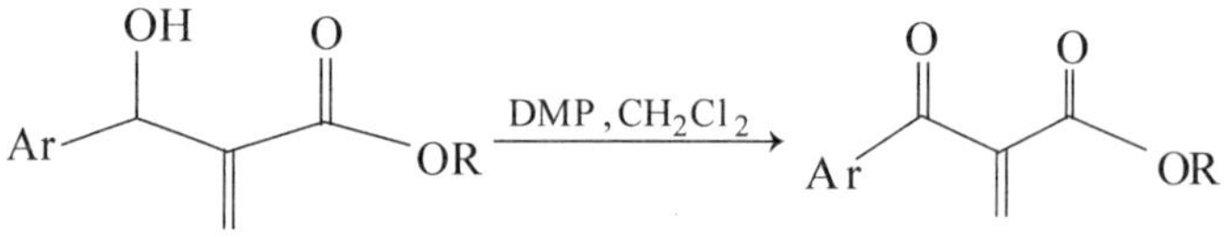

DMP，CH_2Cl_2　(3.6.9)

3.6.2.2　加成反应

大致可分为以下几类[67]：

(1)高价碘化合物存在下亲核试剂对 C=C 双键的加成反应(式 3.6.10)。

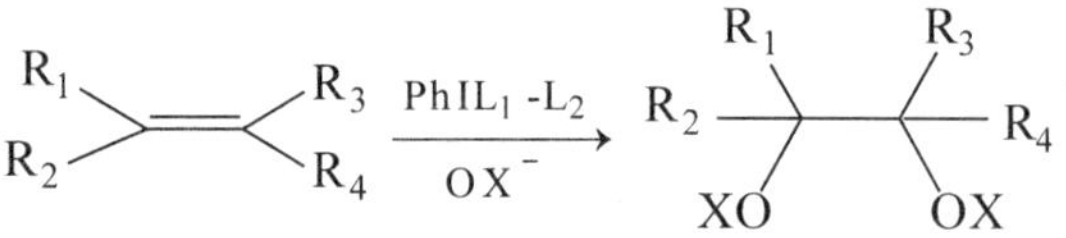

$PhIL_1$-L_2，OX^-　(3.6.10)

L_1L_2 = OAc，OH，TsO，OTf，OMs，$OCOCF_3$，OI(OTf)Ph

OX = OAc，OTs，OMe，$OClO_3$，$OCOCF_3$，OTf

(2)有机高价碘对炔烃进行加成生成含有碳-碳双键的高价碘盐(式 3.6.11)。

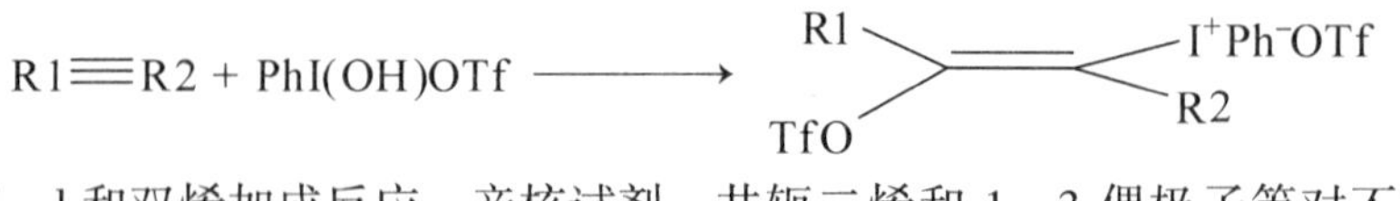

R1≡R2 + PhI(OH)OTf ⟶ (TfO)(R1)C=C(R2)I^+Ph^-OTf　(3.6.11)

(3)Micheal 和双烯加成反应。亲核试剂、共轭二烯和 1，3-偶极子等对不饱和有机高价碘盐化合物进行 Michael 和双烯加成反应生成新的有机高价碘盐化合物(式 3.6.12～式 3.6.14)。

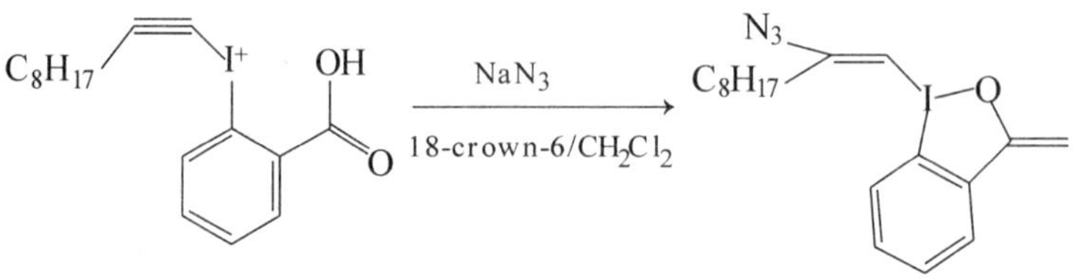

NaN_3，18-crown-6/CH_2Cl_2　(3.6.12)

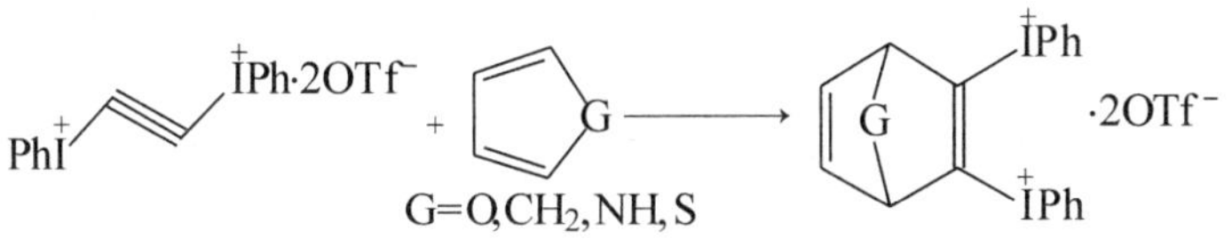

(3.6.13)

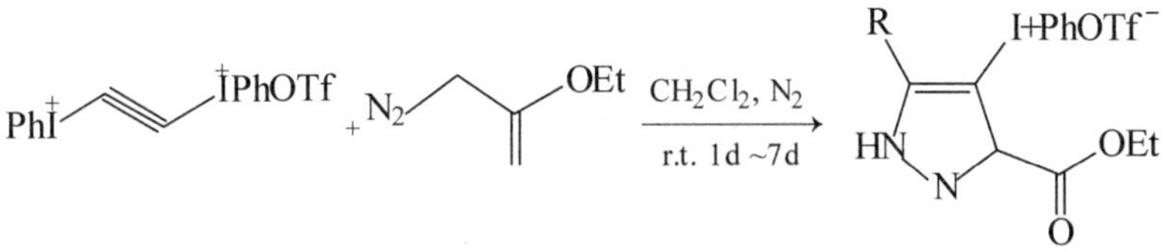

(3.6.14)

(4)对羰基化合物的加成。有机高价碘化合物可以在低价过渡金属催化下对羰基化合物进行加成(式(3.6.15))。

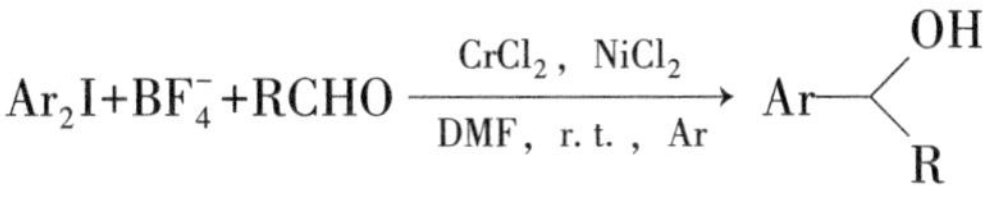

(3.6.15)

3.6.2.3 取代反应

有机高价碘化合物的取代反应是指有机高价碘试剂引发的亲核取代反应和亲核试剂直接进攻高价碘试剂生成含亲核基团的有机化合物[67]。

有机高价碘化合物引发亲核试剂与反应底物的分子间和分子内亲核取代反应[81, 82](式(3.6.16))。

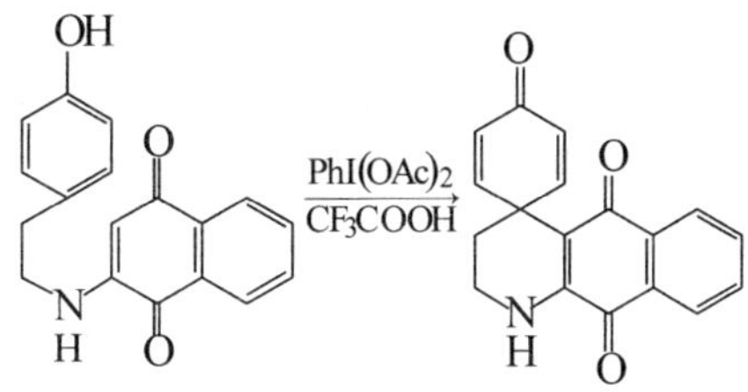

(3.6.16)

有机高价碘化合物引发酮、烷基芳胺 α-位的官能团化反应[83, 84]。利用该反应可以在酮化合物和烷基芳胺的 α-位置上引入其他的官能团(式(3.6.17))。

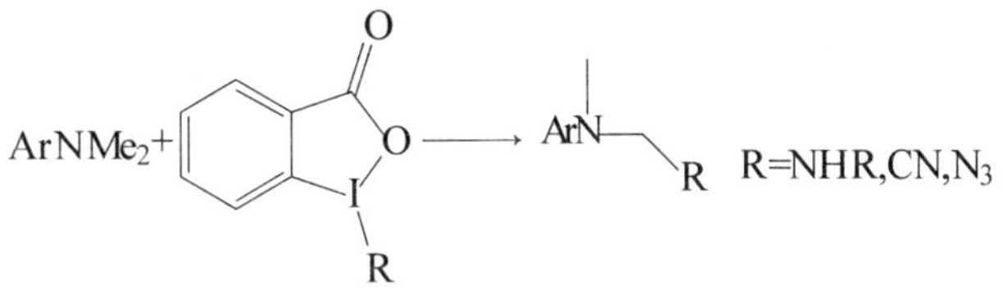

(3.6.17)

3.6.2.4 重排反应

苯碘亚酰在水中对二氢吡喃的氧化重排反应，得到四氢呋喃-2-甲醛(式(3.6.18))。

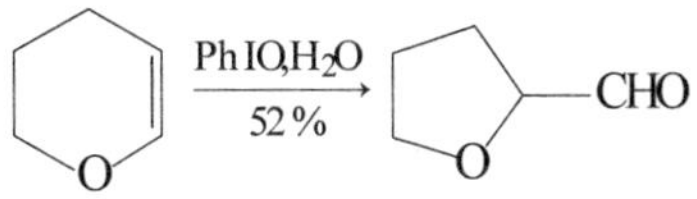

(3.6.18)

在三氯化铟存在的情况下，在溶液体系中，IBX 可以把烯糖氧化为 α，β-不饱和内酯化合物(式 3.6.19)。

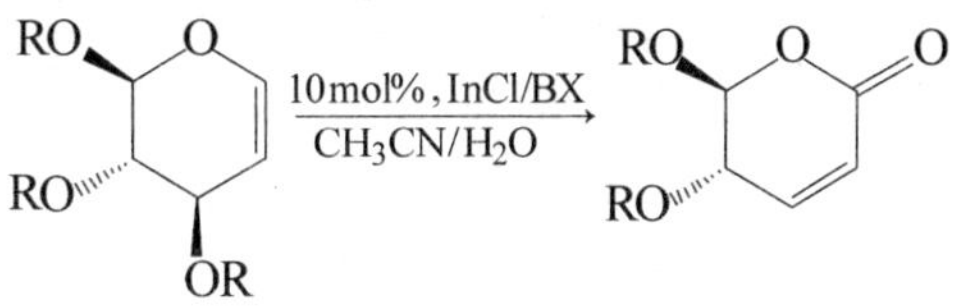

(3.6.19)

3.7 亚铁氰化钾

3.7.1 绿色氰化剂概述

氰化反应指的是向有机物分子中引入氰基的反应。有机氰化反应是一类十分重要的有机反应，许多重要的有机中间体，如腈、氰醇、氨基腈、α-氨基酸、α-羟基酸、α-酮基酸、酰基腈等，都可通过有机氰化反应合成。同时氰化反应还是合成手性有机化合物的重要途径。因此氰化反应在有机化学工业、医药、农药、染料、颜料、液晶材料、高分子材料等行业中有着十分重要的应用。[85]

目前，在有机氰化反应中常用的氰化剂有氢氰酸(HCN)和金属氰化物(如：NaCN、KCN、CuCN、$Ni(CN)_2$、$Zn(CN)_2$)等。但是这些氰化剂均为有毒或剧毒化合物(表3.7.1)[85]。此外，这些化合物有些还具有腐蚀性，或者易燃，因此，使用极不安全。毒性较小的氰基甲酸酯、二氨基氰化硼、丙酮氰醇、氰基咪唑、乙酰基氰化物、氰基苯并三唑和氰乙基溴化锌等也有文献报道用作氰化剂，但是这些化合物的制备仍然是以剧毒的氰化物为原料，因此仍然对环境具有危险性[86]。因此，寻找环境友好的原料来替代传统的氰化剂具有十分重要的意义。

表3.7.1 **主要商业有效氰化剂的半致死量**

氰化剂	HCN	NaCN	KCN	CuCN	$K_3[Fe(CN)_6]$	$K_4[Fe(CN)_6]$
半致死量(LD_{50})(mg/kg)	3.7	6.4	10	1265	2970	6400

亚铁氰化钾($K_4[Fe(CN)_6]$)，学名六氰合亚铁酸钾，易溶于水，在水溶液中离解为K^+和$[Fe(CN)_6]^{4-}$。它是煤加工中的副产品，价格低廉，甚至比NaCN还要便宜。特别值得一提的是，它无毒无害(表3.7.1)。在钢铁工业中被用作渗碳剂，以提高钢铁制件的表面硬度；在印染工业中被用作氧化助剂，使精元棉布染色逐步进行，保持染色质量；在医药工业中被用作凝聚剂，能达到理想的除杂工艺，提高药品质量；在颜料工业中被用作生产颜料华蓝的主要原料；甚至可以用于食品工业中的食盐防结块剂和食品添加剂，在葡萄酒工业中用于防止铁破败和铜破败。亚铁氰化钾的无毒归因于Fe^{2+}和中心CN^{-1}的紧密成键作用。

2004年，Beller等[87]首次报道了以亚铁氰化钾作为氰化剂用于溴苯的氰化反应。亚铁氰化钾的6个CN都可以参与反应，这大大提高了氰源的利用率。如果能将亚铁氰化钾用于氰化反应，那将具有变废为宝、安全廉价、对环境友好等优势。该方法的报道为氰化反应开创了一个新的研究方向，随后，研究人员对新的催化剂体系、新的反应介质、不同底物的反应特点以及反应机理等方面进行了广泛研究。

3.7.2 亚铁氰化钾参与的氰化反应

3.7.2.1 卤代芳烃的取代反应

Beller 等[87]以亚铁氰化钾为氰源用于卤代芳烃的取代反应(式(3.7.1))。此反应的优点是将对环境友好的亚铁氰化钾引入了反应，避免使用一些剧毒氰化物，但是催化剂 Pd 是贵重金属，成本较高。

$$R\text{-}C_6H_4\text{-}X + K_4[Fe(CN)_6] \xrightarrow[Na_2CO_3]{Pd/L} R\text{-}C_6H_4\text{-}CN \quad (3.7.1)$$

后来，Beller 等[88]又以 Cu 代替 Pd 作为催化剂，催化亚铁氰化钾和溴代芳基的氰化反应(式 3.7.2)，使反应成本降低。

$$R\text{-}C_6H_4\text{-}Br + K_4[Fe(CN)_6] \xrightarrow[DMEDA]{Cu(BF_4)_2 \cdot 6H_2O} R\text{-}C_6H_4\text{-}CN \quad (3.7.2)$$

3.7.2.2 芳酰氯的取代反应

Li 等[89]以 DMF 为溶剂，用 AgI-KI-PEG400 混合催化体系，室温条件下进行芳香酰氯的氰化反应(式 3.7.3)。

$$ArC(O)Cl + K_4[Fe(CN)_6] \xrightarrow[DMF,\ r.t]{AgI\text{-}KI\text{-}PEG\text{-}400} ArC(O)CN \quad (3.7.3)$$

3.7.2.3 芳基磺酸酯类化合物的氰化反应

Ravina 等[90]以 $Pd(OAc)_2$为催化剂，在 NMP 中进行三氟甲磺酸酯进行的氰基化反应(式 3.7.4)。

$$TfO\text{-tetralone-}CO_2CH_3 + K_4[Fe(CN)_6] \xrightarrow[NMP,\ 120℃]{Pd(OAc)_2,\ Na_2CO_3} NC\text{-tetralone-}CO_2CH_3 \quad (3.7.4)$$

3.7.2.4 吲哚衍生物的氰化反应

Wang[91]等以醋酸钯、醋酸铜为催化剂，以 C—H 活化的方式直接对吲哚衍生物进行氰基化的反应(式 3.7.5)。

$$\text{indole}(R_1, R_2, R_3;\ 3\text{-}H) + K_4[Fe(CN)_6] \xrightarrow[DMSO,\ O_2,\ 130℃]{Cu(OAc)_2,\ Pd(OAc)_2} \text{indole}(R_1, R_2, R_3;\ 3\text{-}CN) \quad (3.7.5)$$

3.8 生物质

3.8.1 生物质概述

生物质是指由光合作用产生的所有有机体的总称，包括微生物、植物、动物及其排泄与代谢产物等。据估算，地球上每年产生的生物质总量为1400亿~1800亿吨(干重)[92]。在工业社会以前的漫长历史时期，生物质曾是人类生存必需的物质和能源的主要来源。进入工业社会以后，人类对煤炭、石油和天然气等化石原料的利用能力得到了巨大的提高，化石能源和相关的衍生产品促进了人类社会的飞速发展。然而，化石资源是不可再生资源，随着消耗量不断增加而日趋匮乏，人类将必须走可持续发展的道路。生物质资源不仅储量丰富，还可再生，具有来源广泛、价廉、无毒、可生物降解等优点。地球上每年的木质素和纤维素产量约1640亿吨，如果换算成能量，相当于目前石油年产量的15~20倍[93]。可以预见，生物质将重新成为人类社会发展的重要物质基础，开辟生物质利用的新途径，逐步取代化石资源已是当务之急。我国作为农业大国，生物质资源十分丰富，但是生物质的利用率较低，目前的利用方式以直接燃烧为主，热效率只有6%~10%。大部分秸秆被废弃于农田，露天燃烧秸秆仍然是广大农村地区处理秸秆的主要方式，不仅造成严重大气污染，还是对生物质资源的浪费。

生物质既可以转化成能源，也可以经生物、化学转化加工成化学品，这是生物质资源在化学化工方面的重要应用。由于生物质大多以大分子聚合物的形式存在，通常不能直接将其作为化学原料，需要经过一定的转化过程。将生物质转化成能源或者物质资源的方法有物理法、化学法和生物法，或者联合使用这几种方法。物理法是将生物质加热裂解成低分子物质，然后分馏出有用成分；化学法是采用水解、酸解、氧化还原降解等方法将生物质转化成小分子；生物法是利用酶将生物质降解为葡萄糖，然后转化为各种化学品。图3.8.1给出了植物生物质资源转换成物质资源的典型过程。

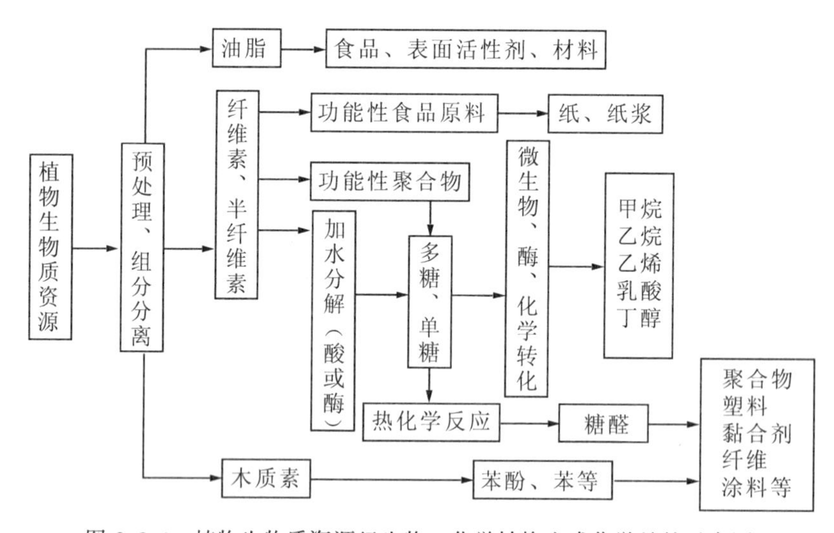

图3.8.1 植物生物质资源经生物、化学转换生成化学品的示意图

3.8.2 生物质利用方法与衍生产品

3.8.2.1 纤维素溶解体系

自然界中含量最丰富的可再生资源是纤维素，纤维素是由葡萄糖基组成的线性大分

子，具有量大价廉、再生周期短、可生物降解等优点。人类对它的研究已有很长的历史，其加工产物广泛应用在纤维、造纸、薄膜、涂料和聚合物等方面。目前，各国都在积极探索以纤维素等再生资源为原料制备新材料、高热值能源和化工原料，据美国能源部预计，2020年以纤维素等可再生资源为原料的化学产品将占市场份额的10%，到2050年这个比例将达到50%[94]。制备再生纤维材料、生物乙醇和纤维素衍生物是纤维素最重要的转化利用方式。

天然纤维素结构复杂，具有较高的结晶度，分子间与分子内存在大量的氢键，这使得纤维素具有不熔化和在大多数溶剂中不溶解的特点。众多研究人员一直致力于寻找和开发适宜的纤维素溶解体系。张俐娜[95]等发现，温度为-12℃的7wt%NaOH/12wt%尿素水溶液可以迅速溶解纤维素(聚合度低于500)，该纤维素溶液在较低温度下能够长时间保持稳定。在此基础上，黄丽浈等[96]创造了低温NaOH溶液溶解法，将溶剂预冷到某一温度后，加入纤维素，经过剧烈搅拌实现直接溶解，取得了良好的实验结果。

离子液体是目前发现的另外一种有较好前景的纤维素溶解介质。离子液体是一种新兴的绿色溶剂，具有独特的强极性、不挥发、不氧化、对水和空气稳定等优良性能，被认为是最具有发展潜力的绿色溶剂之一[94]。Swatloski等研究了纤维素在7种咪唑盐离子液体中的溶解，将纤维素直接加入离子液体中，经过微波处理或者直接加热就能够迅速溶解，得到黏稠的液体，最大溶解度可达25%。张军等发现纤维素在1-烯丙基-3-甲基咪唑盐中具有很好的溶解能力，还揭示以1-乙基-2-甲基咪唑醋酸盐为代表的一系列低熔点、低黏度、无卤素的醋酸型离子液体对纤维素都有很强的溶解能力[97]。纤维素在离子液体中的溶解大大拓展了纤维素在工业方面的应用前景，为纤维素资源的绿色应用提供了新途径。

3.8.2.2 生物质热解

热解是在无氧或缺氧的条件下，将生物质加热到合适的温度，使木质素、纤维素和半纤维素等生物大分子分解成较小分子的可燃气、生物油和固体炭等。通过生物质裂解获得的生物油具有易储存、易运输、能量密度高以及硫、氮含量低等优点。生物油不仅可以直接用于燃烧，还可进一步加工，使燃料的品质接近柴油或汽油等常规动力燃料。热解还可以产生糠醛、醋酸、脱水糖、土壤改良剂等绿色化学产品[98]。Meligan等[99]对木质纤维素类生物质酸水解后的固体产物进行裂解，得到了生物碳、可燃气和生物液体，分析测试的结果表明，生物碳有很高的含碳量，较大的比表面积和几乎完全熔融的芳香结构，可以作为性能优良的土壤改良剂，还可以作为化肥。可燃气可以作为燃料，生物液体能够作为酚类来源。Carrier等[100]将甘蔗渣进行真空裂解，得到的生物碳具有大比表面积的多孔结构、弱酸性的表面(pH=6.56)和较高的离子交换能力。因此可以直接用于污水处理和土壤改良。Lu等[101]以玉米棒子为原料，在$ZnCl_2$的催化下实现快速裂解，可以同时获得8%的糠醛和4%的醋酸，热解固体可以作为制备活性炭的前体。

3.8.2.3 生物质产品

1. 乳酸

乳酸又名2-羟基丙酸，是一种十分重要的有机酸，在食品、化妆品、医药和农业等行业都发挥着重要作用。另一方面，塑料制品造成的“白色污染”是全球关注的环境问题之一，L-乳酸是聚乳酸的前驱体，聚乳酸(PLA)具有透明、强度高、耐热和可生物降解等优点，可以取代传统的塑料。聚乳酸还具有无毒、良好的生物兼容性和对某些具体的细胞有一定相互作用的能力，因而在医学方面的应用优势也十分突出[102]。目前化学合成和生物发酵是乳酸生产的两种主要方式。化学合成是采用乙醛和氰化氢反应制得乳腈，水解后得到乳酸；生物发酵是以葡萄糖、蔗糖等为基质，采用生物发酵技术制得乳酸。目前，化学合成是生产乳酸的主要方法。化学合成生产乳酸所需的原料乙醛和氰化氢主要来源于石油裂解，在石油资源危机日益突出的当代，以生物质为原料，利用发酵技术生产乳酸备受关注。其中，采用富含淀粉和纤维素的农业废弃物、造纸污泥、食品工业废渣等为基质发酵生产乳酸，不仅可以大幅度降低生产成本，还可以达到废物资源再利用的目的，这已成为这一领域的重要发展方向。

2. 1，3-丙二醇

1，3-丙二醇也是一种重要的化工原料，不仅可以作为良好的溶剂、保护剂，还作为中间体在化工、食品、化妆品和制药等行业得到广泛的应用。而且随着基于 1，3-丙二醇的新型聚酯材料的不断涌现，其年产量迅速增长到百万吨以上[103]，化学法生产 1，3-丙二醇主要以丙烯和环氧乙烷等为原料，这些原料都来源于不可再生的石油资源，生产过程还会造成环境污染，而且生产过程对设备要求高。相比之下，以生物质为原料的生物合成降低了生产能耗和有害气体的排放，同时也可以高效绿色地生产大宗化学品。杜邦公司首先分离出 1，3-丙二醇合成途径的基因，然后将该基因导入到大肠杆菌中，经遗传改性的大肠杆菌体内具有所有必要的酶，能将来源于玉米培养基的糖转化成甘油，之后将甘油转化成丙二醇，呈乳状液排出，再添加对苯二甲酸，就能生成聚对苯二甲酸苯二酯[104]。

3. 生物质基溶剂

生物基化学品作为溶剂在有机合成中的应用也十分广泛。甘油是一种价廉、可再生、可降解、低毒、非可燃和生物相容的液体[105]。SOLVSAFE 组织曾经提出甘油衍生物可代替有机溶剂应用于有机合成中。Radatz 课题组研究发现，以甘油为溶剂，邻苯二胺、酮或醛为原料可以合成苯二氮唑类化合物或苯并咪唑类化合物(式 3.8.1,)作为溶剂的甘油还可以重复使用，并且不会降低产率。

甘油，90℃　　甘油，90℃　　(3.8.1)

乳酸、葡萄糖等也可以作为溶剂应用于有机合成。例如顾彦龙课题组发现，以苯胺、苯甲醛、丁炔二酸二乙酯为原料，以乳酸或醋酸溶液为溶剂，可以发生一锅反应得到吡咯酮衍生物[105]。

4. 生物质基催化剂

生物基化学品作为催化剂在有机合成中的应用也十分广泛。Siddiqui 等以壳聚糖为催化剂，在无溶剂的条件下，催化 4-氨基-3-甲酸基香豆素与活泼亚甲基化合物反应生成苯并吡喃[4，3-b]吡啶类化合物(式(3.8.2))。壳聚糖是一种绿色、可降解的催化剂，与传统催化剂相比具有反应时间短、反应条件温和、操作简单等优点[106]。

$$\xrightarrow{\text{壳聚糖}} \qquad (3.8.2)$$

Mosaddegh 等以鸡蛋壳为催化剂，以 5，5-二甲基-1，3-环己二酮、丙二腈为反应物，合成了一系列的 7，8-二氢-4H-苯并吡喃-5(6H)-酮及衍生物，鸡蛋壳作为催化剂还可以循环使用[107]。

参考文献

[1]张容. 复合催化剂下尿素醇解制备碳酸二甲酯的研究[D]. 西北师范大学, 2009.

[2]孟超，周龙昌. 非光气法合成碳酸二甲酯的研究进展[J]. 企业技术开发，2004(04)：33-34.

[3]沈玉龙，曹文华. 绿色化学(第二版)[M]. 北京：中国环境科学出版社，2009.

[4]师艳宁，高伟，王淑莉等. 甲醇和二氧化碳合成碳酸二甲酯催化剂的研究进展[J]. 化学试剂，2012(04)：319-326.

[5]方云进，肖文德. 绿色工艺的原料——碳酸二甲酯[J]. 化学通报，2000(09)：19-25.

[6]王卫，吴耀国，张小庆. 替代光气进行有机合成的绿色化学方法[J]. 贵州化工，2004(05)：8-11.

[7]田恒水，张广遇，黄振华. 开创明日化学的新的低污染泛用基础化学原料——碳酸二甲酯[J]. 化工进展，1995(06)：7-13.

[8]朱茂电，刘绍英，贾树勇等. 碳酸二甲酯甲基化反应催化剂和反应机理研究进展[J]. 化学试剂，2012(07)：615-619.

[9]陈恩平. 含氧化合物汽油添加剂的多元组分液液相平衡的研究[D]. 暨南大学，2007.

[10]汪玉同，王宗科，冯连玉等. 碳酸二甲酯的生产及应用[J]. 大庆石油学院学报，2002(02)：35-39.

[11]王影. 有机电合成丙二酸单乙酯的新工艺研究[D]. 郑州大学，2014.

[12] Sakakura T, Choi J, Yasuda H. Transformation of carbon dioxide[J]. Chemical Reviews, 2007, 107(6)：2365-2387.

[13]王如国. 苯乙烯环状碳酸酯的绿色催化合成[D]. 温州大学，2011.

[14]高健. 铁催化的 C-C、C-O 键形成反应研究[D]. 南开大学，2012.

[15]张凯. 不饱和双键化合物与二氧化碳的电羧化反应研究[D]. 华东师范大学，2011.

[16] 柏东升. 二氧化碳的活化及环碳酸酯的合成[D]. 兰州大学，2011.

[17] 孙延玉，梁林，王同保等. CO_2的活化转化绿色合成环状碳酸酯[A]. 第七届全国环境催化与环境材料学术会议论文集[C]. 北京，2011.

[18] Aresta M, Dibenedetto A, Dileo C, et al. The first synthesis of a cyclic carbonate from a ketal in sc-CO_2[J]. The Journal of Supercritical Fluids, 2003, 25(2): 177-182.

[19] Huang S, Ma J, Li J, et al. Efficient propylene carbonate synthesis from propylene glycol and carbon dioxide via organic bases[J]. Catalysis Communications, 2008, 9(2): 276-280.

[20] Jiang H, Zhao J, Wang A. An efficient and eco-friendly process for the conversion of carbon dioxide into oxazolones and oxazolidinones under supercritical conditions[J]. Synthesis, 2008(5): 763-769.

[21] 钮东方. CO_2和有机化合物的电催化羧化研究[D]. 华东师范大学, 2010.

[22] 陈建超, 刘亚青, 刘俊杰等. 聚羰基脲低聚物的绿色合成研究[J]. 现代化工, 2011(06): 55-57.

[23] 张冬梅. 绿色友好条件下甲烷二氧化碳等离子体合成研究[D]. 大连海事大学, 2005.

[24] 赵元. 碳酸二甲酯绿色合成工艺研究[D]. 南开大学, 2008.

[25] 谷聪. 超临界条件下二氧化碳与甲醇直接合成碳酸二甲酯的研究[D]. 河北科技大学, 2012.

[26] 刘鹏. 类水滑石的合成及其催化醇类的需氧选择性氧化的应用研究[D]. 中国地质大学, 2003.

[27] 刘霖. 分子氧选择性氧化醇为醛、酮的研究[D]. 南京理工大学, 2008.

[28] Backvall J E, Chowdhury R L, Karlsson U. Ruthenium-catalysed aerobic oxidation of alcohols via multistep electron transfer [J]. Journal of the Chemical Society, Chemical Communications, 1991(7): 473.

[29] Peterson K P, Larock R C. Palladium-catalyzed oxidation of primary and secondary allylic and benzylic alcohols[J]. The Journal of Organic Chemistry, 1998, 63(10): 3185-3189.

[30] Stahl S S, Thorman J L, Nelson R C, et al. Oxygenation of nitrogen-coordinated palladium(0): synthetic, structural, and mechanistic studies and implications for aerobic oxidation catalysis[J]. Journal of the American Chemical Society, 2001, 123(29): 7188-7189.

[31] Steinhoff B A, Fix S R, Stahl S S. Mechanistic study of alcohol oxidation by the Pd(OAc)[J]. Journal of the American Chemical Society, 2002, 124(5): 766-767.

[32] 郭华军. 分子氧选择性氧化醇、糠醛、苯的研究[D]. 华中科技大学, 2013.

[33] Besson M, Lahmer F, Gallezot P, et al. Catalytic oxidation of glucose on bismuth-promoted palladium catalysts[J]. Journal of Catalysis, 1995, 152(1): 116-121.

[34] Fokko R. Venema, Joop A. Peters, van Bekkum H, et al. Platinum-catalyzed oxidation of aldopentoses to aldaric acids[J]. Journal of Molecular Catalysis, 2001, 77(1): 75-85.

[35] Edyeab L A, Meehana G V, Richardsa G N. Influence of temperature and pH on the platinum catalysed oxidation of sucrose[J]. Journal of Carbohydrate Chemistry, 1994, 13(2): 273-283.

[36] 顾颖颖. 以分子氧为氧化剂多相一步氧化苯羟基化制苯酚[D]. 华东师范大学, 2004.

[37] Kunai A, Ishihata K, Ito S, et al. Heterogeneous catalysts for the continuous oxidation of benzene to phenols[J]. Chemistry Letters, 1988(12): 1967-1970.

[38] Miyake T, Hamada M, Sasaki Y, et al. Direct synthesis of phenol by hydroxylation of benzene with oxygen and hydrogen[J]. Applied Catalysis A: General, 1995, 131(1): 33-42.

[39] Remias J E, Pavlosky T A, Sen A. Catalytic hydroxylation of benzene and cyclohexane using in situ generated hydrogen peroxide: new mechanistic insights and comparison with hydrogen peroxide added directly[J]. Journal of Molecular Catalysis A: Chemical, 2003, 203(1-2): 179-192.

[40] Larock R C, Hightower TR. Synthesis of unsaturated lactones via palladium-catalyzed cyclization of alkenoic acids[J]. The Journal of Organic Chemistry, 1993, 58(20): 5298-5300.

[41] 姬小趁. 分子氧参与钯催化烯烃与胺的氧化反应研究[D]. 华南理工大学, 2014.

[42] Gaspar A R, Gamelas J A F, Evtuguin D V, et al. Alternatives for lignocellulosic pulp delignification using polyoxometalates and oxygen: a review[J]. Green Chemistry, 2007, 9(7): 717.

[43] 刘洋, 曾庆乐, 唐红艳等. 绿色化学试剂过氧化氢在有机合成中的应用研究进展[J]. 有机化学, 2011(07): 986-996.

[44] 管永川, 李韡, 张金利. 过氧化氢绿色合成工艺研究进展[J]. 化工进展, 2012(08): 1641-1646.

[45] 兰云军, 许晓红. 清洁试剂过氧化氢及其在皮革工业中的应用探讨[J]. 中国皮革, 2007(21): 54-57.

[46] Sato K, Aoki M, Noyori R. A "green" route to adipic acid: direct oxidation of cyclohexenes with 30 percent hydrogen peroxide[J]. Science, 1998, 281(5383): 1646-1647.

[47] 曹小华, 黎先财, 陶春元, 等. 过氧化氢氧化环己酮绿色合成己二酸[J]. 化工中间体, 2006(11): 29-32.

[48] Gopinath R, Patel B K. A catalytic oxidative esterification of aldehydes using V_2O_5-H_2O_2[J]. Organic letters, 2000, 2(5), 577-579.

[49] Trudeau S, Morgan J B, Shrestha M, et al. Rh-catalyzed enantioselective diboration of simple alkenes: reaction development and substrate scope[J]. The Journal of Organic Chemistry, 2005, 70(23): 9538-9544.

[50] Peng J, Shi F, Gu Y, et al. Highly selective and green aqueous—ionic liquid biphasic hydroxylation of benzene to phenol with hydrogen peroxide. This work was presented at the Green Solvents for Catalysis Meeting held in Bruchsal, Germany 13 - 16th October 2002. [J]. Green Chemistry, 2003, 5(2): 224-226.

[51] Sato K, Aoki M, Takagi J, et al. Organic solvent- and halide-free oxidation of alcohols with aqueous hydrogen peroxide[J]. Journal of the American Chemical Society, 1997, 119(50): 12386-12387.

[52] Sato K, Aoki M, Ogawa M, et al. A practical method for epoxidation of terminal olefins with 30% hydrogen peroxide under halide-free conditions[J]. The Journal of Organic Chemistry, 1996, 61(23): 8310-8311.

[53] 于海莲，胡震. 绿色功能材料高铁酸盐的制备及其应用研究进展[J]. 化工科技，2008, 16(3): 70-74.

[54] Wood R H. The Heat, Free energy and entropy of the ferrate(V1) ion[J]. Journal of the American Chemical Society, 1958, 80(9): 2038-2041.

[55] 卢成慧. 高铁酸盐的制备及其应用[D]. 厦门大学，2005.

[56] 林智虹. 高铁酸盐的制备及其应用研究[D]. 福建师范大学，2004.

[57] 吴红军. 高能超铁电池及其电化学性能研究[D]. 大庆石油学院，2004.

[58] 柳艳修，宋华，李锋. 绿色多功能无机材料高铁酸盐的应用[J]. 无机盐工业，2006 (07): 6-8.

[59] 曲久辉，林谡. 高铁酸盐氧化絮凝去除水中腐殖质的研究[J]. 环境科学学报，1999, 19(5): 510-514.

[60] 李通，刘国光，刘海津，等. 高铁酸盐氧化降解环丙沙星的实验研究[J]. 环境科学与技术，2014 (02): 123-128.

[61] Osathaphan K, Tiyanont P, Yngard R A, et al. Removal of cyanide in Ni(II) - cyanide, Ni(II) - cyanide - EDTA, and electroplating rinse wastewater by ferrate(VI)[J]. Water, Air, & Soil Pollution, 2011, 219(1-4): 527-534.

[62] 苑宝玲，李坤林，邓临莉，等. 多功能高铁酸盐去除饮用水中砷的研究[J]. 环境科学，2006 (02): 281-284.

[63] 宋华，王宝辉. 绿色合成氧化剂高铁酸盐[J]. 化学通报，2003, (04): 252-257.

[64] Ho C, Lau T. Lewis acid activated oxidation of alkanes by barium ferrate[J]. New Journal of Chemistry, 2000, 24(8): 587-590.

[65] 濮晔. 有机高价碘试剂在酮的 α-磷酰氧基化反应中的应用研究[D]. 浙江工业大学，2012.

[66] 何艳. 有机高价碘试剂在不饱和羧酸的溴代内酯化反应中的应用研究[D]. 浙江工业大学，2011.

[67] 柴灵芝. 几类高价碘试剂在有机合成中的应用[D]. 赣南师范学院，2008.

[68] Ochiai M, Oxhima K, Ito T, et al. Synthesis and structure of 1-(diacetoxyiodo)-2, 4, 6-tri-tert-butylbenzene and its analogues[J]. Tetrahedron Letters, 1991, 32(10): 1327-1328.

[69] Togo H, Nabana T, Yamaguchi K. Preparation and reactivities of novel (diacetoxyiodo)arenes bearing heteroaromatics[J]. The Journal of Organic Chemistry, 2000, 65(24): 8391-8394.

[70] Kazmierczak P, Skulski L. A simple, two-step conversion of various iodoarenes to (diacetoxyiodo) arenes with Chromium (VI) oxide as the oxidant[J]. Synthesis, 1998 (12): 1721-1723.

[71] Gallop P M, Paz M A, Fluckiger R, et al. Highly effective PQQ inhibition by alkynyl and aryl mono- and diiodonium salts[J]. Journal of the American Chemical Society, 1993, 115 (25): 11702-11704.

[72] Bruce C. Schardt C L H, Fokko R. Venema. Preparation of iodobenzene dimethoxide. A new synthesis of [^{18}O] iodosylbenzene and a reexamination of its infrared spectrum [J]. Inorganic Chemistry, 1983, 22 (10): 1563-1565.

[73] Tohma H, Takizawa S, Maegawa T, et al. Facile and clean oxidation of alcohols in water using hypervalent iodine (III) reagents [J]. Angewandte Chemie International Edition, 2000, 39 (7): 1306-1308.

[74] Lucas H J, Kennedy E R, Formo M W, Iodosobenzene[J]. Organic Synthesis, 1955, Coll. Vol. 3: 483.

[75] Sharefkin J. G., Saltzman H. Org. Synth. Coll. Vol. 51, 1975, 665.

[76] Kazmierczak P, Skulski L, Kraszkiewicz L. Syntheses of (diacetoxyiodo) arenes or iodylarenes from iodoarenes, with sodium periodate as the oxidant[J]. Molecules, 2001, 6(11): 881-891.

[77] Boeckman R K, Shao P, Mullins J J. The dess-martin periodinane: 1, 1, 1-triacetoxy-1, 1-dihydro-1, 2-benziodoxol-3-(1h)-one[J]. Organic Syntheses, 2000 (77): 141-152.

[78] Frigerio M, Santagostino M, Sputore S. A user-friendly entry to 2-iodoxybenzoic acid (IBX)[J]. The Journal of Organic Chemistry, 1999, 64(12): 4537-4538.

[79] Dess D B, Martin J C. Readily accessible 12-I-5 oxidant for the conversion of primary and secondary alcohols to aldehydes and ketones[J]. The Journal of Organic Chemistry, 1983, 48 (22): 4155-4156.

[80] Ireland R E, Liu L B. An improved procedure for the preparation of the Dess-Martin periodinane[J]. The Journal of Organic Chemistry, 1993, 58(10): 2899.

[81] Kita Y, Tohma H, Takada T. A novel and direct alkyl azidation of p-alkylanisoles using phenyl idine(III) bis(trifluoroacetate) (pifa) and trimethylsilyl azide[J]. Synlett, 1994 (6): 427-428.

[82] Lodaya J S, Koser G F. Direct. alpha. -mesyloxylation of ketones and. beta. -dicarbonyl compounds with [hydroxy (mesyloxy) iodo] benzene [J]. The Journal of Organic Chemistry, 1988, 53(1): 210-212.

[83] Zhdankin V V, Mcsherry M, Mismash B, et al. 1-Amido-3-(1H)-1, 2-benziodoxoles: stable amidoiodanes and reagents for direct amidation of organic substrates [J]. Tetrahedron letters, 1997, 38(1): 21-24.

[84] Wirth T, Hirt U H. Chiral hypervalent iodine compounds [J]. Tetrahedron: Asymmetry, 1997, 8(1): 23-26.

[85] 田国强. 氰醇衍生物的绿色合成方法研究[D]. 西北师范大学, 2009.

[86] 徐军. 以亚铁氰化钾为绿色氰源的某些有机氰化反应研究[D]. 西北师范大学,

2012.

[87] Schareina T, Zapf A, Beller M. Improving palladium-catalyzed cyanation of aryl halides: development of a state-of-the-art methodology using potassium hexacyanoferrate(II) as cyanating agent[J]. Journal of Organometallic Chemistry, 2004, 689(24): 4576-4583.

[88] Schareina T, Zapf A, Beller M. An environmentally benign procedure for the Cu-catalyzed cyanation of aryl bromides[J]. Tetrahedron Letters, 2005, 46(15): 2585-2588.

[89] Li Z, Shi S, Yang J. AgI-PEG400-KI catalyzed environmentally benign synthesis of aroyl cyanides using potassium hexacyanoferrate(II) as the cyanating agent[J]. Synlett, 2006 (15): 2495-2497.

[90] Torrado M, Masaguer C F, Raviña E. Synthesis of substituted tetralones as intermediates of CNS agents via palladium-catalyzed cross-coupling reactions[J]. Tetrahedron Letters, 2007, 48(2): 323-326.

[91] Yan G, Kuang C, Zhang Y, et al. Palladium-catalyzed direct cyanation of indoles with K[J]. Organic Letters, 2010, 12(5): 1052-1055.

[92] 贺元启，鲁皓. 生物质气化合成燃料的绿色化学效应分析[J]. 可再生能源，2005 (06): 47-50.

[93] 贺红武，任青云，刘小口. 绿色化学研究进展及前景[J]. 农药研究与应用，2007 (01): 1-8.

[94] 刘传富，张爱萍，李维英等. 纤维素在新型绿色溶剂离子液体中的溶解及其应用[J]. 化学进展，2009 (09): 1800-1806.

[95] Cai J, Zhang L, Zhou J, et al. Multifilament fibers based on dissolution of cellulose in NaOH/Urea aqueous solution: structure and properties[J]. Advanced Materials, 2007, 19(6): 821-825.

[96] 黄丽浈. 纤维素的溶解再生与接枝改性[D]. 华南理工大学，2013.

[97] 王川行. 离子液体的合成及在纤维素功能化中的应用[D]. 合肥工业大学，2010.

[98] 阮榕生，程方园，王允圃等. 生物质高效炼制绿色化学品的最新研究进展[J]. 现代化工，2013(09): 27-31.

[99] Melligan F, Dussan K, Auccaise R, et al. Characterisation of the products from pyrolysis of residues after acid hydrolysis of Miscanthus[J]. Bioresource Technology, 2012 (108): 258-263.

[100] Carrier M, Hardie A G, Uras U, et al. Production of char from vacuum pyrolysis of South-African sugar cane bagasse and its characterization as activated carbon and biochar[J]. Journal of Analytical and Applied Pyrolysis, 2012 (96): 24-32.

[101] Lu Q, Wang Z, Dong C, et al. Selective fast pyrolysis of biomass impregnated with $ZnCl_2$: Furfural production together with acetic acid and activated carbon as by-products[J]. Journal of Analytical and Applied Pyrolysis, 2011, 91(1): 273-279.

[102]杨晓宇. 绿色化学结构单元乳酸/聚乳酸研究进展[J]. 精细与专用化学品，2010 (04): 48-52.

[103]陶军华，郁惠蕾，许建和. 绿色化学与生物催化[J]. 科学(上海)，2009，61(1)：7-9.

[104]黄汉生. 杜邦公司研究生物法生产3GT聚酯[J]. 化工新型材料，2000(01)：41.

[105]郭瑞云. 生物基化学品作为溶剂和催化剂在有机合成中的应用[D]. 河北师范大学，2014.

[106] Siddiqui Z N，Khan K. Friedlander synthesis of novel benzopyranopyridines in the presence of chitosan as heterogeneous，efficient and biodegradable catalyst under solvent-free conditions[J]. New Journal of Chemistry，2013，37(5)：1595.

[107] Mosaddegh E，Hassankhani A. Application and characterization of eggshell as a new biodegradable and heterogeneous catalyst in green synthesis of 7，8-dihydro-4H-chromen-5(6H)-ones[J]. Catalysis Communications，2013，33：70-75.

第4章 绿色溶剂

溶剂是化学反应需要的重要辅料，其使用量往往远远超过其他原料。溶剂通常是挥发性有机物(VOCs)，这些物质容易逸出到大气中，通过一系列反应形成光化学烟雾，或促进雾霾的形成。而且，多数有机溶剂自身具有毒性，对人体能造成三致作用等不良影响。因此，开发安全无毒的绿色溶剂是绿色化学领域近年的研究热点。

4.1 水

4.1.1 水溶剂概述

水作为地球上最丰富的自然资源，是日常生活中使用最普遍的溶剂，也是工农业生产中用得最多的溶剂。水作为介质可以控制反应的pH值，有些反应底物及中间过渡态能与水形成氢键，从而活化某些键，进而促进反应的进行，或者控制反应的选择性。但由于多数有机物在水中的溶解度有限，而且有些反应底物、产物、试剂或催化剂在水中易分解或失活，水作为溶剂在有机合成中的使用受到很大限制。与挥发性有机溶剂相比，水具有无毒无味、价格低廉、不易燃易爆、环境友好等优点。因此，通过技术革新，使传统的在挥发性有机溶剂中进行的反应能够在水相中进行，是绿色化学的重要研究内容，下面将对部分反应举例介绍。

4.1.2 水作为溶剂的应用

4.1.2.1 常态水相有机合成反应

1. Suzuki 反应[1]

Suzuki 反应是在金属配合物(特别是钯配合物)催化下，芳基或烯基硼酸或硼酸酯与氯、溴、碘代芳烃或烯烃发生C－C交叉偶联反应，常用于多烯烃、苯乙烯和联苯的衍生物等多种有机物的合成，在药物、农药、天然产物、导电聚合物及液晶材料合成领域具有重要地位。经典的合成过程是在有机溶剂中进行的，近年来，水相合成得到了较多研究。

在使用纯水作为溶剂的情况下，可以用简单的钯盐 $Pd(OAc)_2$ 或者 $PbCl_2$ 作为催化剂，并可以使用 NaOH、Na_2CO_3、K_2CO_3 等无机碱作为碱(其在有机溶剂中不溶解)，在室温下进行 Suzuki 反应(式4.1.1)[2]。

$$\text{R-C}_6\text{H}_4\text{-X} + \text{C}_6\text{H}_5\text{-B(OH)}_2 \xrightarrow[\text{base, H}_2\text{O, r.t.}]{\text{Pd(OAc)}_2\ \text{or}\ \text{PdCl}_2} \text{R-C}_6\text{H}_4\text{-C}_6\text{H}_5 \tag{4.1.1}$$

X = Br, I　R = *m*- , *p*-OH; *o*-, *m*-, *p*-COOH

但是，以纯水作为反应溶剂，一般只能适用于具有一定水溶性的卤苯(如溴苯和碘苯)。对于溶解性较差的底物，其反应效果不理想。为了增加底物的溶解度，可以在水中加入一定量的有机溶剂做助溶剂，如乙醇和其他一些有机物。

Badone 等人[3]研究了 $Pd(OAc)_2$催化的卤苯类化合物的 Suzuki 偶联反应(式 4.1.2)，发现反应体系中加入一当量的四丁基溴化铵(TBAB)后，反应速率得到极大的提高，反应在 1 小时内完成，且产率达到 95%以上，在不加入 TBAB 的情况下，3 小时内产率只有 35%。TBAB 一方面可以增强反应底物的溶解性，另一方面也可能与芳基硼酸反应生成硼酸盐络合物，从而使其活化[2]。

$$4\text{-}MeOC_6H_4Br + 3\text{-}CF_3C_6H_4B(OH)_2 \xrightarrow{Pd(O)} 4\text{-}MeOC_6H_4\text{-}C_6H_4\text{-}3\text{-}CF_3 \quad (4.1.2)$$

2. Sonogashira 反应[4]

Sonogashira 反应是指由 Pd/Cu 混合催化剂催化的末端炔烃与 sp^2型碳的卤化物之间的交叉偶联反应(式 4.1.3)，应用于取代炔烃以及大共轭炔烃的合成，在很多天然化合物、农药、医药以及纳米分子器件等的合成中发挥着重要的作用。

$$R^1\text{-}X + R^2\text{—}\equiv \xrightarrow{Pd/Cu} R^1\text{—}\equiv\text{—}R^2 \quad (4.1.3)$$

R^1 =烯烃基；R^2 =烷基、烯烃基、芳基、杂环基团

Sonogashira 反应通常在胺类、THF、TMF、甲苯等有机溶剂中进行。研究表明，在合适的条件下，水相中完成 Sonogashira 反应可能具有更高的经济性与安全性，而且以水为溶剂对于 Pd 催化的偶联反应往往有着正面的影响。目前，一些水/有机溶剂的混合体系较多地应用在了这一反应中，而且，由于一些水溶性催化剂的合成与使用，甚至已实现了完全意义上的水相 Sonogashira 反应。

$$Boc\text{-}N(CH_2C\equiv CH)\text{-}CH(CH_3)\text{-}COOH \xrightarrow[DME/H_2O,\ 80℃]{Ar\text{-}Br,\ 10\%\ Pd/C,\ CuI,\ PPh_3} Boc\text{-}N(CH_2C\equiv C\text{-}Ar)\text{-}CH(CH_3)\text{-}COOH \quad (4.1.4)$$

Choudary 等[5]以层状双氢氧化物(LDH)Mg-Al-Cl 负载的纳米 Pd 为催化剂，在 THF/水的混合溶剂中，实现了活性较低的氯代芳香烃与苯乙炔的 Sonogashira 偶联反应(式 4.1.5)，其中以氯苯为反应底物时，产率达到 95%。

$$R\text{-}C_6H_4\text{-}Cl + H\text{—}\equiv\text{—}Ph \xrightarrow[Et_3N,\ 80℃,\ 30\sim48h]{LDH\text{-}Pd^0\ (1\ mol\%),\ THF\text{-}water\ (1:1)} R\text{-}C_6H_4\text{—}\equiv\text{—}Ph \quad (4.1.5)$$

Najera[6]等合成出了较为稳定的钯络合物催化剂，该催化剂溶于极性溶剂，将其应用到 Sonogashira 偶联的水相反应中，对于一些底物其产率超过了 99%(式 4.1.6)。

NHCONHCy

$$\text{Me-}C_6H_4\text{-Br} + \text{Ph}—\equiv—\text{H} \xrightarrow[H_2O,\ \text{Pyrrolidine},\ 100℃]{\text{Pd}(\text{Cl})_2\ \text{complex}} R^2—\equiv—C_6H_4R^1 \quad (4.1.6)$$

3. Reformatsky 反应[4]

Reformatsky 反应指将金属(如 Zn)插入到 α-卤代酸酯的碳-卤键中，然后与碳基化合物发生加成反应，中间产物经过水解后得到 β-羟基酸酯(式 4.1.7)，是合成许多天然化合物和医药中间体的重要反应。可用于 Reformatsky 反应的金属试剂包括锌、锡、铟、铝、钐和铋等。

$$\text{XCH}(R^1)\text{COOEt} \xrightarrow{\text{Zn}} \text{X—Zn—CH}(R^1)\text{COOEt} \xrightarrow{R^3R^2\text{C=O}}$$

$$\text{X—Zn—O—C}(R^3)(R^2)\text{—CH}(R^1)\text{HOOET} \xrightarrow{H_2O,\ H^+} R^3\text{—C(OH)}(R^2)\text{—CH}(R^1)\text{HOOEt} \quad (4.1.7)$$

锌具有活泼性强、价格便宜等特点，是 Reformatsky 反应的经典金属试剂。Bieber[7]等在锌和过氧化苯甲酰参与的情况下，在饱和 $NH_4Cl/Mg(ClO_4)_2$ 水溶液及饱和 $CaCl_2/NH_4Cl$ 水溶液中进行了苯甲醛和 α-溴代乙酸乙酯的 Reformatsky 反应(4.1.8)，取得一定产率(11%~52%)的产物。

$$\text{BrCH}_2\text{COOEt} + \text{PhCHO} \xrightarrow[H_2O,\ r.t.]{Zn,\ (BzO)_2} \text{PhCH(OH)CH}_2\text{COOEt} \quad (4.1.8)$$

Liu[8]等以锌粉为金属试剂，在水相中实现了氟溴代苯乙酮与苯甲醛的 Reformatsky 反应(4.1.9)，产率可以达到 90%。

$$\text{PhCOCF}_2\text{Br} + \text{PhCHO} \xrightarrow[H_2O,\ r.t.\ 2h]{Zn} \text{PhCOCF}_2\text{CH(OH)Ph} \quad (4.1.9)$$

4.1.2.2 近临界水应用[9]

近临界水(near-critical water，NCW)与常态及超临界水(见 4.2 节)的性质大不相同，超临界水指的是温度和压力处于临界点(T_c = 374.2℃，P_c = 22.1 MPa)以上的水，其与氧和环境污染物混合，主要发生自由基反应，使污染物氧化为 CO_2 和 H_2O 等。近临界水是指温度 170~370℃、压力 0.8~22.1 MPa 的压缩液态水，与常态水相比，近临界水有很多特性：具有较小的介电常数(表 4.1.1)，非极性物质在其中有较大的溶解度，如正己烷在 350℃的水中溶解度比 250℃水中大 5 倍，而甲苯在 308℃时全溶于水，这有利于在水中进行有机合成反应；具有较大的离子积常数，在 260℃达到极大值约 $10^{-11}(mol/kg)^2$，可提供丰富的 H^+ 和 OH^- 离子，因而具备一定的酸、碱属性，有利于一些酸碱催化反应的进行，免除额外加入酸碱催化剂(最后会成为废物中和去除)；黏度和密度随温度的升高而大幅度下降，可以降低反应的传质阻力，并通过调变提高反应的选择性。

表 4.1.1　　**水的典型溶剂性能**

	常态	近临界	超临界
温度(℃)/压力(bar)	25/1	275/60	400/200
密度(g/cm^3)	1	0.7	0.1
介电常数	80	20	2

随着温度升高，近临界水的极性减弱，从而能对中等极性乃至非极性的物质具有良好的溶解性。这种属性可被应用于中草药有效成分的提取，克服传统溶剂提取带来的环境污染及溶剂残留等问题。用 NCW 可以萃取多种难萃取的天然产物，并且通过控制其温度和压力，NCW 的极性可以在较大范围内变化，使之对不同极性的有机物有选择溶解能力，可以先后萃取出不同极性的物质，达到分步萃取出不同物质的目的。NCW 也可应用于农药残留的提取，具有提取率高、精密度好等优点。

与超临界水中的反应主要为自由基反应不同，近临界水中的反应主要以离子型反应为主，其具有较大的电离常数，在酸碱催化水解反应方面具有良好的应用前景。通过在 NCW 介质中处理，可以在不额外加入酸碱催化剂的情况下，实现大分子的生物质(如纤维素)水解为小分子物质，对于生物质转化为高效能源物质或高附加值的化工原料具有重要意义。此外，NCW 也可应用于废旧高分子材料的降解与回收。如涤纶树脂(PET)在 NCW 中，于 350℃、10.0~54.0 MPa 下水解，解聚仅 6min，对苯二甲酸(TPA)单体最大收率可达 99%，乙二醇收率为 35%。

NCW 还可以作为多种有机反应的介质，如烷基化、酰基化、环化加成、重排、缩合及氧化还原反应等。例如苯酚与醇通过傅-克(Friedel-Crafts)烷基化反应生成立体位阻酚(式 4.1.10)，通常是在催化剂(典型的是 $AlCl_3$)作用下进行。此反应在近临界水中不加入催化剂也可能进行。

$$\text{C}_6\text{H}_5\text{OH} + \text{R-OH} \rightleftharpoons \text{2-CH(CH}_3)_2\text{-C}_6\text{H}_4\text{OH} + \text{4-C(CH}_3)_2\text{-C}_6\text{H}_4\text{OH} + \text{2-CH(CH}_3)_2\text{-4-C(CH}_3)_2\text{-C}_6\text{H}_3\text{OH} \qquad (4.1.10)$$

NCW 的工业化应用需要克服一些困难，如容器要能耐压和耐腐蚀，水需要纯化以减少腐蚀和生成水垢，相平衡、反应动力学、分析监控等基础工作也要相应跟上。总体而言，NCW 是一种有前景的绿色溶剂。

4.2　超临界流体

4.2.1　超临界流体概述

我们通常将物质的存在形态分为气态、液态和固态。不同的存在形态在特定的温度和压力下可以相互转化。比如说，可以通过增大压力使气体液化，温度越高，液化所需要的压力也越高。但是，当温度高于某一特定值时，再增加压力却不能使该物质由气态转化为液态，此特定温度值称为临界温度 T_c。当处于临界温度时，气体能被液化的最小压力称为临界压力 P_c。物质处于超临界温度和临界压力之上时呈现出一种特殊的相态，其介于气态和液态之间，称为超临界流体(supercritical fluid，SCF)，如图 4.2.1 所示。

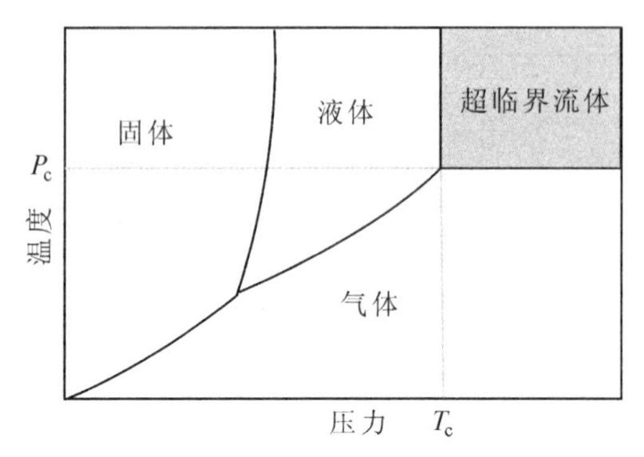

图 4.2.1　物质的相态分布图

向处于超临界状态的物质加压，其并不会液化，但是密度会增大，具有了类似液态的性质，但同时还保留气体的属性[10]。超临界流体的密度接近液体，使其具有较强的溶解能力，可以作为溶剂使用。

与液体相比，超临界流体具有可压缩性，故其密度与温度、压力相关性较大[11]。超临界流体的溶解能力通常与其密度呈正相关。通过调节压力和温度，超临界流体的溶解能力可以在很宽的范围内调变。许多常用的有机溶剂均能找到与之溶解度相当的超临界流体。另外，液体一般都具有表面张力，但超临界流体的表面张力接近于零[12]。

超临界流体的黏度和扩散系数则接近气体，这使其具有良好的传质和流动性能[13]。温度、密度是影响其黏度的主要因素，在高密度条件下，黏度随温度升高而减小，而在低密度条件下情况相反[14]。

此外，在临界点附近，超临界流体的性质对温度和压力的变化非常敏感，温度和压力的微小变化也会导致其扩散系数、介电常数、氢键数及对物质的溶解能力等性质的显著变化。

表 4.2.1　**超临界流体和气体、液体的性质比较**

	密度(g/cm^3)	黏度(Pa·s)	导热系数(W/m·k)	扩散系数(cm^2/s)
气体	10^{-3}	$(1\sim3)\times10^{-5}$	$(5\sim30)\times10^{-3}$	$10^{-4}\sim10^{-6}$
超临界流体	0.1~0.5	$(2\sim10)\times10^{-5}$	$(30\sim70)\times10^{-3}$	$10^{-6}\sim10^{-8}$
液体	1	$(10\sim1000)\times10^{-5}$	$(70\sim200)\times10^{-3}$	$10^{-9}\sim10^{-10}$

超临界流体的这些特殊性质引发了人们对其应用的研究，特别是作为溶剂使用的研究。由于超临界流体具有的性质可调性，即可通过控制压力和温度等条件，增强反应物溶解度，消除相间传质对反应速率的限制，同时，较低的黏度和较高的扩散系数都有利于促进传质，加快反应速率。而且，通过溶解度调变可以很容易地实现产物和反应物的分离，以及超临界流体溶剂的循环利用实现了过程的经济性[15]。

常被用作超临界流体溶剂的物质有二氧化碳、水、氨、氙气、乙醇、乙烷、乙烯、丙烷、丙烯等，其临界属性如表4.2.2所示。其中，超临界 CO_2 和超临界水是绿色化学领域最为关注的超临界流体，其几乎可以实现对环境的零污染。

表4.2.2 常用超临界流体的临界性质

物质	分子式	T_c/K	P_c/MPa
二氧化碳	CO_2	304.2	7.38
四氟乙烷(R34a)	$C_2H_4F_4$	374.1	4.07
甲烷	CH_4	190.6	4.60
乙烷	C_2H_6	305.4	4.88
乙醇	C_2H_6O	516.2	6.93
丙烷	C_3H_8	369.8	4.42
丁烷	C_4H_8	408.2	3.75
正戊烷	C_5H_{10}	469.6	3.37
氨气	N_2	405.6	11.3
甲醇	CH_4O	512.6	8.09
二氧化硫	SO_2	430.8	7.88
水	H_2O	647.3	22.0

当水的温度和压力升高到临界点（$T_c = 674K$，$P_c = 22.05MPa$）以上时，就处于超临界态。通常的水是极性溶剂，但具有合适密度的超临界水的介电常数与一般的有机溶剂相当，此时水表现出更接近于非极性有机化合物的性质，可以成为非极性物质的良好溶剂。超临界水的低黏度保证了溶质分子可以很容易在其中扩散。此外，超临界水的离子积也比标准状态下水的离子积高几个数量级，这种特性对于在超临界水中的水解及其他反应来说尤为重要[16]。

虽然目前 CO_2 被认为是造成“温室效应”的主要原因，但超临界 CO_2 能出色地替代许多有毒、有害、易挥发、易燃的有机溶剂，是超临界流体中研究应用最多的体系[17]。CO_2 作为超临界流体溶剂，具有一系列显著的优点：与水相比，CO_2 的临界条件（$T_c = 304.1K$，$P_c = 7.347MPa$）更容易达到，临界条件较温和；化学性质不活泼，无毒，无味，无腐蚀性，不可燃，安全稳定；原料易得，易精制，成本较低；对很多物质有较好的溶解能力，而且溶解度容易调变；溶质溶解于超临界 CO_2后，大大强化传质效率，可以作为反应环境进行一些特殊化学反应[16]，还可以使许多反应的速度加快和(或)选择性增加；原料从环境中来，使用后再回到环境中，无任何溶剂残留。

在实际应用过程中，对超临界流体种类的选择要综合考虑多个方面的因素，具体如下：对目标化合物具有较强的溶解能力及溶解的选择性，满足相关反应的需求；临界条件较容易实现，相对温和的临界温度和临界压力可以保障操作的安全性，降低运行成本，且有利于溶质的稳定；溶剂具有稳定的物理化学性质，对设备无腐蚀性，不参与化学反应或只参与特定反应；原料容易获得，价格便宜，且易于回收，使用成本低；对人体健康没有危害，对环境不造成污染。

4.2.2 超临界流体的应用

由于超临界流体的独特属性，使其在作为溶剂使用方面具有了独特的优势。用超临界流体取代传统的有机溶剂，从源头上消除了溶剂对环境的危害，属于“绿色化学”的重要组成部分。目前，以超临界流体萃取与超临界流体反应为代表的绿色技术已经广泛应用于食品、制药、材料、精细化工以及污染处理等多个领域[18]。

4.2.2.1 超临界流体萃取分离技术

超临界流体萃取分离技术(supercritical fluid extraction，SFE)是较早获得发展的超临界流体技术。它是使超临界流体与待分离的物质接触，通过调控体系的温度和压力来控制对不同物质的溶解度，有选择性地把不同极性、沸点和分子量的待分离组分溶解其中，然后再通过逐步改变体系的温度和压力来改变超临界流体密度，进而降低各待分离组分的溶解度，使之逐步析出，完成萃取与分离过程。特别是在临界点附近，超临界流体的温度与压力的微小变化可导致溶质溶解度发生几个数量级的突变，这可被用于设计超临界萃取分离条件[19]。

与传统分离方法相比，SFE 具有许多独特的优点：

超临界流体对物质的溶解度很容易通过调节温度和压力来加以控制；

具有与良好的传递特性，能很快达到平衡；

有些临界温度较低的萃取剂可以在较低温度下操作，故适用于分离受热易分解的物质；

溶剂回收方便，温度和压力的改变即可实现被萃取物与溶剂分离，而溶剂重新压缩就可循环使用；

在萃取的同时可以实现精馏，可以分离某些难以分离的物质。

超临界萃取可应用于很多行业(表 4.2.3)。在应用过程中，提倡选用化学稳定性好、临界温度接近常温、无毒、无腐蚀性的物质作为萃取剂，实现生产过程绿色化。

CO_2是精细化工中应用最为广泛的超临界萃取剂，特别是在天然产物(如中草药和茶叶的有效成分)的提取中可以发挥很大的作用。CO_2的临界温度较低，超临界 CO_2可以有效地防止热敏性物质的氧化和逸散，能把高沸点、低挥发性、易热解的物质在较低温度下萃取出来，完整保留其生物活性，而原料中的重金属等组分都不会被带出。

表 4.2.3[17] **超临界流体萃取的应用**

行业	应用举例
医药工业	酶、维生素等的精制；动植物体内药物成分的萃取(如生物碱、生育酚、挥发性芳香植物油)；医药品原料的浓缩、精制以及脱溶剂、脂肪类混合物的分离精制(如磷脂、脂肪酸、甘油酯等)；酵母、菌体生成物的萃取。
食品工业	植物油脂的萃取(大豆、棕榈、可可豆、咖啡豆……)；动物油的萃取(鱼油、肝油……)；食品的脱脂，茶脱咖啡因；酒花的萃取；植物色素的萃取；酒精饮料的软化脱色、脱臭。
化妆品香料工业	天然香料的萃取、合成香料的分离、精制；烟叶的脱尼古丁；化妆品原料的萃取、精制。
化学工业	烃类的分离；有机合成原料的分离(羧酸、酯等)；有机溶剂水溶剂的脱水(醇、酮)；共沸混合物的分离；作为反应的稀释剂(如自聚反应链烷烃的异构化)；高分子物质的分离。
其他	煤中石蜡、杂酚油、焦油的萃取；煤液化油的萃取和脱尘；石油或渣油的脱沥青、脱重金属，原油或重质油的软化；用于分析的超临界色谱。

4.2.2.2 超临界水有机废物处理

超临界水氧化法(supercritical water oxidation，SCWO)是近年来引起了研究人员注意的一种废水和废物处理技术。其原理是用超临界水作为介质，将有机废物与氧气反应，生成简单无毒的小分子化合物。由于超临界水表现出类似于非极性化合物的性质，其能与有机物互溶。同时，超临界水也可以和空气、氧气互溶。因此有机物和氧气在超临界水中的氧化反应可以在均一相中进行。同时，400℃以上的高反应温度可以在很短时间内实现有机物的分解。SCWO 的适用范围很广，可以处理各种有机废水和固体有机物，特别是可以处理一些其他技术难以处理的难降解有机污染物，如二噁英、多氯联苯、氰化物等，被认为具有良好的发展前景[18]。

4.2.2.3 超临界 CO_2 作为介质的化学反应

近年来，以超临界流体，特别是超临界 CO_2 为反应介质的研究发展迅速。与液体溶剂相比，在超临界 CO_2($scCO_2$)中进行化学反应，可以消除由于很多气体反应物在一般液体溶剂中溶解性较低带来的相间传质问题，加快反应速率。另外，有些反应物气体(如 H_2、O_2 等)溶于 $scCO_2$，能有效提高相应化工生产过程的安全性。而且，从资源和环境的角度考虑，$scCO_2$ 易获得，不污染环境。目前发现的可以在 $scCO_2$ 中进行的化学反应主要有加氢、氧化、偶联、酶促反应等。

1. 催化加氢

苯酚加氢是得到重要的工业原料环己酮的一个重要反应。Chatterjee 等[19]在 $scCO_2$ 中利用 Pd/Al-MCM-41 催化苯酚加氢反应来合成环己酮(式 4.2.1)。在 50℃、H_2 压力 4MPa、CO_2 压力 12MPa 条件下反应 4h，苯酚的转化率可达 98.4%，且环己酮的选择性高达 97.8%。

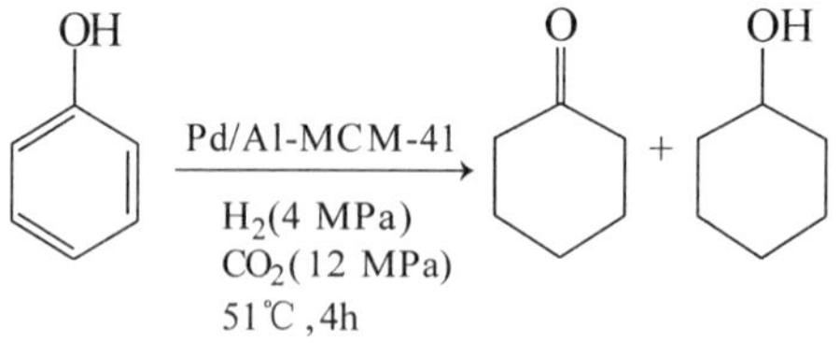

$$\text{Phenol} \xrightarrow[\substack{H_2(4\ MPa)\\ CO_2(12\ MPa)\\ 51℃,4h}]{Pd/Al\text{-}MCM\text{-}41} \text{Cyclohexanone} + \text{Cyclohexanol} \tag{4.2.1}$$

2. 氧化反应

Dapurkar 等[20]在 $scCO_2$中，以分子氧为氧化剂，以介孔材料 CrMCM-41 为催化剂，实现了 1，2，3，4-四氢化萘的氧化反应。在 CO_2压力 9MPa、氧气压力 2MPa、80℃ 条件下，生成 1-四氢萘酮的选择性达到 96. 2%，产率为 63. 4%(式 4. 2. 2)。$scCO_2$作为溶剂可以提高反应的选择性，并减少催化剂中的铬流失。并且发现该催化体系对其他苄基化合物如茚、芴、苊、二苯甲烷的氧化也有较好的催化活性。

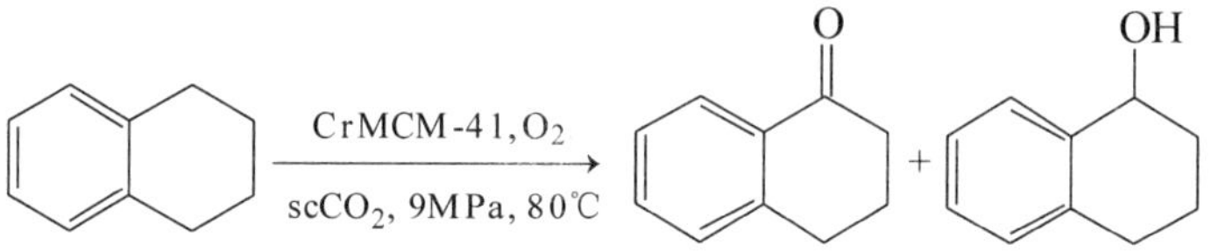

$$\text{Tetralin} \xrightarrow[scCO_2,\ 9MPa,\ 80℃]{CrMCM\text{-}41, O_2} \text{1-Tetralone} + \text{1-Tetralol} \tag{4.2.2}$$

将烯烃选择性氧化是获得醛、酮的重要途径反应。Kawanami 等[21]人在 $scCO_2$中，以 $Pd\text{-}Au/Al_2O_3$作为非均相催化剂，以 H_2O_2作为氧化剂，将苯乙烯选择性氧化得到苯乙酮(式 4. 2. 3)，转化率为 68%，选择性 87%。

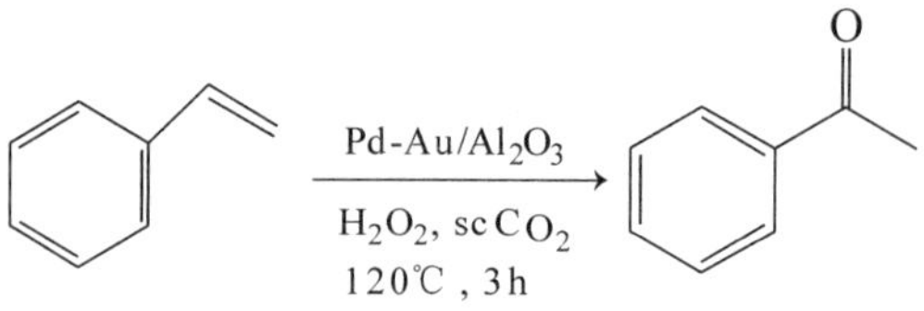

$$\text{Styrene} \xrightarrow[\substack{H_2O_2,\ scCO_2\\ 120℃,\ 3h}]{Pd\text{-}Au/Al_2O_3} \text{Acetophenone} \tag{4.2.3}$$

3. Suzuki 偶联反应

在 $scCO_2$介质中进行的钯催化的以 Suzuki 偶联反应(Coupled reaction)为代表的 C—C 键形成反应，是当今热门课题之一。

Holmes 课题组[22]以 $Pd(OAc)_2/P(t\text{-}Bu)_3$为催化剂，以苯硼酸与碘苯为底物，在 $scCO_2$介质中进行了 Suzuki 偶联反应，反应产率为 68%。他们也研究了将底物碘苯负载到高分子上，在 $scCO_2$介质中与苯硼酸进行偶联反应，最终产物产率为 67%(式 4. 2. 4)。

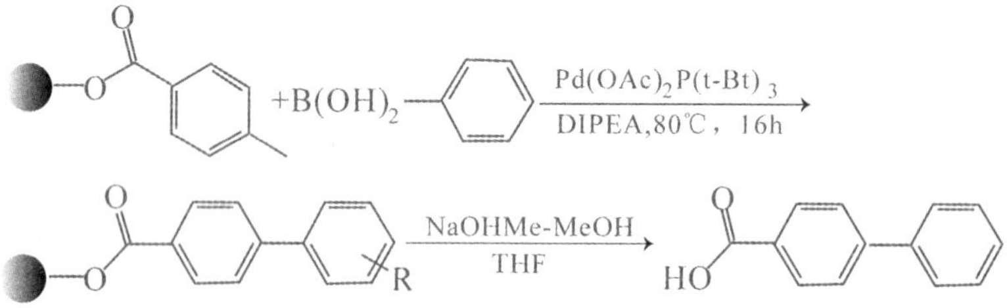

$$\text{Polymer–O–C(O)–C}_6\text{H}_4\text{–} + B(OH)_2\text{–C}_6\text{H}_5 \xrightarrow[DIPEA, 80℃,\ 16h]{Pd(OAc)_2P(t\text{-}Bt)_3} \text{Polymer–O–C(O)–C}_6\text{H}_4\text{–C}_6\text{H}_4\text{–R} \xrightarrow[THF]{NaOHMe\text{-}MeOH} HO\text{–C(O)–C}_6\text{H}_4\text{–C}_6\text{H}_5 \tag{4.2.4}$$

4. 羧基化反应

Pd 催化的烯烃氢羧基化(Hydrocarboxylation of alkenes)是得到羧酸的重要反应，理论上该反应的原子利用率可达到 100%。

Masdeu-Bultó 等[23]在以全氟聚醚羧酸铵表面活性剂(图 4. 2. 2)为稳定剂的 $H_2O/scCO_2$微乳液系统中，在草酸和原位形成的钯-膦络合物催化剂$[PdCl_2(PhCN)_2]/P(4\text{-}C_6H_4CF_3)_3$

(图 4.2.3)存在的情况下，进行了 1-辛烯的氢羧基化反应(式 4.2.5)，在 150atm，90℃条件下，反应的转化率达 93%，生成羧酸的选择性为 77%，其中直链羧酸与支链羧酸的比值为 82/18。

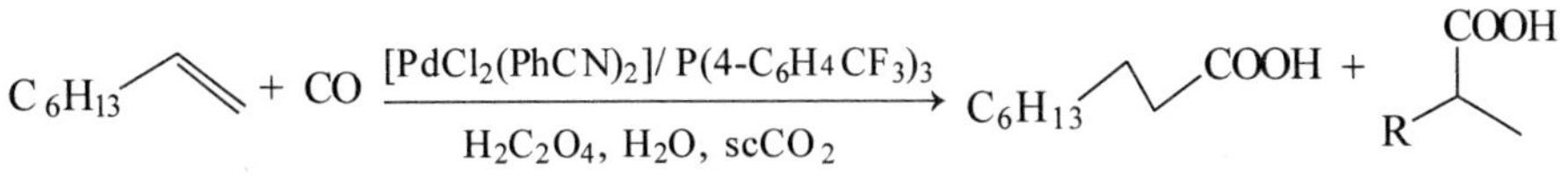

$$C_6H_{13}\text{-}CH{=}CH_2 + CO \xrightarrow[H_2C_2O_4,\ H_2O,\ scCO_2]{[PdCl_2(PhCN)_2]/P(4\text{-}C_6H_4CF_3)_3} C_6H_{13}CH_2CH_2COOH + R\text{-}CH(CH_3)COOH \quad (4.2.5)$$

$CF_3-(CF_2-O-CF_2-CF_2)-O-CF_2-CF_2-COO^-\ {}^+NH_4$

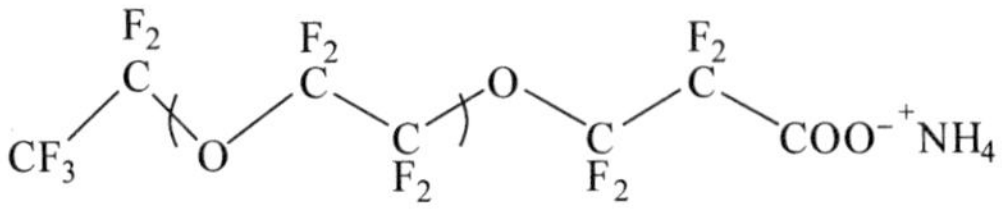

图 4.2.2 全氟聚醚羧酸铵表面活性剂

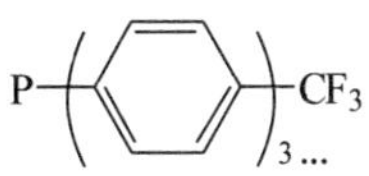

$P-(C_6H_4-CF_3)_3$

图 4.2.3 膦配体 $P(4\text{-}C_6H_4CF_3)_3$

5. 酶促反应

酶催化具有高效和专一的特点，在不对称合成反应中具有十分重要的意义。传统的酶催化在水溶液中进行。近年来一些研究表明酶在一定条件的 $scCO_2$ 介质中也能具有良好的催化活性。Matsuda 等[24]利用 $scCO_2$/水两相体系实现醇脱氢酶催化酮不对称加氢还原反应(式 4.2.6)，该反应体系中添加 $NaHCO_3$ 来控制 pH 值以防止酶失活。对于苯乙酮、氟苯乙酮、氯苯乙酮和乙酰醋酸丁酯等底物的加氢还原，产物的 ee 值均超过 99%，而且与己烷/水两相体系对比，反应产率相当，甚至更优。

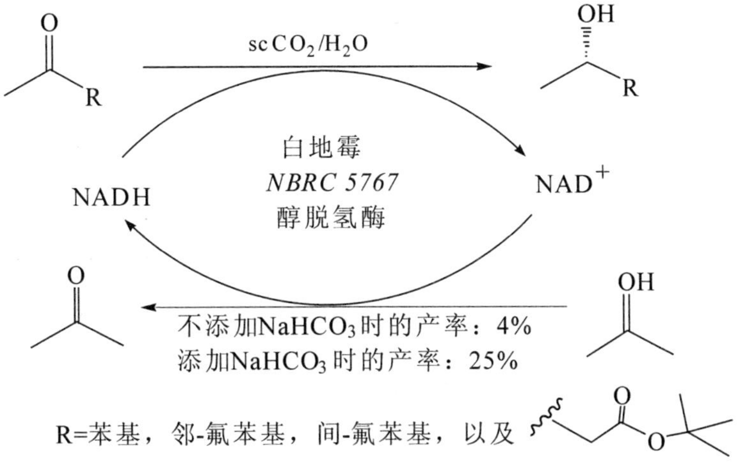

$scCO_2/H_2O$

白地霉

NBRC 5767

醇脱氢酶

NADH　　NAD^+

(4.2.6)

不添加$NaHCO_3$时的产率：4%

添加$NaHCO_3$时的产率：25%

R=苯基，邻-氟苯基，间-氟苯基，以及 $-CH_2COOC(CH_3)_3$

固定化南极假丝酵母(*Candida antarctica*)脂肪酶 B(CALB)Novozym 435 在 $scCO_2$ 中可以催化单萜薰衣草醇与乙酸的酯化反应(式 4.2.7)，在 60℃，压力 10MPa 条件下，转化率高达 86%。[25]

OH + CH_3COOH $\xrightarrow{\text{Novozyme 435}}$ OH + OAc　　(4. 2. 7)

表 4. 2. 4　　**几类超临界 CO_2 中的化学反应**

反应类型	举　　例
聚合反应	1，1-二氢全氟代辛基丙烯酸酯的均聚反应；乙烯和己烯的催化聚合；丙烯酸的沉淀聚合；丙烯酰胺的反相乳液聚合。
加氢反应	固定床环己烯加氢制环己烷；异佛尔酮加氢
烷基化	三苯基甲醇与苯甲醚的烷基化反应
羰基化及加氢醛化	钯复合物催化邻碘苯乙醇生成苯酚；$Co_2(CO)_8$催化丙烯加氢醛化生成丁醛和异丁醛
氧化反应	CoO_x/SiO_2催化丙烷部分氧化
酶促反应	脂肪酶催化油酸甲酯与香茅醇酯交换反应；脂酶催化 1-对氯苯基-2，2，2-三氯乙醇手性拆分

4. 2. 2. 4　超临界 CO_2 作为反应底物的反应

CO_2除了可以作为超临界流体介质外，其自身是廉价的一碳资源，可通过其氢化(hydrogenation)反应来制备有机化合物(如甲酸、甲酸甲酯和 N，N-二甲基甲酰胺等)。Noyori[26]等将 $scCO_2$同时作为反应介质和反应物，在钌-膦络合物($RuH_2[P(CH_3)_3]_4$或$RuCl_2[P(CH_3)_3]_4$)催化剂作用下，通过催化加氢合成甲酸及其衍生物(式 4. 2. 8～式 4. 2. 10)。反应过程中，氢气和其他反应物、催化剂、三乙胺(NEt_3)均能溶解在 $scCO_2$中，形成均相体系，其反应速率高于在有机液相中的反应。

$$CO_2+H_2 \xrightarrow[scCO_2,\ NEt_3]{\text{Ru-cat}} HCOOH \tag{4. 2. 8}$$

$$CO_2+H_2+CH_3OH \xrightarrow[scCO_2,\ NEt_3]{\text{Ru-cat}} HCOOCH_3+H_2O \tag{4. 2. 9}$$

$$CO_2+H_2+NH(CH_3)_2 \xrightarrow[scCO_2,\ NEt_3]{\text{Ru-cat}} HCON(CH_3)_2+H_2O \tag{4. 2. 10}$$

该反应除目标产物外，只有水生成，因而是环境友好合成。

4. 3　离子液体

4. 3. 1　离子液体概述

绿色化学所关注的离子液体(ionic liquid)是指在室温或接近室温条件下呈液态的

盐[27]，通常全部由有机阳离子和无机阴离子组成，也称为室温离子液体(ambient temperature ionic liquids)或室温熔融盐(ambient temperature molten salts)。常见的组成离子液体的阳离子有咪唑离子、吡啶离子、季铵离子、季膦离子等；阴离子有 BF_4^-、PF_6^-、$AlCl_4^-$、$Al_2Cl_7^-$、HSO_4^-、NO_3^-、SbF_6^-及 $CH_3CO_2^-$等。

离子液体的种类很多，可以按不同的分类方式进行分类。以阳离子的化学结构进行分类，可以分为咪唑盐离子液体、吡啶盐离子液体、季铵盐离子液体、季膦盐离子液体等(图 4.3.1)[28]。以阴离子的种类进行分类，主要可以分为两类：一类是其离子组成可调的氯铝酸类离子液体($AlCl_3$型，其中，Cl 可能被 Br 取代)，该类离子液体的酸碱性随 $AlCl_3$ 的摩尔分数的不同而改变，对水极其敏感；另一类是其离子组成固定的非 $AlCl_3$型离子液体，阴离子包括 BF4⁻、PF6⁻、CH3COO⁻等(图 4.3.2)，一般对水和空气稳定[29]。此外，根据酸碱性的不同还可以把离子液体大致分为酸性离子液体、中性离子液体和碱性离子液三种类型[30]。

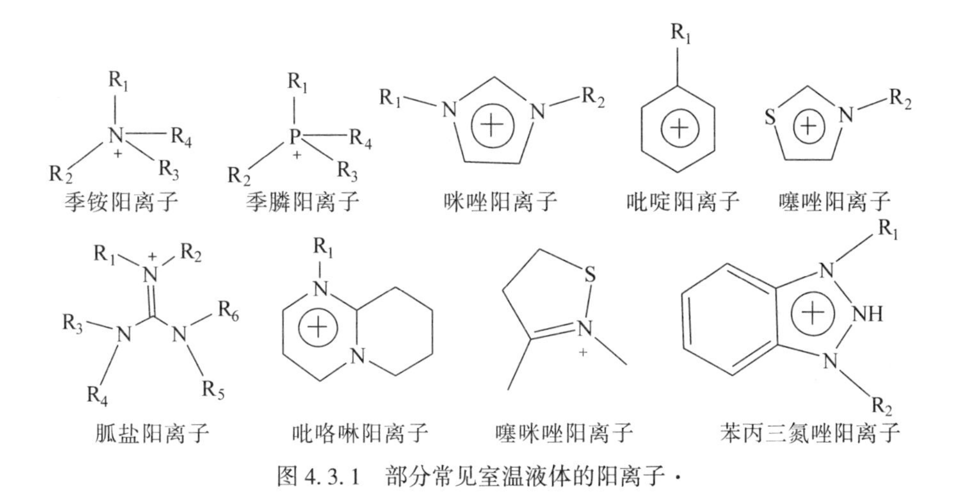

图 4.3.1 部分常见室温液体的阳离子·

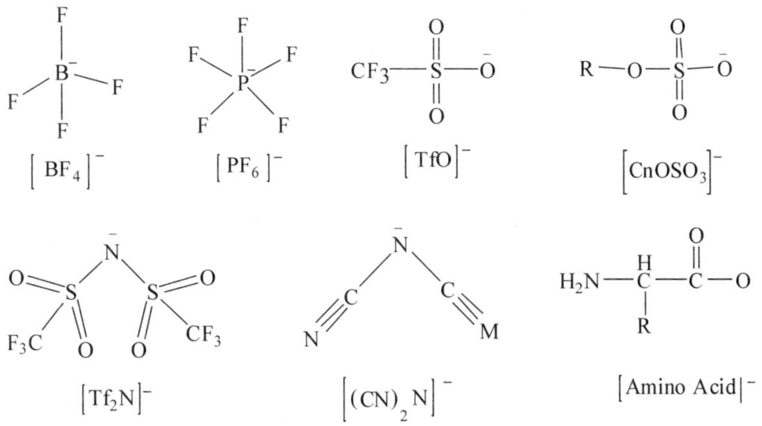

$[BF_4]^-$ $[PF_6]^-$ $[TfO]^-$ $[CnOSO_3]^-$

$[Tf_2N]^-$ $[(CN)_2N]^-$ [Amino Acid]⁻

图 4.3.2 部分常见室温离子液体的阴离子

离子液体具有一些突出特点：

(1)熔点低，部分离子液体的熔点甚至低至-96℃，液程宽达 400℃，因此，可以在很宽温度范围内进行操作，作为溶剂适用于很多化学反应。一般认为离子液体的结构对称性差是导致其熔点低的主要原因。离子液体的熔点可通过结构组成的调节来进行设计。

(2)超低的蒸汽压，几乎不挥发。这意味着使用过程中可避免因逸散造成污染。一般来说，离子液体不会和其他有机物形成共沸物，可以很容易通过蒸馏的方法将其他物质分离出来，这在作为化学反应溶剂方面是一个重要的优势。

(3)具有较宽阔的稳定范围，不易燃易爆。离子液体的热稳定性主要决定于其碳氢与杂原子间键合力的强弱。有些离子液体具有非常好的热稳定性，可耐受 300℃以上高温。

(4)种类繁多，具有可选择和调节的溶解性，这对设计化学反应及产物分离过程非常有利。离子液体可以通过多种作用力溶解溶质，例如偶极作用、阳离子的给质子作用、阴离子的受质子能力、咪唑环的 π-π 作用及氢键作用等。离子液体的极性、亲水/憎水性可根据化学结构调变。

(5)含阴离子($AlCl_4^-$或 $Al_2Cl_7^-$)的离子液体表现出强的 Lewis、Franklin、Bronsted 酸性，可用于酸催化的反应。

(6)具有较宽的电化学窗口。密度越大，导电性越好。离子液体的电化学稳定电位窗较一般有机溶剂宽(电化学稳定电位窗是离子液体开始发生氧化反应的电位和发生还原反应的电位差值)。多数离子液体的电化学稳定电位窗为 4V 左右，非常有利于其电化学应用。

“可设计性”是离子液体的重要生命力，由于离子液体的性质和功能可以根据需要进行有的放矢的调变，在有机合成、萃取分离、催化反应等方面越来越受到研究人员的重视。

4.3.2　离子液体的应用

4.3.2.1　在有机合成中的应用

1. Suzuki 反应

Suzuki 交叉偶联反应是形成联芳烃的经典方法。传统的工艺存在催化剂容易混入产物、催化剂易分解和反应试剂难溶解等缺点。Welton[31]等在[Bmim][BF_4](1-丁基-3-甲基咪唑四氟硼酸盐)离子液体中进行 Suzuki 反应，使用 Pd(PPh_3)$_4$(四(三苯基膦)钯)作为催化剂，对于溴苯与苯基硼酸的 Suzuki 反应，产率为 93%，反应只需 10 分钟(式 4.3.1)。而传统的溴苯与苯基硼酸的 Suzuki 反应在甲苯-水-乙醇体系中进行，反应需 6 小时，产率为 88%。在离子液体体系中，产物可以很容易通过乙醚萃取，再升华或者加水沉淀析出进行分离，没有明显的催化剂沥出到产物中，产物纯度高。

$$PhBr + PhB(OH)_2 \xrightarrow[\substack{[bmim][BF_4] \\ 2equiv.\ Na_2CO_3(aq) \\ 10min,\ 110℃}]{1.2mol\%\ Pd(PPh_3)_4} Ph\text{-}Ph \qquad (4.3.1)$$

2. Baylis-Hillman 反应

Baylis-Hillman 反应在催化剂特别是叔胺的催化下，α，β-不饱和酯、腈、酮或酰胺和醛反应生成具有多官能团的产物分子。该反应的所有反应物原子进入产物中，是原子经济反应。Rosa[32]等人分别在传统溶剂乙腈和[Bmim][BF_6]离子液体中进行了苯甲醛与丙烯酸甲酯的缩合反应，以 DABCO(1，4-二氮杂二环[2.2.2]辛烷)作为催化剂，对比发现，在[Bmim][PF_6]中的反应速率比在乙腈中加快了 32.6 倍(式 4.3.2)。在离子液体中，两性离子中间产物具有更强的稳定性可能是造成更高反应速率的原因。

(4.3.2)

3. Diels-Alder 反应

Diels-Alder 反应又名双烯加成，由共轭双烯与取代烯烃(一般称为亲双烯体)反应生成六元环的反应，是有机化学合成反应中非常重要的碳碳键形成的手段之一。高氯酸锂－乙醚的混合物(LPDE)作为溶剂能显著提高反应速率和改善反应的选择性，但是存在一些缺点，比如产生高氯酸锂基的废物及乙醚的使用和高压反应带来的安全问题等。Seddon[33]等研究了在 1-丁基-3-甲基咪唑类室温离子液体([Bmim])[OTf])、[Bmim][BF_6]、[Bmim][BF_4]和[Bmim][Lactate])中进行的 Diels-alder 反应，发现反应的速率及选择性与在 LPDE 中进行的相类似，因此可能作为 LPDE 的替代溶剂。2003 年，Oh[34]等人研究了在咪唑盐离子液体中进行的 Diels-Alder 反应的速率和选择性，发现该反应具有非常好的立体选择性和对映选择性，相比在普通溶剂中，需在-78℃条件下才能达到。如采用 HBuIm(hydrogen butylimidazolium tetrafluoroborate)离子液作为溶剂，唑烷酮类与环戊二烯反应(式 4.3.3)进行迅速且 endo-exo 比为 100：0。

(4.3.3)

4. Beckmann 重排反应

Beckmann 重排是酮肟在酸性条件下发生重排生成 N-烃基酰胺的反应。传统的合成过程需要用到大量的 Bronsted 酸或 Lewis 酸，如浓硫酸、五氯化磷的乙醚溶液、氯化氢在乙酸-乙酐中的溶液，导致产生大量副产物，且对设备的腐蚀严重。邓友全等人[35]的研究发现，在室温离子液体 N-丁基吡啶四氟硼酸盐([Bpy][BF_4])中，以五氯化磷作为催化剂，环已酮肟的 Beckmann 重排反应的转化率几乎达到 100%，且产物 ε-已内酰胺的选择性达到 99%(式 4.3.4)。

BPyBF_4离子液体/PCl_5；353K，2h；转化率=100%；选择性=99%

(4.3.4)

5. 电化学氟化反应

含氟有机化合物广泛应用于农药、医药、材料、原子能和航空航天等领域。在含氟有机化合物的制备及分离过程中，常需要使用挥发性有机溶剂，会对环境造成一定的污染[36]。韩升等[36]等利用咪唑类离子液体作为溶剂，进行选择性阳极氟化制备 4-氟-2-苯并呋喃酮。采用常规溶剂如 MeCN 或 CH_2Cl_2 时，产物 4-氟-2-苯并呋喃酮的收率仅为 20%左右，这是因为 2-苯并呋喃酮有较高的氧化电位，溶剂本身易被氧化。而在离子液体[Emim][OTf]中表现出较好的氟化效果，产物收率达 90%(式 4.3.5)。

$$\xrightarrow[\text{10mA/cm, 离子液体}/Et_3N.5HF]{2e, -H^+, F^-} \quad (4.3.5)$$

4.3.2.2　在分离过程中的应用

分离提纯回收产物一直是合成化学的难题，由于离子液体能溶解一些难溶的有机化合物、无机化合物和有机金属化合物，且同时与多数有机溶剂不混溶，适合作为有些物质液液萃取的新的介质[37]。特别是用离子液体萃取挥发性有机物时，因离子液体蒸气压低，热稳定性好，萃取完成后将萃取相加热，即可把萃取物蒸馏出来，使得离子液体易于循环使用。

Fan[38]等人研究了咪唑盐类离子液体对水体中酚类内分泌干扰物的萃取，发现在 pH<7 条件下，大多数酚类都能被定量地萃取到离子液体中，测定的分布系数表明，与传统挥发性有机溶剂相比，离子液体在萃取效率上也有显著的优势(表 4.3.1)。

表 4.3.1　**酚类的离子液体/水、二氯甲烷/水、苯/水分配系数(pH~7，24±1 ℃)**

酚类	分布系数				
	二氯甲烷[39]	苯[39]	$[C_4mim][PF_6]$	$[C_8mim][PF_6]$	$[C_8mim][BF_4]$
双酚 A	20.51	17.8	7.4	492.4	2465.1
苯酚	0.24	2.08	11.2	22.8	36
五氯苯酚	2.21	3.77	27.4	505.6	1097.7
4-辛基酚	9.64	17.78	160.8	278.6	687.5
4-壬基酚	10.76	25.71	200	450	-

在用发酵法将生物质转化为燃料和其他化学品的工艺中，产物醇的回收分离是最耗能的过程，乙醇通常用蒸馏的方法回收，而丁醇则通过溶剂萃取、渗透蒸发等方法，这些方法都不具备经济性。大多数丁醇的萃取剂，如磷酸三丁酯和辛醇，都具有易燃性，且对人和发酵微生物有毒有害。Fadeev[40]等使用[[Bmin][PF_6]和[Omim][PF_6]从发酵液中萃取产生丁醇，认为室温离子液体可以成为潜在的生物燃料萃取剂[38]。

4.3.2.3　在纤维素溶解与改性中的应用

纤维素是地球上最丰富的可再生资源之一，其内部的分子链因氢键的广泛存在而聚集成高度有序的网络结构，使纤维素具有高稳定化学性能，也使得纤维素在常规的溶剂中难以溶解，从而限制了其深层次开发应用。有些离子液体被证实可以作为纤维素的有效溶剂，用于纤维素的溶解、再生及深度应用[41]。目前用于溶解、加工纤维素的离子液体主要包括二烷基咪唑类、N-烷基吡啶类、季铵类的氯代盐、羧酸类和烷基磷酸酯盐等。

离子液体对纤维素的溶解机理处于研究之中。有研究认为，离子液体中处于游离态的阴阳离子(离子簇)可能充当了电子供体和受体。与纤维素形成了络合结构，离子液体就像一个预先安排有序的媒介，提高了分子的反应性，对纤维素产生明显的溶胀作用，削减和破坏了纤维素的氢键作用[41]。

纤维素溶解后，在凝固浴中控制形态后再生，可制备出不同形貌的纤维素材料。如可以用[Bmim]CI、[Emim]CI、[Bmim]Ac 和[Emim]Ac 等离子液体制备不同浓度的纤维纺液，从中纺出再生纤维素纤维，与 Lyocell 纤维相比，离子液体中纺出的纤维素纤维的韧性略高。控制溶液的再生工艺，还可制出纤维素凝胶和薄膜[41].

在离子液体溶剂中，可以容易地对纤维素进行改性或制备纤维素复合材料。如用硅烷偶联剂在纤维素上固化氨基甲酸酯，并与甲基丙烯酸共聚，或通过紫外线辐射与乙二醇二甲基丙烯酸酯共聚，得到的改性材料可被用于涂料、薄膜、黏合剂以及医疗、食品工业或重金属的吸附中。

4.4 聚乙二醇

4.4.1 聚乙二醇概述

聚乙二醇(PEG)是由乙二醇缩聚或由环氧乙烷与水加聚而得的聚合物，化学结构式为 $HO(CH_2CH_2O)_nH$。依平均分子量的不同，PEG 呈现出不同的物理形态，通常平均分子量在 700 以下的 PEG 常温下为无色无臭且不挥发的黏稠液体，平均分子量在 700~900 者为半固体，分子量 1000 及以上者为浅白色蜡状固体或粉末。PEG 系列产品在化妆品、医药、化纤、橡胶、塑料、造纸、油漆、电镀、农药、金属加工及食品加工等行业中均有着极为广泛的应用[42]。

4.4.2 聚乙二醇在有机合成中的应用

低分子量的液态 PEG 能与水、甲苯、二氯甲烷、醇、丙酮等溶剂互溶，对很多有机及金属有机化合物溶解性良好，而且能较稳定地存在于酸、碱、O_2 和 H_2O_2 氧化体系以及 $NaBH_4$ 还原体系中。此外，PEG 具有低毒、良好的热稳定性、可生物降解、不挥发、不易燃、价格低廉、易于回收和循环使用等优点[43]。许多有机合成反应使用聚乙二醇(PEG)作为反应介质，如还原反应、偶联反应、加成反应、不对称 aldo 反应等。

1. 还原反应

Santaniello 等[44]研究发现，在 PEG-400 介质中，$NaBH_4$ 能将酯、卤化物和磺酸酯等还原为醇和烷烃(式 4.4.1)。并且认为，在此类反应中，PEG 不仅充当溶剂，还可与 $NaBH_4$ 生成具有催化活性的 $NaBH_2[(OCH_2CH_2)nOH]_2$。

$$\mathrm{RCHXR'} \xrightarrow[70℃]{\mathrm{NaBH_4,\ PEG\text{-}400}} \mathrm{RCH_2R'} \tag{4.4.1}$$

R = aryl，alkyl R′ = H，alkyl X = Cl，Br，I，OTs

2. Heck 偶联反应

Heck 反应是指卤代烃与活化不饱和烃在钯催化下，生成反式产物的反应。Liu 等[45]在 PEG-400 介质中，以醋酸钯为催化剂，进行卤代芳烃的 Heck 反应(式 4.4.2)。反应以醋酸钠作为碱源，在 80 ℃下进行。反应过程中，醋酸钯被 PEG-400 原位还原成纳米钯，并且 PEG-400 对纳米钯起到稳定的作用，维持其较小的粒径，与离位生成的钯催化剂相比，该纳米钯催化剂能使反应更快地进行。在该反应体系中，PEG-400 起到了溶剂、还原剂和稳定剂的作用。

$$\mathrm{R_1\text{-}C_6H_4\text{-}X} + \mathrm{CH_2{=}CH\text{-}R_2} \xrightarrow[\mathrm{CH_3COONa(2equiv.)},\ \mathrm{PEG\text{-}400}]{\mathrm{Pd(OAc)_2(1mol\%)}} \mathrm{R_1\text{-}C_6H_4\text{-}CH{=}CH\text{-}R_2} \tag{4.4.2}$$

X = I, Br

3. Suzuki 偶联反应

Li 等人[46]研究了碘代芳烃和溴代芳烃与芳基硼酸在 PEG-400 溶剂中的 Suzuki 反应(式 4.4.3)，催化体系为 $Pd(OAc)_2$/DABCO(三亚乙基二胺)，收率最高可达 96%，催化剂转换数(turnover number，TON)最高可达 960，000。$Pd(OAc)_2$/DABCOPEG-400 催化系统很稳定，经过五次回收与再利用，没有失活现象。

$$\mathrm{R\text{-}C_6H_4\text{-}X} + \mathrm{R'\text{-}C_6H_4\text{-}B(OH)_2} \xrightarrow[\mathrm{K_2CO_3\ (3\ equiv)},\ \mathrm{PEG\text{-}400,\ 110℃}]{\mathrm{Pd(OAc)_2/DABCO}} \mathrm{R\text{-}C_6H_4\text{-}C_6H_4\text{-}R'} \tag{4.4.3}$$

4. Michael 加成反应

Michael 加成反应是由活泼亚甲基化合物形成的碳负离子，对 α，β-不饱和羰基化合物的碳碳双键的亲核加成，是活泼亚甲基化物烷基化的一种重要方法。Kumar 等[47]报道了 α，β-不饱和羰基化合物与胺和咪唑在溶剂 PEG-400 中的 Michael 加成反应，发现在室温条件下，无需加入催化剂，反应收率即可达到 84%～92%(式 4.4.4)。而且，研究人员认为 PEG-400 可能参与到了反应中，其与烯酮的氧之间的弱氢键作用，导致 β-碳的亲电子特性，因而容易被亲核试剂攻击。

$$\text{cyclic enone} \xrightarrow[\mathrm{PEG\text{-}400},\ \mathrm{R.T.}]{\mathrm{NuH}} \text{3-Nu-cyclic ketone} \tag{4.4.4}$$

$\mathrm{NuH = C_6H_5NH_2,\ C_6H_5CH_2NH_2,\ }n\text{-}\mathrm{BuNH_2}$, azepane (NH), imidazole (H-N, N)

5. Mannich 反应

Mannich 反应也称作胺甲基化反应，是含有活泼氢的化合物(通常为羰基化合物)与甲醛和二级胺或氨缩合，生成β-氨基(羰基)化合物的有机化学反应。Kidwai 等[48]以 PEG-200，PEG-400 和 PEG-600 为溶剂，以硝酸铈铵(CAN)作为催化剂，进行苯乙酮、芳香醛和芳胺的 Mannich 反应，生成β-氨基酮，反应收率97%~98%(式4.4.5)，而用甲苯、乙腈和乙醇为溶剂时，收率分别为92%、95%和97%。PEG 中的反应甚至可以在室温下进行，条件温和。由于 PEG-400 不溶于乙醚，反应产物可以用乙醚萃取。

$$\text{PhCOCH}_3 + \text{CHO-C}_6\text{H}_4\text{-R} + \text{NH}_2\text{-C}_6\text{H}_4\text{-R}^1 \xrightarrow[\text{PEG, 45℃}]{\text{CAN(5 mol\%)}} \text{PhCOCH}_2\text{CH(NH-C}_6\text{H}_4\text{-R}^1\text{)-C}_6\text{H}_4\text{-R} \quad (4.4.5)$$

4.5 低共熔溶剂

4.5.1 低共熔溶剂概述

低共熔溶剂(deep eutectic solvent，DES)，在有些文献中又翻译成深共融溶剂，是由两种或三种物质混合之后，通过分子间氢键相互缔合熔融而形成的液体，其凝固点显著低于各个组分纯物质的熔点。DES 最先由英国莱斯特大学的 Abbott 课题组在 2003 年报道[49]，它由两种固态原料氯化胆碱(ChCl) 和尿素(urea) 加热熔融合成，在室温下呈液态(式4.5.1)。目前，最常见的氢键受体包括季铵盐(如氯化胆碱)、两性离子(如甜菜碱)等，常见的氢键供体包括尿素、硫脲、羧酸(苯乙酸、苹果酸、柠檬酸、丁二酸等)、多元醇(乙二醇、甘油、丁二醇、木糖醇等)、氨基酸、糖类(葡萄糖、果糖)、三氟乙酰胺等。此外，水也可作为某些低共熔溶剂的组分之一。

DES 是在离子液体基础上发展起来的新型绿色溶剂，具有性质稳定、制备简单、成本低、可生物降解、无毒(也有文献表明有些 DES 具有一定的环境毒性)等优点。DES 可以被应用到有机合成、电化学、材料化学、催化和吸收分离等诸多领域中[50]。下面对几种常见的 DES 及其在有机合成中的应用进行介绍。

$$\text{HOCH}_2\text{CH}_2\text{N}^+(\text{CH}_3)_3\text{Cl}^- + \text{H}_2\text{NCONH}_2 \xrightarrow{74℃} \text{DES} \quad (4.5.1)$$

氯化胆碱(1 mol)　　尿素(2 mol)　　DES

4.5.2 低共熔溶剂的应用

4.5.2.1 氯化胆碱/尿素

氯化胆碱/尿素(ChCl/Urea)是最早发现的 DES，被用于加成、取代、缩合、还原等多个化学反应。

芳胺的烷基衍生化是得到很多药物的方法，一般使用金属催化，在有机溶剂中进行。Shankarling[51]等在ChCl/urea中进行一系列芳胺和烷基溴的反应，实现芳胺的烷基衍生化（式4.5.2）。ChCl/urea不仅可以作为溶剂，还可催化该反应，反应时间短、条件温和，且可取得不错的分离收率。例如，对于苯胺与1-溴己烷的反应，反应4 h，分离收率为78%；对于间-甲氧基苯胺与1-溴己烷的反应，反应3 h，分离收率为80%；对于苯胺与苄基溴的反应，反应3 h，分离收率为89%。研究人员提出了可能的反应机理，DES中尿素氨基的H原子与氯化胆碱的Cl存在氢键作用，同时，氨基的氮原子也与芳胺的氨基上氢原子产生氢键作用，从而使芳胺中的氮原子具有一定负电性，增加其亲核性，使其可以进攻烷基溴化物的R^+。

NH_2 + R^1-Br —DES, 50℃→ HN–R^1　　(4.5.2)

（R可以为烷基、烷氧基、卤原子、硝基等）

4.5.2.2　氯化胆碱/氯化锌

氯化胆碱/氯化锌（$ChCl/ZnCl_2$）也是一种研究较多的DES。

Wang等[52]在ChCl /$ZnCl_2$中进行二苯基甲醇与对硝基苯胺的亲核取代反应（式4.5.3），在合适的DES/二苯基甲醇摩尔比的情况下，反应1 h，目标产物收率可达到95%，并且几乎无副产物。反应后通过水洗、过滤即可实现产物分离，DES干燥后即可循环使用，无明显失活现象。而在$ZnCl_2$-CH_2Cl_2体系中进行反应，目标产物收率只有不到10%。在反应过程中，DES同样起到了催化剂的作用，DES中的阴离子$[Zn_2Cl_5]^-$催化醇转化成碳正离子，进而与胺反应形成目标产物。

NH_2 / NO_2 + OH —$ChCl/ZnCl_2$, 100℃→ NH / NO_2 + O

副产物

(4.5.3)

4.5.2.3　氯化胆碱/氯化锡

吲哚及其衍生物是药物、染料、生物制剂合成中重要的中间体。Azizi等[53]在氯化胆碱/氯化锡（$ChCl/SnCl_2$）中，通过吲哚和醛在室温下的亲电取代反应，合成对称双吲哚（式4.5.4），产率达到80%。如果体系中存在聚乙二醇，产率达到97%。

DES, r.t. 60 min　　(4.5.4)

ChCl /$SnCl_2$对环氧化合物与芳胺、醇、硫醇、叠氮、氰化物之间进行的开环加成反应也具有很好的催化效果(式 4.5.5)，对不同的反应底物，在较短的反应时间内(10~180 min)，可得到较高的收率(68%~97%)，反应结束后，通过加入乙醚、过滤和干燥后即可回收 DES，循环使用的催化剂效果依然显著[54]。

ChCl/$SnCl_2$(40 mol %), r.t.,10~180 min　　(4.5.5)

NuH=$ArNH_2$, RSH, TMSN3, TMSCN, MeOH 共48种　　68%~97%

4.5.2.4　氯化胆碱/对甲基苯磺酸

氯酮是重要的医药和农药中间体，可以用氯气作为原料之一进行制备，但氯气具有较强毒性和刺激性。Zou 等[55]以氯化胆碱/对甲基苯磺酸(ChCl/p-TsOH)为催化剂与溶剂，用 1，3-二氯-5，5-二甲基海因(DCDMH，具有较低毒性和刺激性)作为原料，进行 α，α-二氯酮的制备(式 4.5.6)，在室温下反应 45 min，产率可达到 86%~95%。

DES, r.t., 45 min　　(4.5.6)

4.5.2.5　氯化胆碱/甘油

Garc /Lvarez 等以氯化胆碱/甘油(ChCl/Gly)作为反应介质，以 Ru 的络合物为催化剂，实现烯丙基醇异构化(式 4.5.7)，反应 10 min，产率达到 99%，催化剂的 TOF 达到 2970 h^{-1}[56]。

$[Ru]_{cat}$(0.2 mol %), ChCl/Gly/75℃　　(4.5.7)

4.5.2.6　四丁基溴化铵/对甲苯磺酸

陈梓湛[57]在四丁基溴化铵/对甲苯磺酸(TBAB/p-TsOH)中进行苯乙酮类化合物与二溴海因之间的 α-溴代反应(式 4.5.8)，在室温下反应 2 h，得到一溴代苯乙酮类化合物的产率是 75%~80%。如果使用 ChCl/p-TsOH 作为介质，则可能发生氯化胆碱与溴代物之间的卤素交换反应，导致产物不纯。

$$R^1C(=O)CH_2R^2 \xrightarrow[\text{TBAB/p-TsOH, r.t.,2h}]{\text{1,3-二溴-5,5-二甲基乙内酰脲 (Br–N, N–Br)}} R^1C(=O)CH(Br)R^2 \quad (4.5.8)$$

4.6 无溶剂反应

4.6.1 无溶剂反应概述

传统的观点认为，有机合成反应要在液态或溶液中才能进行，最常用的介质是有机溶剂。但是，一方面，有机溶剂对操作人员的身体健康和生态环境可能带来负面影响。另一方面，从经济方面考虑，无论哪种溶剂的使用，都会造成生产成本的增加，同时，后期对溶剂的分离和其他处理也使得生产过程复杂化。如果反应过程中不使用溶剂，则可以从根本上规避这些问题的产生，正如 Dupont 公司的 Carberry 所述，“最好的溶剂就是根本不用溶剂”(the best solvent is no solvent at all.)[58]。因此，无溶剂合成也是绿色化学的重要发展方向。

无溶剂有机反应最初被称为固态有机反应，反应体系中除了反应物外，不添加溶剂，在固体物直接接触的条件下，进行化学反应，常会用到研磨、光、热、微波以及超声等辅助手段。到 20 世纪 90 年代初，人们明确提出，“无溶剂有机合成”既可以是固体原料之间的固相反应，也可以是液体原料之间的液相反应，或原料在熔融状态下的反应，以及不同相态原料之间的非均相反应[59]。

为了促进无溶剂反应进行或者提高其选择性，常常使用机械化学、相转移催化、微波辐射法、添加催化剂、超声辐射等辅助方法等。下面对无溶剂反应进行举例介绍。

4.6.2 无溶剂反应举例

4.6.2.1 固态反应

一般认为，固体反应物之间由于接触界面较少，反应速率较慢。但近年来的研究表明，对于很多反应，固相之间也能发生较为高效的反应。

Dieckmann 缩合是二酯在碱的存在下发生分子内缩合生成 β-酮酸酯的反应。该反应通常是在惰性气体的保护下、在干燥的有机溶剂中、在加热回流条件下进行。而且，为了避免发生分子之间的缩合反应，反应通常在高稀释条件下进行，因此，有机溶剂的使用量大。Toda[60] 等进行了庚二酸二乙酯的固态 Dieckmann 缩合反应实验(式 4.6.1)，以不同的醇钠作为碱，将固体反应物研磨混合均匀后，在惰性氛围下室温反应 10 min，产率为 56%~69%，产品可通过直接蒸馏得到。在甲苯中加热回流反应 3h，则产率为 56%~63%。

可见固态反应的效果不低于溶剂中发生的反应。

$$CH_2COOEt-(CH_2)_3-CH_2COOEt \xrightarrow{碱} \text{2-乙氧羰基环戊酮} \quad (4.6.1)$$

4.6.2.2 熔融反应

将固体反应物升温到合适的温度，使之处于熔融状态，可以增强反应物之间的接触，从而促进有些反应的进行。

邻苯二胺和二苯基乙二酮之间可以发生缩合反应，生成喹喔啉的衍生物。该反应可以在100℃熔融状态下依化学计量比进行，产率达到100%，除了水之外没有其他副产物产生[61]（式4.6.2）

$$\text{邻苯二胺} + \text{二苯基乙二酮} \xrightarrow{4stages} \text{2,3-二苯基喹喔啉} + 2H_2O \quad (4.6.2)$$

4.6.2.3 机械化学无溶剂反应

在有些涉及多个反应物的无溶剂反应体系中，通过研磨、球磨或者高速振动粉碎等机械力的作用，能够使反应物有效混合，增大反应物间的接触界面，从而提高反应效率[62]。按照国际纯粹与应用化学联合会（IUPAC）的定义，直接吸收机械能而促使的化学反应被称为机械化学反应。机械力促进的无溶剂合成包括扩散、反应、成核和生长等过程。首先底物分子相互接触扩散，接着发生反应生成产物分子，分散在反应物中的产物聚到一定量时形成晶核，并逐渐长大成为独立的晶相。

N-去甲酰基芳构化反应一般是在强碱、强酸溶液中加热回流进行，反应条件较为苛刻，后续处理麻烦，并且会产生大量废物。俞静波[63]等以不同取代基的N-甲酰基-4-氯喹啉为原料，固体NaOH为碱，PEG 2000为添加剂，NaCl为助磨剂，在高速球磨条件下（1200 rpm），通过无溶剂反应实现N-去甲酰基-芳构化，合成了一系列2-芳基取代喹啉及2-杂芳基取代喹啉化合物（式4.6.3）。反应时间短（5~10 min），产物分离收率高（多数达95%以上），操作过程简单。所使用的添加剂和助磨剂经过水洗、过滤后即可与产物分离，再经过干燥后即可重复利用，经过5次循环使用，收率几乎不变。

$$\text{N-CHO-4-Cl-}R^1,R^2,R^3\text{-二氢喹啉} \xrightarrow[\text{NaCl, HSBM}]{\text{NaOH, PEG 2000 (10 mol\%)}} R^1,R^2,R^3\text{-喹啉} \quad (4.6.3)$$

R′=ary1，heteroary1

4.6.2.4 相转移催化无溶剂反应

相转移催化针对的对象是分别处于互不相溶的两种相中的物质发生的反应，相转移催化剂（phase transfer catalyst，PTC）能把一种实际参加反应的实体（如负离子）从一相转移到另一相中，使它与底物相遇而发生反应。相转移催化促进法可用于固-液和液-液等多相无溶剂体系。通过使用相转移催化技术，可以不使用或者减少使用能同时溶解两种反应物的特定溶剂。黄现强[64]等采用无溶剂相转移催化技术，通过芳醛(或杂环醛)和芳酮(或杂环酮)缩合，成功合成了 14 种多取代环己醇(式 4.6.4)。该反应在液相中需十几个小时甚至几十个小时分两步才能完成。可是在无溶剂条件下，使用四丁基溴化铵做催化剂，反应几分钟就能完成。

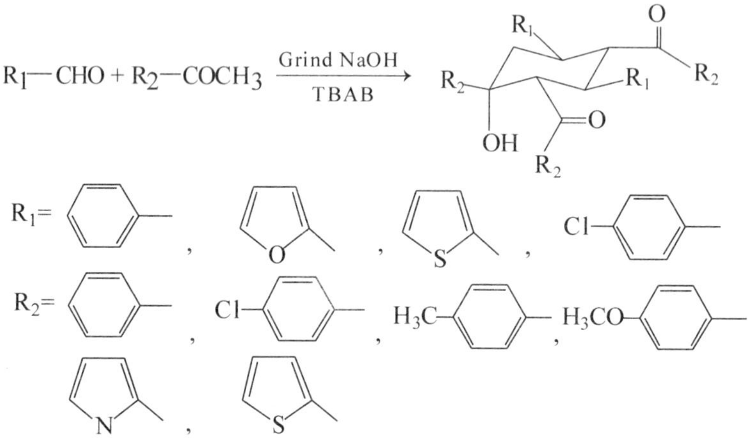

(4.6.4)

4.6.2.5　微波辐射促进无溶剂反应

使用微波场给化学反应体系加热，微波直接作用于反应物分子，具有体系受热均匀、便于控制、反应速度快、产率高、副反应少等优点。黄现强[64]等考察了在微波辐射的条件下 1，3，5-三苯基-2-戊烯-1，5-二酮与水合肼的反应，结果表明在微波辐射下该反应一步就可以得到 3，5-二苯基吡唑衍生物，且产物的收率较高。

4.6.2.6　超声辐射促进无溶剂反应

将超声波应用于无溶剂合成，可以缩短反应时间，提高反应产率。硝酮类化合物是重要的自由基捕获剂，而且具有很高的药用开发价值，并被广泛应用于合成各种结构复杂的含氮化合物，常用的合成方法有 N, N-双取代羟胺或仲胺的氧化法、肟的 N-烷基化合成法及 N-烷基羟胺与羰基化合物的缩合反应法等。但是，这些合成方法往往产率低，或者反应时间过长。傅颖[65]等将超声技术应用于 C-芳基硝酮类化合物(式 4.6.5)，获得了较为满意的结果，反应时间 30 min，产率可达到 91%。

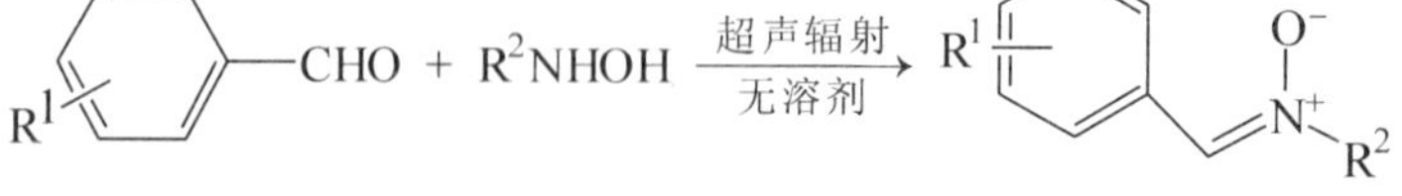

3a：$R^1=2$，4-Cl_2，$R^2=Ph$；3b：$R^1=2$-Cl，$R^2=Ph$；3c：$R^1=3$，4，5-$(OCH_3)_3$，$R^2=Ph$

3d：$R^1=2$-OCH_3，$R^2=Ph$；3e：$R^1=2$-OH，$R^2=Ph$；3f：$R^1=2$-Cl，$R^2=CH_3$

3g：$R^1=2$-Cl，$R^2=4$-ClPh；3h：$R^1=2$-OH，$R^2=4$-CH_3；3i：$R^1=H$，$R^2=Ph$

3j：$R^1=4$-NO_2，$R^2=Ph$；3k：$R^1=4$-Cl，$R^2=Ph$；3l：$R^1=4$-OCH_3，$R^2=Ph$

3m：$R^1=H$，$R^2=CH_3$；3n：$R^1=4$-OCH_3，$R^2=CH_3$；3o：$R^1=4$-Cl，$R^2=CH_3$

(4.6.5)

将无溶剂反应应用于工业生产，往往可以缩短生产周期，降低成本，产品纯度高，减少对环境的污染。虽然无溶剂反应存在适用范围的局限性，并且目前的研究主要集中在实验室规模上，但随着机械化学、相转移催化、微波超声辐射等辅助技术的发展，无溶剂有机合成具有广阔的的应用前景。

参考文献

[1]辛炳炜. 水相中 Suzuki 偶联反应研究进展[J]. 德州学院学报，2007(04)：35-39.

[2] Leadbeater N E. Fast, easy, clean chemistry by using water as a solvent and microwave heating: the Suzuki coupling as an illustration[J]. Chemical Communications. 2005(23): 2881.

[3] Badone D, Baroni M, Cardamone R, et al. Highly efficient palladium-catalyzed boronic acid coupling reactions in water: scope and limitations[J]. The Journal of Organic Chemistry. 1997, 62(21): 7170-7173.

[4] 谢斌，王志刚，邹立科等. 水相 Reformatsky 反应研究进展[J]. 化学通报，2009(02)：117-122.

[5] Choudary B M, Madhi S, Chowdari N S, et al. Layered double hydroxide supported nanopalladium catalyst for Heck-, Suzuki-, Sonogashira-, and Stille-type coupling reactions of chloroarenes[J]. Journal of the American Chemical Society. 2002, 124(47): 14127-14136.

[6] Nájera C, Gil-Moltó J, Karlström S, et al. Di-2-pyridylmethylamine-Based Palladium Complexes as New Catalysts for Heck, Suzuki, and Sonogashira Reactions in Organic and Aqueous Solvents[J]. Organic Letters. 2003, 5(9): 1451-1454.

[7] Bieber L W, Malvestiti I, Storch E C. Reformatsky reaction in water: evidence for a radical chain process[J]. The Journal of Organic Chemistry. 1997, 62(26): 9061-9064.

[8] Yao H, Cao C, Jiang M, et al. Metal-mediated Reformatsky reaction of bromodifluoromethyl ketone and aldehyde using water as solvent [J]. Journal of Fluorine Chemistry. 2013(156): 45-50.

[9] 段培高. 近临界水中腈、酰胺的水解反应研究[D]. 华东师范大学，2009.

[10]何涛，胡红旗，刘红波等. 超临界流体技术发展及应用概述[J]. 江苏化工，2002，(06)：5-13.

[11]李娴，解新安. 超临界流体的理化性质及应用[J]. 化学世界，2010，(03)：179-182.

[12]张楠. 超临界二氧化碳合成水杨酸的研究[D]. 河北科技大学，2013.

[13]许群. 超临界流体的性质及其在化学反应中的应用[D]. 中国科学院研究生院(化学研究所)，1999.

[14]张丽莉，陈丽，赵雪峰等. 超临界水的特性及应用[J]. 化学工业与工程，2003(01)：33-38.

[15]阎立峰，陈文明. 超临界流体(SCF)技术进展[J]. 化学通报，1998 (04)：11-15.

[16]王宇博. 固体溶质在超临界体系中相平衡的研究[D]. 北京化工大学，2013.

[17]吴卫生，马紫峰，王大璞. 超临界流体技术发展动态[J]. 化学工程，2000 (05)：45-49.

[18]王涛，杨明，向波涛等. 超临界水氧化法去除废水有机氮的工艺和动力学研究[J]. 化工学报，1997 (05)：639-644.

[19] Chatterjee M, Kawanami H, Sato M, et al. Hydrogenation of phenol in supercritical carbon dioxide catalyzed by palladium supported on Al-MCM-41: A facile route for one-pot cyclohexanone formation[J]. Advanced Synthesis & Catalysis. 2009, 351(11-12): 1912-1924.

[20] Dapurkar S E, Kawanami H, Yokoyama T, et al. Highly selective oxidation of tetralin to 1-tetralone over mesoporous CrMCM-41 molecular sieve catalyst using supercritical carbon dioxide[J]. New Journal of Chemistry. 2009, 33(3): 538-544.

[21] Wang X, Venkataramanan N S, Kawanami H, et al. Selective oxidation of styrene to acetophenone over supported Au - Pd catalyst with hydrogen peroxide in supercritical carbon dioxide[J]. Green Chemistry. 2007, 9(12): 1352.

[22] Early T R, Gordon R S, Carroll M A, et al. Palladium-catalysed cross-coupling reactions in supercritical carbon dioxide[J]. Chemical Communications. 2001 (19): 1966-1967.

[23] Tortosa-Estorach C, Ruiz N R, Masdeu-Bult A M. Hydrocarboxylation of terminal alkenes in supercritical carbon dioxide using perfluorinated surfactants [J]. Chemical Communications. 2006(26): 2789.

[24] Harada T, Kubota Y, Kamitanaka T, et al. A novel method for enzymatic asymmetric reduction of ketones in a supercritical carbon dioxide/water biphasic system[J]. Tetrahedron Letters. 2009, 50(34): 4934-4936.

[25] Olsen T, Kerton F, Marriott R, et al. Biocatalytic esterification of lavandulol in supercritical carbon dioxide using acetic acid as the acyl donor[J]. Enzyme and Microbial Technology. 2006, 39(4): 621-625.

[26] Jessop P G, Hsiao Y, Ikariya T, et al. Homogeneous catalysis in supercritical fluids: hydrogenation of supercritical carbon dioxide to formic acid, alkyl formates, and formamides[J]. Journal of the American Chemical Society. 1996, 118(2): 344-355.

[27]樊丽华，陈红萍，梁英华. 新型绿色化学反应介质的研究进展[J]. 环境科学与技术，2007(12)：108-112.

[28] Welton T. Room-temperature ionic liquids: solvents for synthesis and catalysis[J]. Chemical Reviews. 1999, 99(8): 2071-2084.

[29]王明慧，吴坚平，立荣. 离子液体及其在生物催化中的应用[J]. 有机化学，2005 (04)：364-374.

[30] Macfarlane D R, Pringle J M, Johansson K M, et al. Lewis base ionic liquids[J]. Chemical Communications, 2006(18): 1905.

[31] Mathews C J, Smith P J, Welton T. Palladium catalysed Suzuki cross-coupling reactions in ambient temperature ionic liquids[J]. Chemical Communications, 2000(14): 1249-1250.

[32] Rosa J O N, Afonso C A M, Santos A G. Ionic liquids as a recyclable reaction medium for the Baylis - Hillman reaction[J]. Tetrahedron, 2001, 57(19): 4189-4193.

[33] Seddon K R. Ionic liquids for clean technology[J]. Journal of Chemical Technology & Biotechnology, 1997, 68(4): 351-356.

[34] Meracz I, Oh T. Asymmetric Diels - Alder reactions in ionic liquids[J]. Tetrahedron Letters. 2003, 44(34): 6465-6468.

[35] Peng J, D Y. Catalytic Beckmann rearrangement of ketoximes in ionic liquids[J]. Tetrahedron Letters, 2001, 42(3): 403-405.

[36]韩升，曾纪珺，张伟等. 离子液体在有机氟化反应中的应用[J]. 化学试剂，2012(01): 35-40.

[37] Shamsi S A, Danielson N D. Utility of ionic liquids in analytical separations[J]. Journal of Separation Science, 2007, 30(11): 1729-1750.

[38] Fan J, Fan Y, Pei Y, et al. Solvent extraction of selected endocrine-disrupting phenols using ionic liquids[J]. Separation and Purification Technology, 2008, 61(3): 324-331.

[39] Fawcett W R. Thermodynamic parameters for the solvation of monatomic ions in water [J]. The Journal of Physical Chemistry B., 1999, 103(50): 11181-11185.

[40] Fadeev A G, Meagher M M. Opportunities for ionic liquids in recovery of biofuels[J]. Chemical Communications, 2001(3): 295-296.

[41]卢芸，孙庆丰，于海鹏，等. 离子液体中的纤维素溶解、再生及材料制备研究进展[J]. 有机化学，2010(10): 1593-1602.

[42]安家驹，王伯英. 实用精细化工辞典[M]. 北京：轻工业出版社，1988.

[43]孙永军. PEG-400/H_2O 体系中四组分一锅法合成多氢喹啉类衍生物[D]. 西北师范大学，2011.

[44] Santaniello E, Fiecchi A, Manzocchi A, et al. Reductions of esters, acyl halides, alkyl halides, and sulfonate esters with sodium borohydride in polyethylene glycols: scope and limitation of the reaction[J]. The Journal of Organic Chemistry, 1983, 48(18): 3074-3077.

[45] Han W, Liu N, Liu C, et al. A ligand-free Heck reaction catalyzed by the in situ-generated palladium nanoparticles in PEG-400[J]. Chinese Chemical Letters, 2010, 21(12): 1411-1414.

[46] Li J, Liu W, Xie Y. Recyclable andreusable Pd(OAc)[J]. The Journal of Organic Chemistry, 2005, 70(14): 5409-5412.

[47] Kumar D, Patel G, Mishra B G, et al. Eco-friendly polyethylene glycol promoted Michael addition reactions of α, β-unsaturated carbonyl compounds[J]. Tetrahedron Letters, 2008, 49(49): 6974-6976.

[48] Kidwai M, Bhatnagar D, Mishra N K, et al. CAN catalyzed synthesis of β-amino carbonyl compounds via Mannich reaction in PEG[J]. Catalysis Communications, 2008, 9(15): 2547-2549.

[49] Abbott A P, Capper G, Davies D L, et al. Novel solvent properties of choline

chloride/urea mixtures[J]. Chemical Communications, 2003(1): 70-71.

[50]王爱玲，郑学良，赵壮志等. 深共融溶剂在有机合成中的应用[J]. 化学进展. 2014(05): 784-795.

[51] Singh B, Lobo H, Shankarling G. Selective N-alkylation of aromatic primary amines catalyzed by bio-catalyst or deep eutectic solvent[J]. Catalysis Letters, 2011, 141(1): 178-182.

[52] Zhu A, Li L, Wang J, et al. Direct nucleophilic substitution reaction of alcohols mediated by a zinc-based ionic liquid[J]. Green Chemistry, 2011, 13(5): 1244.

[53] Azizi N, Manocheri Z. Eutectic salts promote green synthesis of bis(indolyl) methanes [J]. Research on Chemical Intermediates, 2012, 38(7): 1495-1500.

[54] Azizi N, Batebi E. Highly efficient deep eutectic solvent catalyzed ring opening of epoxides[J]. Catalysis Science & Technology, 2012, 2(12): 2445.

[55] Chen Z, Zhou B, Cai H, et al. Simple and efficient methods for selective preparation of α-mono or α, α-dichloro ketones and β-ketoesters by using DCDMH[J]. Green Chem, 2009, 11(2): 275-278.

[56] Vidal C, Suárez F J, García-álvarez J. Deep eutectic solvents (DES) as green reaction media for the redox isomerization of allylic alcohols into carbonyl compounds catalyzed by the ruthenium complex [Ru(η3: η3-$C_{10}H_{16}$)Cl_2 (benzimidazole)] [J]. Catalysis Communications, 2014(44): 76-79.

[57]陈梓湛. 二卤海因参与的绿色卤代反应及其应用研究[D]. 华东师范大学, 2010.

[58]徐汉生. 绿色化学导论[M]. 武汉: 武汉大学出版社, 2002.

[59]唐林生，冯柏成. 无溶剂有机合成的促进方法及其前景[J]. 精细石油化工进展. 2008(03): 19-22.

[60] Toda F, Suzuki T, Higa S. Solvent-free Dieckmann condensation reactions of diethyl adipate and pimelate[J]. Journal of the Chemical Society, Perkin Transactions 1, 1998(21): 3521-3522.

[61] Kaupp G, Naimi-Jamal MR. Quantitative cascade condensations between o-Phenylenediamines and 1, 2-Dicarbonyl Compounds without production of wastes[J]. European Journal of Organic Chemistry, 2002(8): 1368-1373.

[62] Melman S D, Steinauer M L, Cunningham C, et al. Reduced susceptibility to praziquantel among naturally occurring kenyan isolates of schistosoma mansoni [J]. PLoS Neglected Tropical Diseases. 2009, 3(8): 504.

[63]俞静波. 机械力促进的N-去甲酰化，交叉脱氢偶联反应用于制备喹啉/四氢异喹啉类衍生物[D]. 浙江工业大学, 2013.

[64]黄现强. 芳醛与芳酮的无溶剂缩合反应研究[D]. 西北师范大学, 2005.

[65]傅颖，刘彦华，王明珠等. 超声辐射下无溶剂合成C-芳基硝酮类化合物[J]. 西北师范大学学报(自然科学版), 2011(04): 65-68.

第5章　绿 色 催 化

催化是化学工业的重要基础支柱之一。很多传统催化剂具有腐蚀性、毒性等缺点。有些均相催化剂难以与反应体系分离，分离过程中造成大量废物产生，催化剂不能重复使用。此外，通过合适的催化作用，可以提高反应效率和目标产物选择性，降低副产物产率，从而减少废物；催化作用也可以使化学反应在温和条件下进行，降低发生化学事故的可能性。因此，绿色催化是绿色化学的重要研究领域。

5.1　固体酸催化

5.1.1　固体酸催化概述

酸催化在化工行业中起着重要作用，特别是在石油炼制和石油化工行业，酸催化剂的作用无可替代，酸催化剂的存在有利于反应的中间态——碳正离子的形成。例如，烃类的裂化、烯烃的异构化、芳烃和烯烃的烷基化、烯烃的缩聚、醇的催化脱水等反应通常都需要用到酸催化剂。在传统工艺中 H_2SO_4、HF 和 HCl 等液体酸及 $AlCl_3$ 和 BF_3 等金属卤化物由于成本低廉以及便于规模化制备等诸多优点，广泛应用于化工的多个领域。然而，这些液体酸通常对反应器有很强的腐蚀性，有些还有很强的毒性，使用后与反应体系分离困难，而且要耗费大量碱进行中和处理，往往产生数倍于产物体积的废物，污染环境，废物处理的成本甚至要高于原材料。因此，合适的替代催化剂是绿色化学的重要研究内容。

作为液体酸催化剂的替代品，固体酸催化剂得到了大量的研究和应用。所谓固体酸，是指能给出质子(Bronsted 酸或 B 酸)或能够接受电子对(Lewis 酸或 L 酸)的固体[1]。固体酸催化剂的催化功能来源于其表面上存在的酸性部位，即酸中心。固体酸催化剂的酸性强度、酸性位的数量和种类是其基本属性。此外，有些固体酸催化剂负载在特定的载体上，载体的比表面积和孔隙结构也是其重要属性。在酸催化反应中，这些属性往往决定了反应的选择性，针对特定的反应，需要对固体酸的属性进行调变。例如，缩醛反应需要中等强度的酸性位，而醇的亲电加成、酯化、烷基化等反应则需要强酸性位。酸性位的类型对于特定的反应也很重要。例如，有的研究表明，在甲苯的傅-克烷基化反应中，使用苄氯为烷基化试剂时，Lewis 酸可以起到较好的催化效果，而使用苄醇为烷基化试剂时，Bronsted 酸可以起到较好的催化效果[2]。

与液体酸催化剂相比，固体酸催化剂具有一些显著的优点：对反应器无腐蚀；催化体系通过简单的离心、过滤等手段即可实现催化剂从反应体系中分离，不会对产物造成污染，产物纯度高，而且催化剂可以高效地重复使用；固体酸催化剂容易实现反应选择性的控制。

在酸催化剂研究中，通常用哈梅特(Hammett)酸度函数 H_0来定量描述固体酸强度大小。酸量可以用指示剂滴定法测定。测定常在非水惰性溶剂(如环己烷)中进行，所用指示剂实际上是一种弱碱，其与酸性中心吸附(反应)时，可用下式(式 5. 1. 1)表示：

$$BH^+ \rightleftharpoons B + H^+ \tag{5.1.1}$$

式中，B 代表指示剂(碱)，H^+代表酸性中心，BH^+代表 B 和 H^+反应生成的共轭酸。当反应达到平衡时：

$$K_\alpha = \frac{\alpha_{H^+}\alpha_B}{\alpha_{BH^+}} = \frac{\alpha_{H^+}\gamma_B[B]}{\gamma_{BH^+}[BH^+]} \tag{5.1.2}$$

即

$$\frac{[BH^+]}{[B]} = \frac{\gamma_B\alpha_{H^+}}{\gamma_{BH^+}K_\alpha} \tag{5.1.3}$$

式中，α 为活度，γ 为活度系数。

指示剂与酸性中心作用之后则呈现出酸型色，其颜色的变化取决于[HB^+]/[B]的比值。将式(5. 1. 3)取对数，得到：

$$\lg\frac{[BH^+]}{[B]} = pK_\alpha + \lg\frac{\gamma_B\alpha_{H^+}}{\gamma_{BH^+}} \tag{5.1.4}$$

定义 $H_0 = -\lg\frac{\gamma_B\alpha_{H^+}}{\gamma_{BH^+}}$，则 $H_0 = pK_\alpha + \lg\frac{[B]}{[BH^+]}$

得到

$$\lg\frac{[BH^+]}{[B]} = pK_\alpha - H_0 \tag{5.1.5}$$

Hammett 酸度函数 H_0表征固体表面的酸强度，其反映了表面酸性位将指示剂碱转变成共轭酸的能力。当指示剂加入后显酸型色时，说明表面酸性位能与指示剂发生反应，[BH^+]/[B]>1，这种情况下必定满足 $H_0<pK_\alpha$。反之，如果指示剂显碱型色(即不变色)，则表明表面酸性位的酸强度低于指示剂的共轭酸 BH^+的酸强度，反应未发生，这种情况下必定满足 $H_0>pK_\alpha$。可见，H_0越小，对应的酸性位越强。

对于一定酸性强度的固体表面，能否与指示剂发生变色反应取决于后者的碱性，用一系列不同强度的碱来检查固体酸是否与之发生作用，就可知道固体酸的相对强弱。通过几种 pK_α不同的指示剂在固体表面的变色反应，可以推断出固体酸的 Hammett 酸度函数 H_0范围。例如，某一固体酸能使蒽醌($pK_\alpha = -8.2$)指示剂变色，但不能使间硝基甲苯($pK_\alpha = -11.9$) 变色，则该固体酸的 Hammett 酸度函数范围为$-11.9<H_0<-8.2$。100%的硫酸对应的 Hammett 酸度函数 H_0为-11. 9，通常将酸性比 100%的硫酸更强(即 $H_0<-11.9$)的固体酸称为超强酸。

通过用比指示剂更强的碱(常用正丁胺)进行滴定，与指示剂的共轭酸 BH^+反应，可使之恢复到碱型色。根据到达等当点时所消耗的正丁胺的量，可以求出 Hammett 酸度函数小于 H_0的酸量。

需要指出的是，多数情况下，固体表面可能有不同强度的酸性位。如果选用 pK_α值不同的几种指示剂进行滴定测试，即可测出不同Hammett酸度函数下的酸量，进而作出酸分布曲线。

指示剂滴定法测得的是 Bronsted 酸和 Lewis 酸酸量的总和。如果要对不同类型的酸中心进行测量，则需要用吡啶吸附红外光谱等方法。

根据催化剂的组成特点，可以将固体酸催化剂分为固载化液体酸、氧化物型固体酸、沸石分子筛、杂多酸及盐(HPA)、固体超强酸、离子交换树脂、炭基固体酸催化剂等。以下对典型固体酸催化剂及应用进行介绍。

表 5.1.1 **典型固体酸催化剂及应用**

催化剂类型	催化剂代表
固载化液体酸	HF/Al_2O_3，BF_3/Al_2O_3，H_3PO_4/硅藻土
氧化物	简单：Al_2O_3，SiO_2，B_2O_3，Nb_2O_3 复合：$Al_2O_3-SiO_2$，Al_2O_3/B_2O_3
硫化物	CdS，ZnS
金属盐	磷酸盐：$AlPO_4$，BPO_4 硫酸盐：$Fe_2(SO_4)_3$，$Al_2(SO_4)_3$，$CuSO_4$
沸石分子筛	ZSM-5 沸石，X 沸石，Y 沸石，B 沸石，丝光沸石 非沸石分子筛：AlPO SAPO 系列
杂多酸	$H_3PW_{12}O_{40}$，$H_4SiW_{12}O_{40}$，$H_3PMo_{12}O_{40}$
阳离子交换树脂	苯乙烯-二乙烯基苯共聚物，Nafion-H
天然黏土矿	高岭土，膨润土，蒙脱土
固体超强酸	SO_4^{2-}/ZrO_2，WO_3/ZrO_2，MoO_3/ZrO_2，B_2O_3/ZrO_2

5.1.2 典型固体酸催化剂及应用

5.1.2.1 固载型固体酸

将酸催化剂与特定多孔载体的表面键联，可实现催化剂的固定化(immobilization)，即得到固载型固体酸。最常用的载体是硅胶，因为其容易生产，成本低，可以制备成不同孔隙结构，而且具有丰富的表面羟基，容易通过嫁接多种官能团实现表面的功能化。目前，人们已经成功地将多种酸性催化剂负载在硅胶上，包括氯化铝、氟化硼、高氯酸、硫酸及不同类型的磺酸等。

1. 硅胶负载型金属卤化物

$AlCl_3$是得到了广泛应用的 Lewis 酸，其可以溶于很多有机溶剂，且价格低廉。但是，由于其酸性过强，常会导致发生不期望的副反应。而且，反应结束后，要通过破坏性的水淬(water quench)法实现其分离，从而导致产生大量有毒废物。而将 $AlCl_3$固定在硅胶载体上，则可能很容易地实现催化剂的分离和重复利用。通过将干燥的 $AlCl_3$和硅胶载体在甲苯中回流，可以在载体表面形成强B酸和L酸位点，可能的原因是在表面形成了Si-O-$AlCl_2$结构(式5.1.6、式5.1.7)。硅胶负载的$AlCl_3$催化剂对于胺和α，β-不饱和羰基化合物之间的Michael加成反应具有很高的催化效率(式5.1.8)[2]。

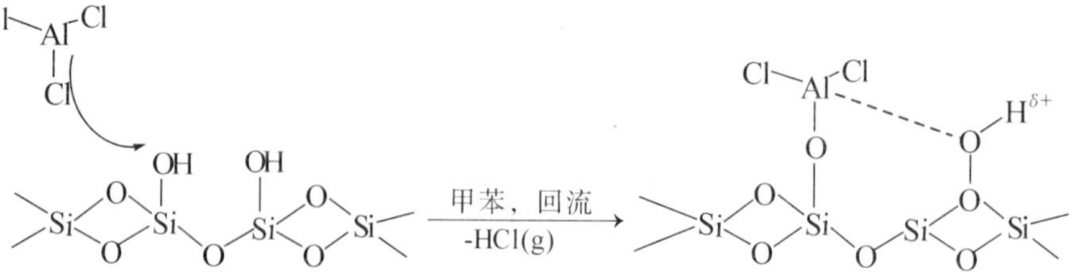

甲苯，回流
-HCl(g)

(5.1.6)

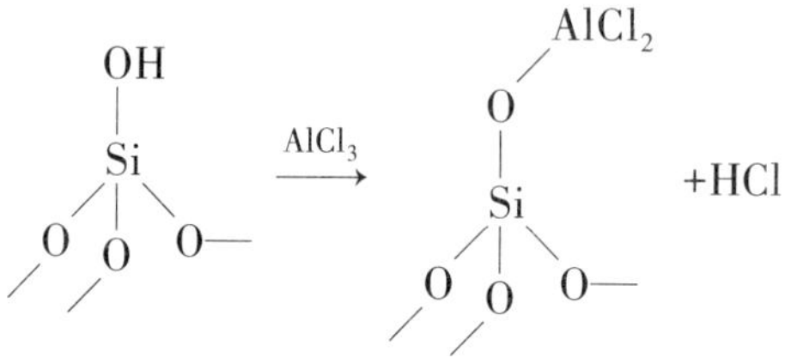

$AlCl_3$ +HCl

(5.1.7)

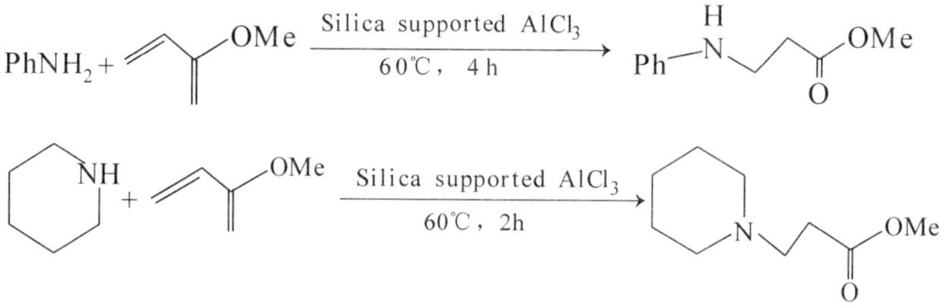

Silica supported $AlCl_3$
60℃，4h

Silica supported $AlCl_3$
60℃，2h

(5.1.8)

BF_3也是常用的Lewis酸催化剂，其同样也可以嫁接到硅胶表面，形成Si-OBF_2表面基团。硅胶负载的BF_3是温和的固体酸，可以应用于酯化、Claisen - Schmidt缩合及酚的烷基化等反应。此外，SbF_3也可以以共价键嫁接到硅胶表面，与非负载的形式相比，硅胶负载的催化剂相对稳定。

$ZnCl_2$具有很强的吸湿性，将其负载在硅胶上，则可显著提高稳定性，且不降低该Lewis酸催化剂的活性。该催化剂对于在乙腈中合成药物中间体二氢嘧啶酮的反应具有较好催化性能(式5.1.9)。硅胶负载的其他金属的卤化物酸催化剂，如$ZnBr_2/SiO_2$，$SnCl_4/SiO_2$和$TiCl_4/SiO_2$等，也都有文献报道[2]。

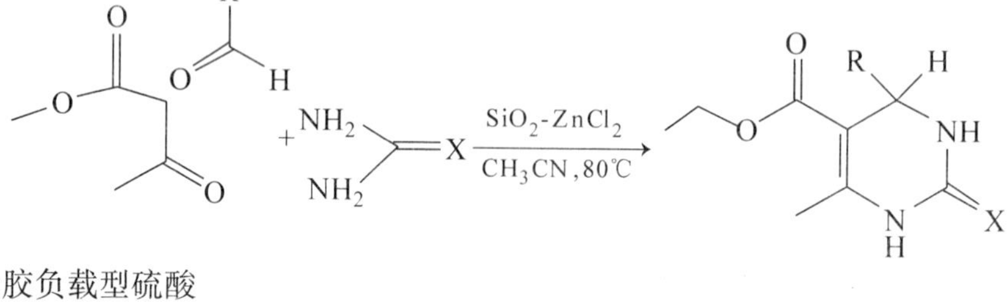

SiO_2-$ZnCl_2$
CH_3CN,80℃

(5.1.9)

2. 硅胶负载型硫酸

硅胶硫酸(silica sulfuric acid)催化剂可以通过将硫酸浸渍到硅胶上[3]，或者通过氯磺酸与硅胶通过表面键联反应(式5.1.10)等方法制备[4]。硅胶硫酸是一种优异的质子来源，可以用于一系列的有机反应，包括醇醛缩合、缩醛化、醇氧化和仲胺的亚硝化等[2]。Zolfigol[4]等人在硅胶硫酸和湿二氧化硅(Wet SiO_2)存在的情况下，在甲苯中实现了缩醛或缩酮的脱保护基，得到相应的羰基化合物(式5.1.11)。

$$\boxed{SiO_2}\text{-OH}+ClSO_3H(\text{neat})\xrightarrow{\text{r. t.}}\boxed{SiO_2}\text{-OSO}_3H+HCl\uparrow \tag{5.1.10}$$

$$\begin{matrix}R_3-O \\ R_4-O\end{matrix}\!\!>\!\!\begin{matrix}R_1\\R_2\end{matrix}\xrightarrow[\text{Wet }SiO_2\ (60\%),\ \text{Toluene},\ 60\text{-}70℃]{\boxed{SiO_2}\text{-OSO}_3H} R_2\text{-}C(=O)\text{-}R_1 \tag{5.1.11}$$

3. 硅胶负载型磺酸

近年来，有机-无机杂合物(hybrid)固体酸得到了较多研究，特别是介孔硅胶负载的磺酸。通过后嫁接(post-grafted)或直接共聚的方法，可以将巯基官能团-R-SH以共价键结合在介孔硅胶上，再使巯基氧化，即可得到磺酸官能化的介孔硅胶。Chen[5]等人通过正硅酸乙酯(TEOS)与3-巯基丙基三甲氧基硅烷(MPTMS)水解产物的水热共聚反应(反应体系中同时存在H_2O_2)，合成了含丙基磺酸官能团的介孔SBA-15(图5.1.1)，可用于长链羧酸与甲醇的酯化反应，合成生物柴油。Paul[6]等人则通过硅胶与MPTMS在甲苯中回流，MPTMS与硅胶的表面羟基反应，使巯丙基嫁接到硅胶表面，再用H_2O_2将巯基氧化，即得到表面丙基磺酸官能化的硅胶。该催化剂用于嘧啶并[4，5-d]嘧啶类化合物的合成(式5.1.12)，分离收率达到95%，且催化剂稳定，循环使用五次未观察到失活。

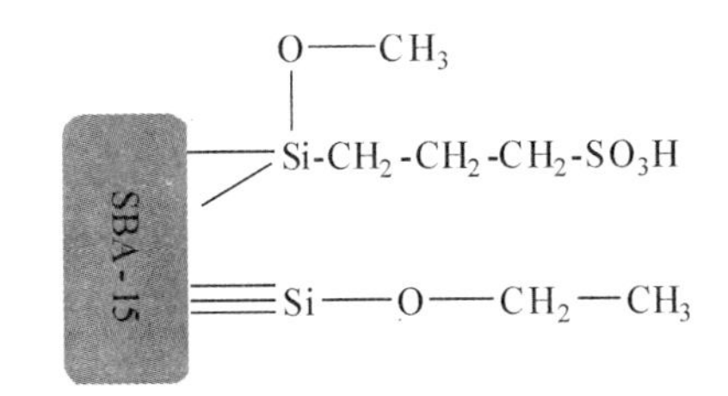

图5.1.1　丙基磺酸官能化SBA-15结构示意图

$$\text{R-C}_6\text{H}_4\text{-CHO} + H_2N\text{-}C(=O)\text{-}NH_2 + \text{Ar-}C(=O)\text{-}CH_3 \xrightarrow[CH_3CN,\ 80℃]{(\boxed{SiO_2}\text{-O})_3\text{Si-}(CH_2)_3\text{-}SO_3^-H^+,\ KHSO_4} \text{嘧啶并[4,5-d]嘧啶产物} \tag{5.1.12}$$

4. 硅胶负载型高氯酸

将高氯酸浸渍到硅胶上，可制得硅胶负载的高氯酸催化剂。该催化剂近些年得到了较多的注意，因为制备方法简单，可回收利用，且在很多有机合成反应中具有较好的催化效果。如醇或醛的酰化、Ferrier 重排、吲哚与醇或醛的亲电取代和四取代咪唑合成等[2]。Shaterian[7]等人以硅胶负载的 $HClO_4$为催化剂，以芳香醛、2-萘酚和乙酰胺为反应物，在微波无溶剂条件下合成烷基胺基萘酚衍生物，催化剂表现出良好的催化性能。例如，以苯甲醛为底物时，通过 75 min 反应，分离收率为 84%；而以高氯酸溶液为催化剂的情况下，通过 3 h 反应，分离收率为 80%。

CH_3CONH_2 + X—(C₆H₄)—CHO + (2-萘酚, OH) $\xrightarrow[\text{微波，无溶剂}]{HClO_4\text{-}SiO_2}$ (产物: OH, NH, H_3C, O, X)

X = H，Cl，F，OMe，NO_2，Me

(5. 1. 13)

5. 1. 2. 2　氧化物型固体酸

氧化物型固体酸是早期常用的固体酸，被用于脱氢、氧化、氨解氧化、聚合和烷基化等反应。氧化性固体酸包括氧化铝、硅胶、一些过渡金属氧化物、氧化硅-氧化铝的复合物等。一般来说，氧化物体相中的中心原子是和氧原子饱和配位的，但表面的中心原子则处于不饱和配位状态，因此，这些位点具有非常高的自由能，非常不稳定，倾向于与环境中的分子发生表面反应，例如，与空气中的水反应，生成表面羟基(图 5. 1. 2)，从而减少不饱和配位中心的数量。表面暴露的不饱和配位中心原子可以接受电子，因而是潜在的 Lewis 酸性位；而表面羟基则可以通过解离提供质子，因而是潜在的 Bronsted 酸性位[8]

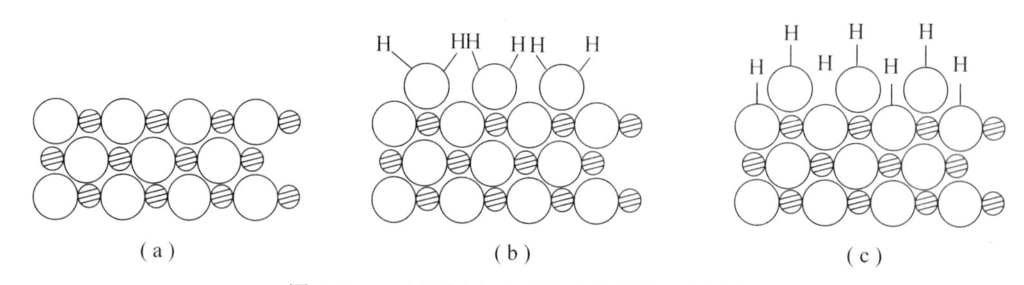

图 5. 1. 2　金属氧化物表面层的横断面示意图

⊜金属离子，○氧离子。(a)表面层中金属离子具有不足的配位数，因而表现为 Lewis 酸；(b)有水存在时，表面金属离子会首先趋向于同 H_2O 分子配位；(c)对于大多数氧化物强烈趋向于水分子的离解或/和化学吸附。

氧化物固体酸可以分为单一氧化物固体酸和多元复合氧化物固体酸，对于有些催化剂组分，多元复合物固体酸的酸性往往比单一氧化物强。例如，硅胶是非常弱的 Bronsted 酸[9]，对于 SiO_2-Al_2O_3的复合物，由于 Al^{3+}进入氧化硅的八面体骨架，导致体系电荷失去平衡，形成比硅胶强的 Bronsted 酸性位[8]。近年来，Mo-Zr、W-Zr、Nd-Zr、Zn-Si、Ti-Si 等复合氧化物催化剂体系得到了大量研究[10]。虽然氧化物型固体酸逐渐被其他新型固体酸催化剂取代，但由于其具有高比表面积和良好的热稳定性等优点，在一些催化过程中仍然得到应用。

5.1.2.3 沸石分子筛

沸石分子筛是一种结晶型微孔硅铝酸盐，其最突出的特点是表面具有均匀大小的孔道(窗口)，内部为一定形状和大小的空腔(笼或晶穴)，孔笼之间通过孔道相通。只有小于窗口直径的分子能够通过其进入孔笼后被吸附，而更大的分子被排除在外。因此，沸石分子筛具有分子水平的筛分能力，即具有形状选择性(shape selectivity)，也称择形性，分子筛由此得名。

沸石晶胞的化学式可表示如下：

$$M_{x/n} \cdot (AlO_2)_x \cdot (SiO_2)_y \cdot zH_2O$$

式中，M 为可交换金属阳离子，n 为其化合价。

沸石的基本结构可以从初级结构单元、次级结构单元和三维空间排列三个层次来理解。

沸石的初级结构单元是 SiO_4和 AlO_4四面体，统称为 TO_4四面体，T 原子位于四面体中心(图 5.1.3)，采取 sp^3杂化轨道与 O 原子成键。在分子筛中，每个 T 原子都与四个 O 原子配位，相邻四面体之间通过共享顶点 O 原子(氧桥)而连接在一起，构成分子筛的骨架，且连接方式遵循如下规律：四面体中的每个 O 原子都是共用的；相邻的两个四面体之间只能共用一个氧原子；两个 AlO_4四面体不直接相连(即 Lowenstein 规则)。SiO_4四面体为电中性，而 AlO_4带有一个负电荷，因此分子筛结构中需要额外的金属离子 M 来平衡骨架电荷。

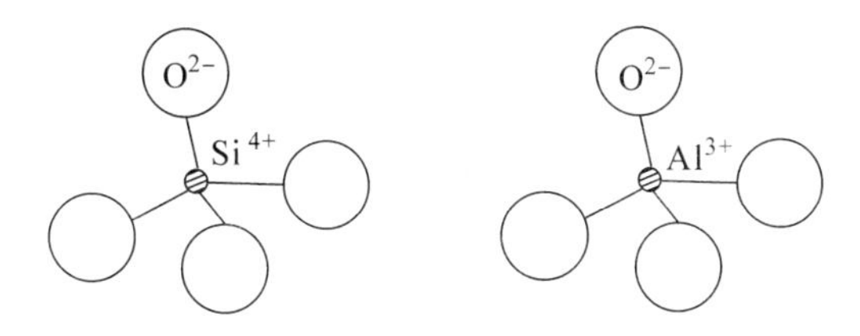

图 5.1.3 硅氧四面体与铝氧四面体(一级结构单元)

沸石的次级结构单元是由初级结构单元 TO_4四面体按不同的连接方式组成的多元环(图 5.1.4)，如由四个四面体组成四元环，由两个四元环组成双四元环。此外，还有六元环、八元环、十二元环、十八元环等。环的中间构成孔，各种环的孔径不同，如四元环为 1Å，六元环为 2.2Å，八元环为 4.2Å，十二元环为 8~9Å[11]。这些孔道是外来分子进入沸石的通道，其大小决定了对分子的筛分作用。

多个多元环再通过氧桥相互连接，形成三维骨架的笼状结构单元，这是构成沸石分子筛的主要结构单元(图 5.1.5)。不同的分子筛骨架会含有相同的笼状结构单元，即同一笼状结构单元通过不同的连接方式会形成不同的骨架结构类型。笼状结构相互连接，形成不

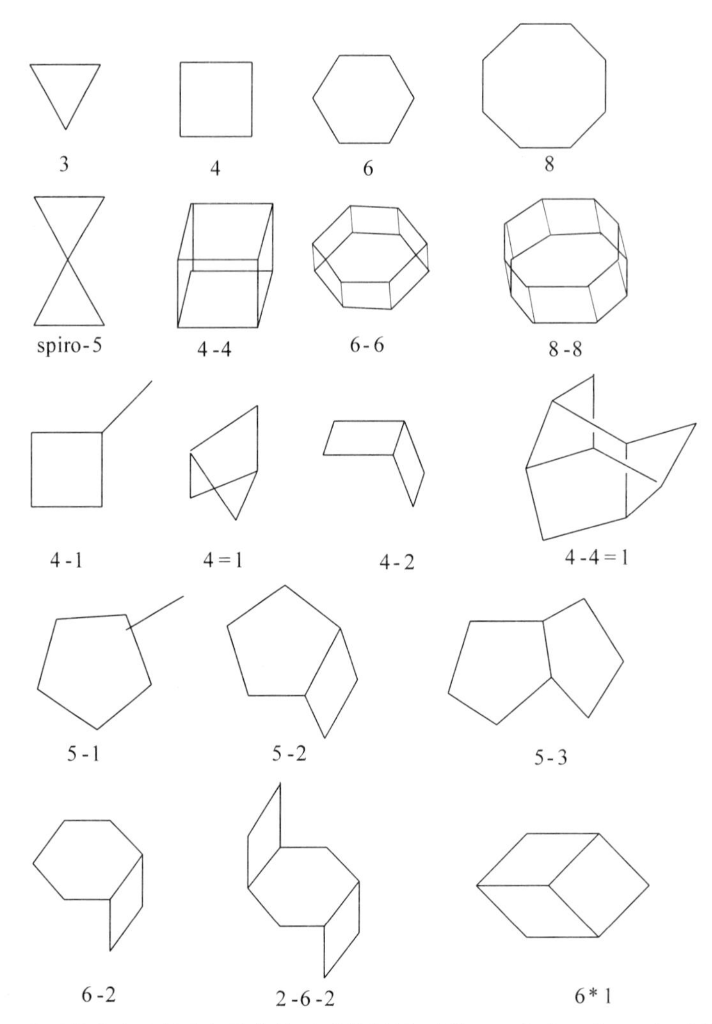

图 5.1.4　分子筛中常见的次级结构单元及其符号(例如：3 代表三个 TO_4组成的三元环；4-4 代表两个四元环；5-1 代表一个五元环和一个 T 原子)。

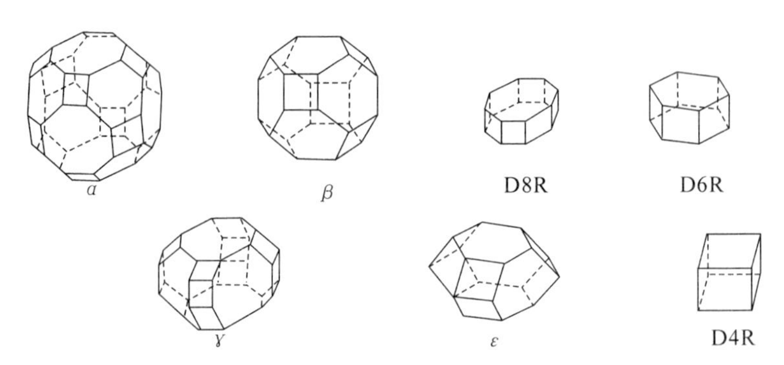

图 5.1.5　分子筛中骨架中存在的典型灯笼形结构单元

同的空间结构，可以构成多种类型的分子筛，如 A 型沸石、八面沸石、丝光沸石、ZSM-5 沸石等(图 5.1.6)。目前已经报道的分子筛种类超过了 200 种。

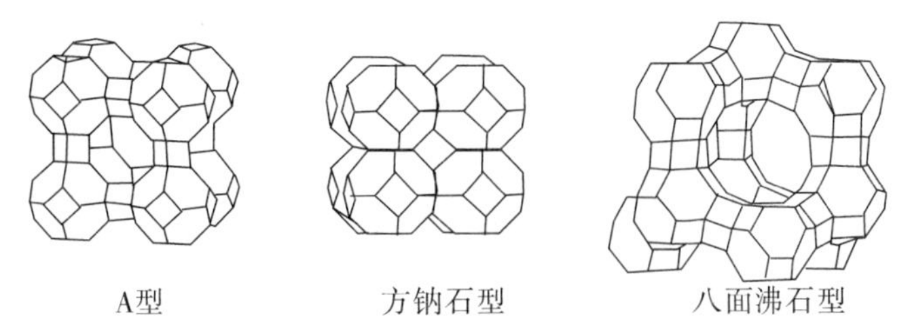

图 5.1.6　典型分子筛结构

除了硅铝酸盐分子筛外，还存在磷酸铝($AlPO_4$-n)分子筛，其初级结构单元为 AlO_4 四面体和 PO_4 四面体，两者严格交替，以及 Si 取代的磷酸铝分子筛(SAPO-n)。此外，钛硅分子筛也是近年来的研究热点，如 TS-1、TS-2 等系列，可以看成是硅分子筛骨架中掺入杂原子钛所形成。

沸石分子筛在催化领域得到大量的应用，除了因为其具有较高的比表面积和择形催化效应之外，酸性也是非常重要的原因。沸石具有 Bronsted 酸性位和 Lewis 酸性位，离子交换会促进两种酸性位的产生。

Bronsted 酸性位可以通过如下方法产生：直接用质子与沸石中起平衡电荷作用的阳离子交换；先用铵根离子与阳离子进行交换，再通过焙烧使铵根分解，在表面留下质子；与多价(polyvalent)阳离子交换，再通过多价阳离子的水解在表面上产生质子；与可还原的金属离子交换，通过金属离子在氢气中还原，在表面上形成质子[12]。四面体配位的 Si 或 Al 原子上连接的-OH 是研究最为广泛的 Bronsted 酸性位，其取决于沸石的结构、Si/Si 比以及沸石的孔道和笼的几何结构，沸石的限制效应(confinement effects)对于其孔内表面酸性的衡量起到重要作用。

Lewis 酸性位可以通过沸石骨架在高温下脱水(dehydration)产生，在这个过程中 Bronsted 酸性位发生脱羟基(dehydroxylation)反应(图 5.1.7)。通过水蒸气处理，使骨架 Al 原子脱离，形成骨架外 Al 物种(图 5.1.8)，也可以形成 Lewis 酸性位。此外，在孔道

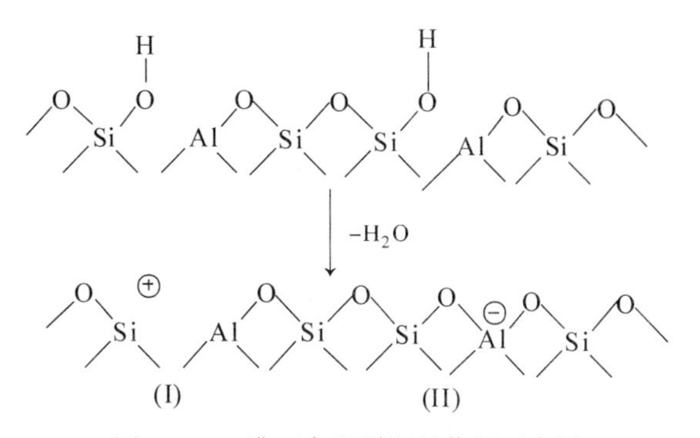

图 5.1.7　沸石高温脱羟基作用示意图

和笼中导入多价阳离子或者多电荷物种(multiply-charged species)，也能在沸石中形成 Lewis 酸性位[12]。

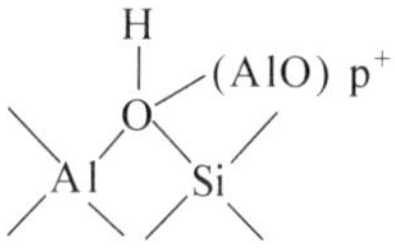

H
O
$(AlO)\ p^{+}$
Al　Si

图 5.1.8　骨架外 Al 形成 Lewis 酸性位

沸石的酸性在 20 世纪 50 年代被发现，1961 年出现了相关的选择性裂化催化剂的专利，到了 1969 年，已经有 90%的美国炼油公司和 25%的欧洲炼油公司使用沸石作为裂化催化剂。经过多年的发展，沸石催化裂解已经形成了成熟的工艺。例如，以不同类型的沸石或改性沸石为催化剂，可以将重质油、石脑油以及气态碳氢裂化为低碳烯烃。流化床催化裂化(fluid catalytic cracking，FCC)装置可以生产 3wt.%~6wt.%的丙烯和 1wt.%~2wt.%的乙烯，目前，世界上 30%左右的丙烯是通过 FCC 过程生产，60%~65%是通过蒸汽裂化(steam cracking)过程生产[13]。使用沸石作为 FCC 裂化催化剂，可以显著提高低碳烯烃的产率。使用 HZSM-5 作为催化剂，由于其正弦孔的择形效应，使氢转移反应最小化，抑制了双分子反应，从而促进了裂解反应。而且，酸性能显著影响反应的选择性，高酸性沸石有利于大分子烯烃裂化成气态小分子，而低酸性沸石则有利于异构化反应[13]。

此外，沸石分子筛在其他石油化工生产中也有着非常广泛的应用，如异构化、烷基化以及污染物的催化控制等(表 5.1.2)。

表 5.1.2　**沸石在石油化工催化中的应用[14]**

催化反应	工业过程	目标描述	沸石催化剂
催化裂化	FCC	将高沸点、高分子量的原油组分转化成汽油、烯烃和其他产物	REY，USY，ZSM-5
氢化裂解	MPHC	生产高质量汽油	NiMo 或 NiW/USY
蜡油加氢处理	MIDW	通过催化脱蜡最大化生产石油馏分	Ni，W 或 Pt/Y
润滑油加氢精制	MDDW，MLDW，MSDW	汽油催化脱蜡	ZSM-5
烷烃选择性裂解	选择重整	从石脑油生产高辛烷值汽油	毛沸石
烷烃裂解与芳烃烷基化	重整	提高汽油辛烷值	ZSM-5
正烷烃加氢异构化	TIP，CKS	将正戊烷、正己烷转化成异丁烷，以提高汽油辛烷值	Pt/MOR，Pt/FRR
烯烃齐聚	MOGD	将低碳烯烃转化成汽油	ZSM-5
甲醇脱水制汽油	MTG	从甲醇生产汽油	ZSM-5

续表

催化反应	工业过程	目标描述	沸石催化剂
甲醇脱水制烯烃	MTO/MTP，S-MTO/MTP，DMTO	从甲醇生产低碳烯烃	SAPO-34，ZSM-5
C_4-C_8烯烃催化裂解	FCFCC，INDMAX，DCC，OCC	将 C_4-C_8烯烃转化成低碳烯烃	Y，ZSM-5
二甲苯异构化	MLPI，MVPI，MHTI，XyMax	将邻-、间-二甲苯或乙苯转化成对-二甲苯	ZSM-5，Pt/Al_2O_3/MOR
甲苯歧化	Tatoray，MTDP，S-TDT，	从甲苯生产苯和二甲苯	ZSM-5，MOR
甲苯择形歧化	MSTDP，PxMax，SD	从甲苯生产对-二甲苯	ZSM-5
重芳烃烷基转移	TransPlus，Tatoray，HAP	从 C_{9+}生产二甲苯	ZSM-5，MOR，β
苯和乙烯烷基化	MEB，EBMax，EB One	生产乙苯	ZSM-5，Y，β，MCM-22
苯和丙烯烷基化	Mobile-badger，Q-Max，CDcumene，3DDM，MP	生产异丙苯	MCM-22，MgSAPO-31，USY，MOR，B/β，MCM-56
芳构化	M2-重整，Cyclar，Z-重整，Aroforming	从低碳烷烃和烯烃生产芳烃	ZSM-5，Ga/MFI，Pt/KL
选择性催化氧化	丙烯环氧化 丙烯水合与氧化 苯水合与氧化	从丙烯生产环氧丙烷 从丙烯生产异丙醇 从苯生产苯酚	TS-1，TS-2，Ti-MWW

5.1.2.4 杂多酸

杂多酸(heteropolyacids，HPAs)是由两种或者两种以上的特定无机含氧酸缩合而形成的一类复杂多元含氧酸的总称，其由中心原子和配位原子按照一定的空间结构通过氧原子配位桥链接组成[15]。杂多酸化合物必须含有以下元素：

①中心原子，俗称杂原子(hetero atom)，由元素周期表的 p 区元素组成，如 Si、P、As、Fe、Co、Ge 等；

②配位原子，俗称多原子(addenda atom)，如 Mo、W、V、Nb、Ta 等金属原子；

③O 原子；

④酸性 H 原子。

按阴离子结构，杂多酸可分为 Keggin(杂原子与多原子的个数比为 1 : 12)、Dawson

(杂原子与多原子的个数比为2∶18)、Anderson(杂原子与多原子的个比为1∶6)及Waugh(杂原子与多原子的个数比为1∶9)等类型。目前最常用的是Keggin型杂多酸。Keggin离子结构通式可表示为$[XM_{12}O_{40}]^{n-}$(X为杂原子，M为多原子)。Keggin离子中心是一个XO_4四面体，周围由12个MO_6八面体包围，杂原子和多原子共用角氧和边氧(图5.1.9)。常见的Keggin型杂多酸有$H_3PW_{12}O_{40}$(HPW)、$H_4SiW_{12}O_{40}$(HSiW)、$H_3PMo_{12}O_{40}$(HPMo)和$H_4SiMo_{12}O_{40}$(HSiMo)等。杂多酸对醇、酮、醚、酯、胺等极性分子有较强的亲和力，因而有利于极性分子在表面上进行反应。同时，极性分子还可扩散到杂多酸阴离子的晶格间进入体相内反应，从而具有类似均相催化反应的特点，即杂多酸所特有的“假液相”催化环境[16]。

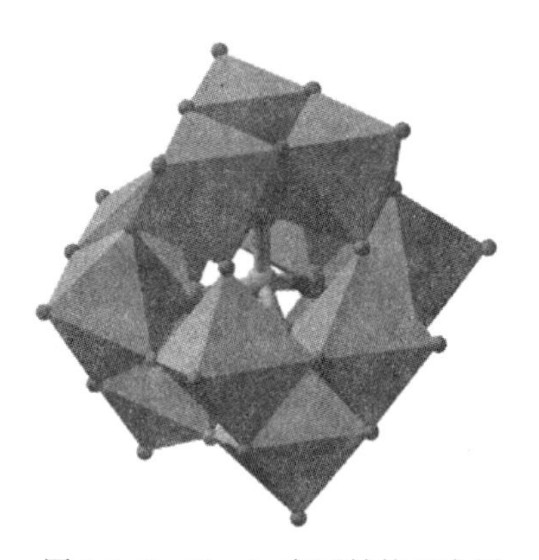

图5.1.9 Keggin离子结构示意图

杂多酸是强Bronsted酸，比它们的组成元素对应的简单含氧酸酸性强。目前已成为工业催化生产中常用的固体酸催化剂，已被应用到水合、烷基化、酰基化、醚化，缩合反应等多个领域。作为替代性强酸催化剂，大大消除或降低了传统酸催化剂带来的设备腐蚀及环境污染的问题。1972年，日本首次以硅钨酸作为酸催化剂催化丙烯水合制异丙醇，实现了大型工业化生产。此后，各国相继实现了异丁烯水合、正丁烯水合、脱氢、四氢呋喃开环聚合、醇与酸的酯化等催化工艺的工业化[17]。

为了提高杂多酸的比表面积，可以将杂多酸负载在多孔载体(如硅胶、活性炭、黏土、氧化铝等)上。王恩波等[18]将磷钨酸和硅钨酸以及A-$H_8SiW_{11}O_{39}$固载在活性炭上，采用液相连续法合成乙酸乙酯，产品中粗酯含量达到95%以上，选择性接近100%。催化剂不腐蚀设备，且连续使用90天未见活性明显降低。楚文玲等[19]用浸渍法将HAP分别负载到几种不同原料(椰壳、山楂核、山桃核和煤)制备的活性炭上，用于乙酸与丁醇酯化反应，发现在负载型催化剂上酯化率90%~98%，而在非负载性催化剂上酯化率只有50%~60%；且杂多酸负载在煤质活性炭上最为牢固，催化剂活性最高，寿命最长，在使用过程中基本不会溶脱。

除了酸性外，杂多酸还具有氧化性。杂多酸中的杂原子一般以最高氧化态存在，这些高价态原子通过氧桥链的形式形成特殊的结构。杂多酸结构在氧化反应中表现得非常稳定，在接受6个电子时仍能保持结构不变，这赋予了杂多酸(盐)可逆的氧化还原性，可作为优秀的电子储体[17]。

5.1.2.5 离子交换树脂固体酸

离子交换树脂是一类具有网状结构和不溶性的高分子化合物，用作固体酸催化剂的主要是指阳离子交换树脂。离子交换树脂的溶解性很弱，能耐酸、碱和有机溶液，而且有很好的坚固性，在水处理、食品、制药、石油工业等领域有着广泛的应用。目前研究和应用最多的是大孔聚苯乙烯磺酸阳离子交换树脂和全氟磺酸树脂。

1. 聚苯乙烯磺酸树脂

聚苯乙烯磺酸树脂主要含有二乙烯基苯(DVB)和乙烯基苯单体结构，且高分子基体上带有磺酸基($-SO_3H$)官能团(作为 Bronsted 酸性位)。单体的组成与交联程度决定了阳离子交换树脂的孔径与比表面积，而且也决定了树脂的膨胀属性，从而影响了催化反应中底物分子能否到达内部酸性位。催化反应中用得较多的代表性聚苯乙烯磺酸树脂是 Amberlyst-15($H_0=-2.2$)。

甲基叔丁基醚(MTBE)等醚类化合物是汽车内燃机的防爆剂，可由甲醇与异丁烯在离子交换树脂催化下反应合成，Amberlyst-15、Dowex-M32 等大孔磺酸树脂已用于大规模生产 MTBE[20]。大孔离子交换树脂 Amberlyst-15 和 Indio 130 也可以用来催化甲醇与二环戊二烯(dicyclopentadiene)的反应，生成浓花香味的不饱和醚(式 5.1.14)[21]。在 110℃下，反应 6 h，二环戊二烯的转化率可达 99%。

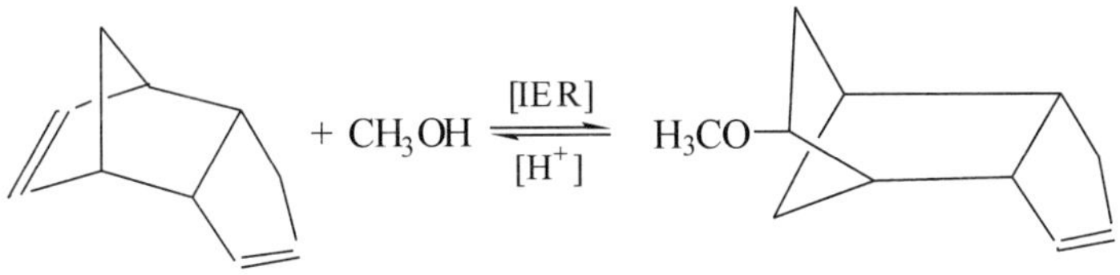

$$+ \ CH_3OH \xrightleftharpoons[[H^+]]{[IER]} H_3CO- \qquad (5.1.14)$$

2. 全氟磺酸树脂

全氟磺酸树脂是带磺酸基的全氟碳聚合物(图 5.1.10)，由美国杜邦公司于 20 世纪 60 年代发明并实现商业应用，商品名为 Nafion。一般用作催化剂的都是 Nafion 的酸型(Nafion-H)。由四氟乙烯和全氟-2-(磺酰氯乙氧基)异丙基乙烯基醚共聚，得到全氟磺酰氯树脂，再经过水解，即可得到末端为-$CF_2CF_2SO_3H$ 的 Nafion 树脂。由于分子中引入了电负性最大的氟原子，产生了很强的场效应和诱导效应，Nafion-H 树脂的酸性很强，酸度函数 $H_0=-11\sim-13$，属于超强酸，比普通磺酸树脂强得多。但 Nafion 的酸量不及普通磺酸树脂(如 Amberlyst-15 的交换当量约为 4.7 mmol/g，约是 Nafion 的 5 倍)。由于含有全氟取代的碳链骨架，Nafion 树脂具有高度化学稳定性和热稳定性，耐强酸、强碱以及氧化剂和还原剂，最高耐受温度可达到约 200℃[22]，对于需要高温和强酸催化的反应，Nafion 具有

$$[(CF_2CF_2)_nCFCF_2]_x$$
$$|$$
$$(OCF_2CF)_mOCF_2CF_2SO_3H$$
$$|$$
$$CF_3$$

$m=1, 2, \text{or } 3;\ n=6\text{–}7;\ x\approx 1000.$

图 5.1.10 Nafion 结构示意图

较大优势。但 Nafion 的缺点是比表面积很低，制约了其催化性能，特别是影响了其在非溶胀剂和气体体系中的应用。1996 年，杜邦公司的研发人员开发了 Nafion/SiO_2纳米复合材料，将 Nafion 树脂复合在多孔 SiO_2网络中，通过改变硅源(如硅氧烷或硅酸钠)及 Nafion 的用量，可改变树脂在其中的分散度和微观结构，达到调控催化行为的目的[23]。

Xu[24]等人研究了 Nafion 催化的醇的 Koch 反应，在 160℃高温、9 MPa CO 下，2-甲基-2-丙醇，1-戊醇和 1-金刚醇转化为相应的羧酸，转化率分别为 62.5%，64.6%，76.9%。

杜邦公司的研发人员比较了 Nafion、Nafion/SiO_2和 Amberlyst-15 三种离子交换树脂对苯的烷基化反应(生成异丙基苯)的酸催化行为(式 5.1.15)，发现 Nafion/SiO_2活性最好，反应速率最快(表 5.1.3)[23]。

$$\text{C}_6\text{H}_6 + H_3C—HC{=}CH_2 \xrightarrow[\text{Or Amberlyst-15 60℃}]{\text{Nafion Or Nafion/SiO}_2} \text{C}_6\text{H}_5\text{CH(CH}_3)_2 \qquad (5.1.15)$$

表 5.1.3　**固体酸催化苯丙基化合成异丙苯反应速率(常压，60℃)**

催化剂	13%Nafion/SiO_2	NR50	Amberlyst-15
反应速率常数(mM /(g_{cat} · h))	1.98	0.30	0.61
反应速率常数(mM /(meqH^+ · h))	16.50	0.34	0.41
酸容量(meqH^+/g)	0.12	0.89	4.4

5.1.2.6　炭基固体酸

炭基固体酸是含有磺酸基的炭材料，2004 年由日本东京工业大学的 Hara 课题组首次报道[25]。该工作中，研究人员用浓硫酸高温(200~300℃)处理多环芳烃(例如萘)，得到磺化的炭化材料(图 5.1.11)，化学组成为 $CH_{0.35}O_{0.35}S_{0.14}$，酸量可达 4.9mmol/g，远高于 Nafion(0.93mmol/g)，其在甲酸乙酯合成反应中的活性也要优于 Nafion。此后，该课题组还将葡萄糖、蔗糖等高温炭化后，再用浓硫酸或发烟硫酸进行磺化处理，得到固体酸催化

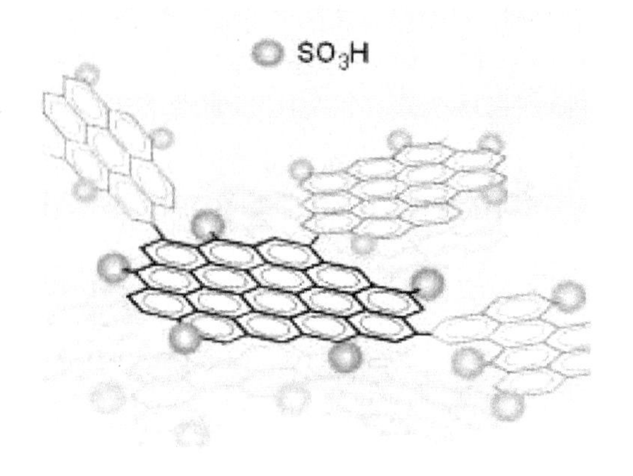

图 5.1.11　炭基固体酸结构示意图

剂，用于高酸值油脂的降酸，具有较理想的效果，并且表现出良好的热稳定性和化学稳定性[26]。

由于炭基固体酸具有较高的酸量和较高的比表面积，还具有亲有机物的特点，在反应中催化效率高，且易回收和重复利用，近几年得到了大量研究。目前炭基固体酸催化剂的制备方法主要是炭化磺化法，所选用的碳源材料包括煤、生物质、树脂以及有机化学试剂等。

娄文勇等以纤维素为原料，经不完全炭化和磺化制得高酸量(1.69 mmol/g)的固体酸催化剂，在油酸与甲醇的酯化反应中的活性明显高于铌酸、Amberlyst-15 和硫酸化氧化锆。同时，该催化剂还能高效催化棕榈酸、硬脂酸以及高酸值废油脂(含较多脂肪酸)与甲醇的酯化反应，收率可达95%，并且连续使用30批次后仍能保持90%以上催化活性，表现出极好的稳定性[27]。乌日娜[28]等人以生物质木粉为原料制备了炭基固体酸催化剂，在油酸与甲醇的酯化反应中同样表现出很高活性，酯化率达到96%，重复利用性较好。

Clark 等采用淀粉为原料，通过膨化、老化及炭化等多个步骤制备了具有高比表面积、同时含有微孔和介孔的炭材料，对这一介孔材料进行磺酸功能化，并将其应用于烷基化、醚化、酰化以及酯化反应等多种化学反应中，均取得良好的催化效果[27]。

5.1.2.7 黏土基固体酸

黏土是铝硅酸盐矿物，其表面具有不同程度的 Bronsted 和 Lewis 酸性位，其中较多用作酸催化剂的是蒙脱石类黏土。蒙脱石是一种含水层状铝硅酸盐黏土，其单位晶胞是由两个硅氧四面体层夹一个铝氧八面体层组成的 2∶1 型层状结构(图 5.1.12)。由于同晶置换现象的存在，黏土层上一般带有负电荷，为使电荷平衡，必须吸附阳离子。这部分被吸附的阳离子具有可交换性。

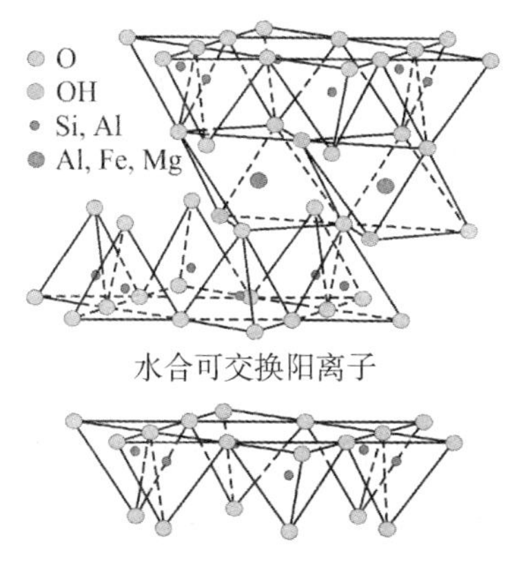

图 5.1.12 蒙脱石层状结构示意图

早在20世纪初，人们用酸处理蒙脱石制得活性白土。20世纪30年代，活性白土被作为石油裂解的催化剂，大大提高了汽油的产率。后来因这类催化剂热稳定性较差，逐渐被分子筛催化剂所取代。但是，随着各种黏土改性技术的出现，与表面酸性相关的应用得到了大量研究。

柱撑法是常用的黏土改性方法，即用有机或无机大分子阳离子取代蒙脱石层间的可交换阳离子，经过一定处理，使阳离子像“柱子”一样支撑于蒙脱石层间。这样得到的材料称为柱撑黏土(pillared interlayered clays，PILCs)。柱撑黏土的比表面积和孔径大于改性前的原黏土材料，且材料的热稳定性也能得到提高。最常见的取代剂是Al、Fe、Cr、Ti和Zr等的聚合羟基阳离子，这些聚合阳离子可以通过相应的铁盐部分水解得到。离子交换后，通过干燥、焙烧等过程，外源性阳离子转化刚性的纳米尺度的金属氧化物，并与黏土的硅酸盐层发生不可逆的化学键联，形成永久的二维多孔网络结构(图5.1.13)。这种柱撑过程将一些金属元素引入了黏土层中，而且可产生一定数量的酸性位。此外，将一些简单金属离子或金属配合物插入黏土层间，也可能增加黏土的酸性[29]。

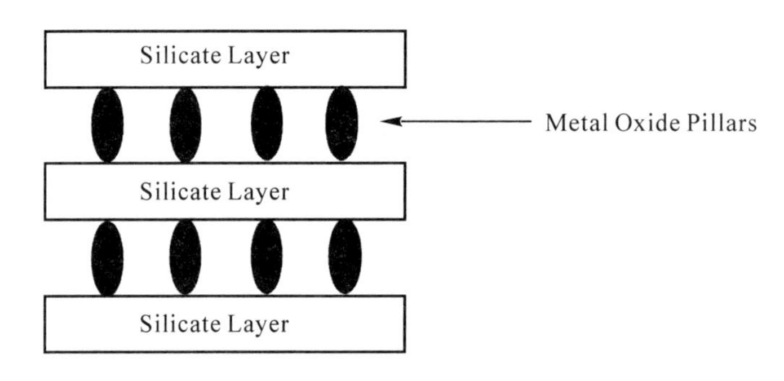

图5.1.13　柱撑黏土结构图

在催化反应中，(改性)黏土材料的酸性和孔径都能对催化行为产生影响。例如，对于植物油(芥花籽油)的裂化反应，孔径较小的HZSM-5沸石(0.54nm)有利于环化和氢转移反应，因而有机液态产物中有较大比例的芳香化合物，气态产物中有较大比例链烷烃；而孔径较大的Al-PILC(1.79nm)则有利于裂化反应，因而液态产物中有较大比例的脂肪化合物，气态产物中有较大比例的烯烃[30]。在化学品的催化合成应用中，改性黏土的孔结构和酸性也能同时起作用。Gil[31]等人分别以柱撑黏土Ti-PILC和沸石Y-82为催化剂，以1-苯乙醇的脱水反应合成3-氧杂-2，4-二苯乙烷(式5.1.16)。通过比较反应的转化率和有用产物的选择性，发现Ti-PILC显著优于Y-82，虽然后者具有更多的酸性位。这可能是因为前者有较大的孔径，有利于反应物分子到达孔内部的酸性位。

$$\mathrm{PhCH(Me)OH} \longrightarrow \mathrm{PhCH(Me)\text{-}O\text{-}CH(Me)Ph} \qquad (5.1.16)$$

5.1.2.8　SO_4^{2-}/M_xO_y固体超强酸

20世纪70年代末，日本科学家Hino[32,33]等人发现用H_2SO_4处理ZrO_2，再活化后可以得到固体超强酸($H_0 \leqslant -16.0$)，在烷烃异构化反应中有很好的催化作用。此后，人们对不同的硫酸化(sulfated)金属氧化物(SO_4^{2-}/M_xO_y)固体超强酸催化剂展开了广泛的研究，典型SO_4^{2-}/M_xO_y固体超强酸及酸度函数如表5.1.4所示[34]。

表 5.1.4 **固体超强酸及酸性强度**

催化剂(焙烧温度/℃)	最高酸性强度(H_0值)
SO_4^{2-}/SnO_2(550)	-18.0
SO_4^{2-}/ZrO_2(650)	-16.1
SO_4^{2-}/HfO_2(700)	-16.0
SO_4^{2-}/TiO_2(525)	-14.6
SO_4^{2-}/Al_2O_3(650)	-14.6
SO_4^{2-}/Fe_2O_3(500)	-13.0
WO_3/ZrO_2(800)	-14.6
MoO_3/ZrO_2(800)	-13.3
WO_3/SnO_2(1000)	-13.3
WO_3/TiO_2(700)	-13.1
WO_3/Fe_2O_3(700)	-12.5

SO_4^{2-}/M_xO_y固体酸的制备方法大体可以分为两种：两步法(沉淀浸渍法)和一步法(溶胶凝胶法)[35]。以SO_4^{2-}/ZrO_2(常简称SZ)为例，两步法和一步法分别如图5.1.14和图5.1.15所示。

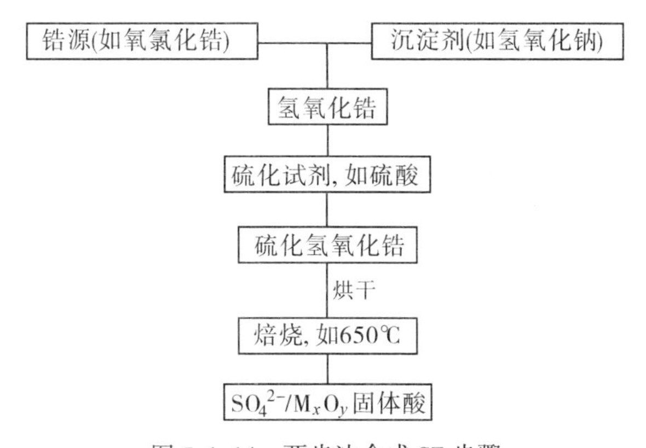

图 5.1.14 两步法合成 SZ 步骤

SO_4^{2-}在催化剂表面配位吸附，使M—O键上的电子云强烈偏移，形成强Lewis酸中心。并且当该超强Lewis酸中心吸附水分子后，对水分子中的电子存在强吸引作用，从而使其发生解离吸附并产生质子酸中心[36]。SO_4^{2-}/M_xO_y固体超强酸的酸性来源还没有定论，根据红外光谱分析，推测酸中心大致有以下几种结构模型(图5.1.16)：

虽然固体超强酸的酸性甚至比浓硫酸强，但前者具有容易与产品分离、无腐蚀性、对环境危害小、可重复利用等优点，这些优点使得固体超强酸在酯化反应、烷基化、酰基化

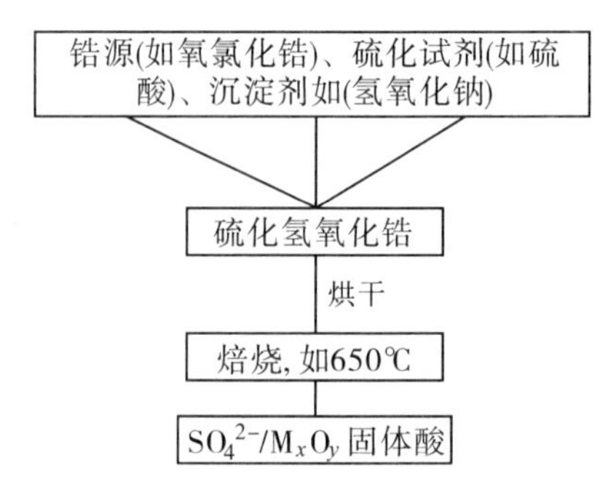

图 5.1.15　一步法合成 SZ 步骤

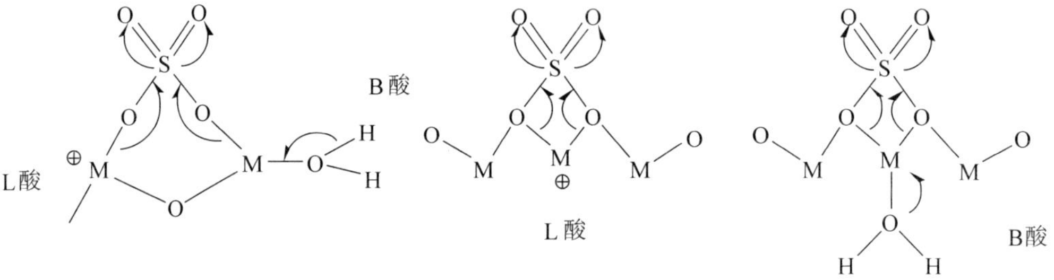

图 5.1.16　SO_4^{2-}/M_xO_y 固体超强酸结构模型

等酸催化领域得到越来越广泛的应用。

以傅-克反应为例(式(5.1.17))，传统傅-克反应需要消耗化学计量比的 Lewis 酸(如 $AlCl_3$、BF_3 等)，用于和形成的芳香酮配位。对于甲苯的苯甲酰化反应，以苯甲酰氯和苯甲酰酐为酰化试剂，固体超强酸可以起到较好的催化效果(表 5.1.5)，产物分布与以 $AlCl_3$ 为催化剂的均相催化过程相当[34]。

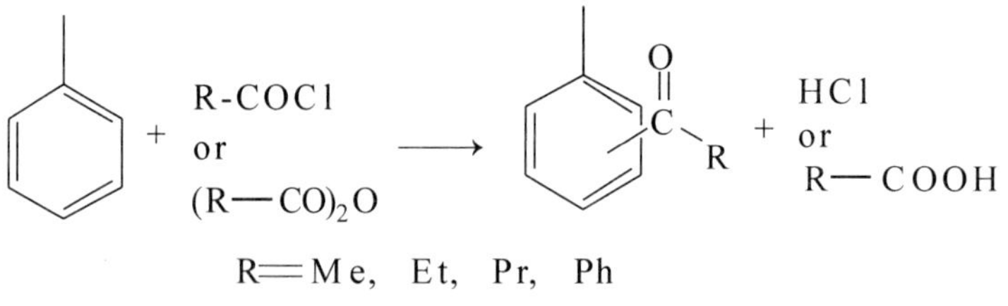

$$\text{PhCH}_3 + \text{R-COCl or (R—CO)}_2\text{O} \longrightarrow \text{CH}_3\text{C}_6\text{H}_4\text{C(=O)R} + \text{HCl or R—COOH} \quad (5.1.17)$$

R═Me, Et, Pr, Ph

表 5.1.5　**甲苯与苯甲酰氯和苯甲酰酐的傅-克反应**

催化剂	产率/%	
	$(Ph\text{-}CO)_2O$	Ph-COCl
SO_4^{2-}/ZrO_2	92	22
SO_4^{2-}/SnO_2	48	52
SO_4^{2-}/TiO_2	28	17
SO_4^{2-}/Al_2O_3	27	18

5.2 固体碱催化

5.2.1 固体碱催化概述

均相碱催化在很多化工反应中发挥着至关重要的作用，如烷基化、异构化、齐聚、环化、加成、加氢、脱氢、氧化等。在均相碱催化反应中，催化剂(如 NaOH 和 KOH)通常与反应物共同以液相的形式存在，可以促进反应的进行，但是，同时也存在明显的缺点。例如：碱液对设备造成腐蚀；催化剂与同为液相的反应物和产物难以分离和重复利用；对碱催化剂的酸洗和水洗过程会排放大量的污水。因此，为了适应绿色化学生产的需求，固体碱催化剂引起了越来越多人的关注。

固体碱是指具有接受质子(Bronsted 碱)或给出电子对(Lewis 碱)能力的固体物质[37]。碱强度 $H_- \geqslant 26$ 的固体碱称为超强碱。固体碱催化剂所具有的一般特征是：使酸性指示剂变色；酸性分子(如 CO_2)等可能会使催化活性降低或失去；与均相反应系统中的均相碱催化剂有类似的催化活性；使反应活化的主要方式是形成负碳离子中间体[38]。固体碱催化过程是多相反应过程，碱催化剂以固体的形式存在。与均相碱催化相比，固体碱催化剂易于与产物分离、再生与重复利用，也便于连续生产，使用后处理过程不会造成废碱液排放，催化剂对反应设备的腐蚀性小。此外，固体碱催化剂在特定化学反应中还表现出独特的催化性能，通过利用催化剂的几何空间效应和孔道择形效应可以提高反应的选择性，高活性的固体碱催化剂可以保证反应条件温和等。因此，作为均相碱催化的替代技术，固体碱催化得到了大量的研究和推广应用。

5.2.2 典型固体碱催化剂及应用

固体碱大致包括阴离子交换树脂、有机-无机复合固体碱和无机固体碱。其中，无机固体碱催化剂容易制备，能耐高温，而且碱强度分布范围较宽，得到了较多研究和应用。无机固体碱又可分为金属氧化物固体碱、负载型固体碱和水滑石及其衍生物类固体碱等。

5.2.2.1 阴离子交换树脂

阴离子交换树脂在水中可以离解出 OH^-，呈现碱性。其中端基为季胺基($-NR_3OH$)的树脂为强碱型阴离子交换树脂，端基为伯胺($-NH_2$)、仲胺(-NHR)和叔胺($-NR_2$)基团的一般为弱碱型阴离子交换树脂。

Li[39]等以黄角树籽油为原料，通过酸碱催化酯交换的方法制备生物柴油。分别研究了强酸性阳离子交换树脂 Amberlyst-15、弱酸性阳离子交换树脂 Amberlite IRC-72、强碱性阴离子交换树脂 Amberlite IRA-900 和弱碱性阴离子交换树脂 Amberlite IRC-93 的催化性能，在反应温度 60℃、反应时间 90 min 和催化剂用量为原料油质量的 5%条件下，4 种催化剂对应的原料油转化率依次为 83.5%、55.7%、96.3%和 57.4%，结果表明，强碱性树脂具有最好的催化活性，其次是强酸性树脂。

然而，强碱性阴离子交换树脂上的胺基在反应过程中容易发生热降解而脱落，树脂的颗粒在使用中因溶剂极性的不同而发生不同程度的膨胀收缩使颗粒磨损、破碎，从而出现堵塞树脂孔道的现象，而且树脂的降解产物还会对产物造成污染[40]。

固体碱和固体酸催化生产生物柴油是酸碱催化的重要应用领域，相关内容在第 8 章会有进一步介绍。

5.2.2.2　有机-无机复合固体碱

将有机胺或季铵碱等碱性基团固载在硅胶类材料上，可以制备得到有机-无机复合固体碱催化剂(图 5.2.1)。固载的方法包括后嫁接和直接共聚，与在硅胶上固载磺酸基的方法类似(见 5.1.2.1 节)[41]。有机胺复合固体碱的碱活性位是能提供孤对电子的氮原子，而季铵碱复合固体碱的碱活性位是氢氧根离子。含有机组分的固体碱存在热稳定性不好的问题，不能应用于高温反应中，而且制备方法往往也比较复杂。

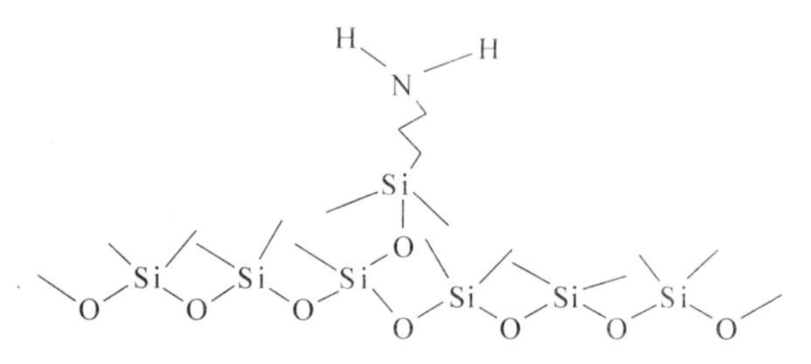

图 5.2.1　有机-无机复合固体碱示意图

5.2.2.3　金属氧化物固体碱

氧化物固体碱主要包括碱金属和碱土金属氧化物及稀土氧化物等。这类固体碱的碱性位主要来源于表面带负电的晶格氧和吸附水后产生的表面羟基。在同一催化剂上往往有不同强度的碱性位共存[42]。在不同的反应中，起催化作用的碱性位往往也不同。例如，在以 CaO 等作为催化剂、以空气为氧化剂、催化氧化异丙苯合成过氧化氢异丙苯的反应中，红外光谱分析表明异丙苯通过异丙基叔碳原子上的氢原子在 CaO 表面的碱中心(O^{2-})上化学吸附(图 5.2.2)，这种相互作用弱化了异丙基叔碳上的 C—H 键，从而促进了异丙苯形成自由基，进而形成目标产物[43]。而在以 MgO 为催化剂的醇醛缩合反应(Aldol Reaction)中，向反应体系中加入少量水，可以促进反应的进行，这说明表面—OH 基团参与了反应[44]。

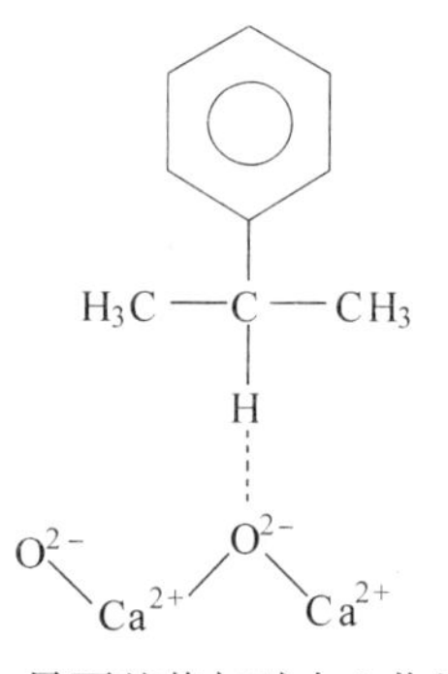

图 5.2.2　异丙基苯与碱中心作用示意图

一般而言，随着碱金属或碱土金属的原子序数的增加，其氧化物的碱性强度增加，其顺序为 $Cs_2O>Rb_2O>K_2O>Na_2O$；$BaO>SrO>CaO>MgO$。煅烧温度也会影响碱金属及碱土金属氧化物的碱强度，通常高煅烧温度有利于得到强的碱性位。

稀土氧化物表面也存在碱性位。CO_2-TPD-MS 实验表明，600℃以下时，稀土氧化物表面上存在强、弱两种碱中心。强碱中心的强度顺序为：$La_2O_3>Nd_2O_3>Y_2O_3>CeO_2>MgO$；弱碱中心的强度顺序为：$Nd_2O_3>ZrO_2>Y_2O_3>MgO>CeO_2>La_2O_3>Al_2O_3$。$CeO_2$和 MgO 的弱碱中心的数目比强碱中心的多，而 La_2O_3、Y_2O_3和 Nd_2O_3则相反，ZrO_2和 Al_2O_3只存在弱碱中心。总的来说，稀土氧化物的碱性甚至比常见的碱土氧化物 MgO 的强，这可能是由于稀土氧化物阳离子半径大，氧配位数较多和氧供电子能力较强造成的[42]。需要指出的是，催化剂的碱性位的强度和数量与其制备方法有关，因此不同文献中报道的数据有差异。

Barrault[45]等人用氧化物固体碱作为催化剂，催化脂肪酸甲酯与甘油的酯交换反应，合成甘油单酯(式 5.2.1)，结果表明催化剂的催化活性顺序为：$La_2O_3>MgO>ZnO>CeO_2$，这与该研究中制备的催化剂的碱性的强度顺序一致。

$$CH_2OH\text{-}CHOH\text{-}CH_2OH+RCO_2CH_3 \longrightarrow CH_2OC(O)R\text{-}CHOH\text{-}CH_2OH+CH_3OH \quad (5.2.1)$$

很多氧化物固体碱是粉末，机械强度较差，反应后难以从产物中分离，而且比表面积比较低。这些缺点在一定程度上制约了它们在工业催化中的应用。

5.2.2.4 负载型无机固体碱

将碱催化剂负载在载体上，可以实现活性组分的固定化，提高活性组分的比表面积和分散度，也能增加催化剂的机械强度。制备负载型固体碱的常用载体是氧化铝和分子筛，此外，金属氧化物、硅胶及活性炭等也可被用作载体。可用于负载的碱金属或碱土金属前驱体主要有相应的可溶性氢氧化物、碳酸盐、氟化物、硝酸盐、醋酸盐、氨化物和叠氮化物等。负载后形成的活性位主要包括碱金属或碱土金属的氧化物、氢氧化物和碳酸盐，以及碱金属氨化物等。在有些负载过程中，还会对复合物进行焙烧处理，焙烧过程中前驱体和载体相互作用可能生成新的活性位[46]

1. 氧化铝为载体

氧化铝具有比表面积高、热稳定性好、机械强度高等优点，是工业上常用的催化剂载体。钾盐或氢氧化钾常作为碱催化剂前驱体负载到氧化铝上。KOH 和 K_2CO_3自身具有碱性，将其负载到氧化铝表面直接能产生碱性位。但是将 KF 和 KNO_3等盐负载到氧化铝表面，则必须经过煅烧处理，在此过程中，前驱体和载体间发生相互作用产生碱性物种。例如，KF 在高温煅烧的过程中会和氧化铝表面作用，产生 KOH 和 $KAlO_2$类碱性位(式 5.2.2、式 5.2.3)[47]。

$$12KF+Al_2O_3+3H_2O \longrightarrow 2K_2AlF_6+6KOH \quad (5.2.2)$$

$$6KF+Al_2O_3 \longrightarrow K_3AlF_6+KAlO_2 \quad (5.2.3)$$

KNO_3和 K_2CO_3在高温煅烧过程中则会和氧化铝表面的 OH^-作用而产生 Al-O-K 类碱性位(式 5.2.4、式 5.2.5)。

$$KNO_3+Al\text{-}OH \longrightarrow Al\text{-}O\text{-}K \tag{5.2.4}$$

$$K_2CO_3+2Al\text{-}OH \longrightarrow CO_2+H_2O+2Al\text{-}O\text{-}K \tag{5.2.5}$$

屠树江[48]等以 KF/Al_2O_3 为催化剂，催化查尔酮和丙二腈的 Michael 加成反应，合成了一系列(3-氧络-1，3-二芳基)丙基丙二腈(式 5.2.6)，反应产率一般在 80%左右，最高可达 94%。

$$R_1-\underset{H}{C}=\underset{H}{C}-\overset{O}{\overset{\|}{C}}-R_2 + CH_2(CN)_2 \xrightarrow[DMF]{KF/Al_2O_3} R_1-\underset{CH_2(CN)_2}{\overset{H}{C}}-\overset{H_2}{C}-\overset{O}{\overset{\|}{C}}-R_2 \tag{5.2.6}$$

以氧化铝为载体，可以制备出强碱性负载型固体碱催化剂(表 5.2.1)[46]。此外，通过特定的方法，还可以改性氧化铝得到固体超强碱。例如，Hoelderich[49]等人通过熔融态浸渍的方法将金属 Na、NaOH 和 CsOAc 等负载到 Al_2O_3 表面，得到 $H_->30$ 的固体超强碱(表 5.2.2)，用于苯甲酸甲酯与乙二醇的酯交换反应，合成乙二醇单乙酸酯(EGMB)(式 5.2.7)。与 NaOH 参与的均相催化反应相比，固体超强碱参与的多相催化反应转化率更高，目标产物的选择性相当(表 5.2.2)。

表 5.2.1　**钾盐和碱以及负载在 Al_2O_3 上钾盐和碱的碱强度**

固体碱	处理温度(K)	H_-
K_2CO_3	–	15.0
KOH	–	18.4
$13\%KOH/Al_2O_3$	773	18.4
$16\%KF/Al_2O_3$	773	>18.4
$20\%K_2CO_3/Al_2O_3$	873	27
$26\%KNO_3/Al_2O_3$	873	27

表 5.2.2　**超强碱的碱性强度及其催化的苯甲酸甲酯与乙二醇的酯交换反应**

催化剂	碱负载量(mmol/g)	碱性强度 H_-	苯甲酸甲酯转化率(%)	EGMB 选择性(%)	EGDB 选择性(%)
γ-Al_2O_3		$9.3 \leq H_- < 15$	20	99	1
$Na/NaOH/\gamma$-Al_2O_3	2.9 NaOH，2.0 Na	$35 \leq H_- < 37$	87	90	10
Cs_xO/γ-Al_2O_3	2.0CsOAc	$H_- \geq 37$	86	89	11
NaOH[a]			76	91	9
无催化剂			21	99	1

methyl benzoate (MB) + ethyleneglycol (EG) $\xrightarrow[-MeOH]{base}$ EGMB $\xrightarrow[-Me]{+MB}$ EGDB

(5.2.7)

2. 分子筛为载体

分子筛也是一种常用的催化剂载体，其孔结构和表面酸碱性在催化反应中起着重要作用。由于分子筛结构中四配位的 Al^{3+} 的存在，导致分子筛骨架具有负电荷，因而呈碱性。骨架的碱性强度取决于其所处的微环境。分子筛通过结合质子或者吸附阳离子实现电荷平衡，如果用碱金属阳离子与分子筛中的阳离子交换，使碱金属阳离子进入分子筛的笼中，可以调变骨架氧的负电荷密度，从而使分子筛呈不同的碱性；碱金属离子半径越大，电负性越低，越有利于骨架氧的碱性增加[46, 50]。此外，分子筛自身结构中的 T-O-T 键角越小，T-O 键越长，碱性也越强。但是，对分子筛的骨架结构进行调变难以产生强碱性位，即使是硅铝比最低而骨架电负性最强的 X 型沸石经过 Cs^+离子交换，或者是骨架最易于扭曲的 β 沸石经过脱硅补铝或引入镓等其他元素进行同晶取代，得到的都还是固体弱碱[51]。要制备碱性较强的改性分子筛，一般采用引入强碱性物种的方法。在沸石分子筛上直接浸渍具有强碱性的碱金属氧化物或氢氧化物可以形成较强的碱性位，但是在高温活化过程中这些碱金属氧化物或氢氧化物会侵蚀分子筛的骨架而造成结构坍塌。为了不破坏分子筛的骨架结构，可以将弱碱性化合物作为前躯体负载在高比表面沸石上，再通过适当处理而产生强碱位。常用铯盐或钾盐的水溶液或醇溶液浸渍沸石，然后加热使盐分解，生成碱金属氧化物簇。例如，将 KF 负载在 NaY 分子筛上，高温焙烧过程中 KF 会和沸石中的硅铝组分发生相互作用而产生 KOH 类的碱物种[50]。NaY 仅有 0.14 mmol/g 的非水溶性碱量，而 16%KF/NaY 则不仅具有 0.62 mmol/g 的水溶性碱量，其总碱量还达到 1.11 mmol/g 以上。在碱催化异丙醇脱氢反应中(400℃)，16%KF/NaY 与 16%KOH/NaY 两种催化剂上的丙酮产率相当。但是，由于 NaY 沸石中含有硅氧化物结构，其进行碱改性之后的碱性仍然不及改性氧化铝，KF/NaY 的碱强度(H_-)低于 9.3，而 KF/Al_2O_3能达到 17.2 以上[50]。

$$12KF+3H_2O+Al_2O_3 \longrightarrow 6KOH+2K_3AlF_6 \qquad (5.2.8)$$

$$6KF+SiO_2+2H_2O \longrightarrow K_2SiF_6+4KOH \qquad (5.2.9)$$

用盐对沸石进行改性，改性效果与沸石的种类有关。例如，将 10%～20% KNO_3负载在 KL 沸石上，经 600℃活化后其碱强度(H_-)为 27.0，属于固体超强碱。改性材料可以在 0℃催化顺-丁烯-2 异构化反应，并且反应产物中反-丁烯-2 与丁烯-1 的初始比例为 3.0。这不同于普通固体强碱的催化特性，而与 $CaCO_3$经 900℃抽真空分解产生的 CaO 超强碱催化剂的结果相似。然而，其他沸石，如 NaY、Kβ、NaZSM-5、KY 和 KX，用 KNO_3改性后都没有超强碱性，相关的原因尚需要进一步研究[50]。

此外，通过碱金属气相沉积、负载碱金属重氮盐、有机碱金属溶液以及钠/液氨浸渍等方法可以在沸石表面形成类似 Na_4^{3+} 的碱金属簇活性位，从而具有超强碱性。但是由于这类固体碱的活性位主要为金属簇或金属氨化物，很容易被空气中水、氧气和二氧化碳中毒而难以工业化应用[46]。

3. 其他载体

除了常用的氧化铝和分子筛外，MgO、ZrO_2、TiO_2、活性炭及羟基磷灰石等也可以作为固体碱的载体，甚至可以以之为载体合成固体超强碱。例如，王英[47]等将含氧钾盐负载在 ZrO_2 上，经高温分解后形成固体超强碱，最高碱度可达26.5，在0℃下的顺丁烯异构化反应中具有高催化活性。该催化剂制备工艺简单，成本低廉，具有工业应用前景。

5.2.2.5 水滑石类固体碱

层状双金属氢氧化物(layered double hyroxide，LDH)是一类有代表性的阴离子型黏土，其主体一般由两种金属的氢氧化物构成，又称为水滑石类化合物，包括水滑石(hydrotalcite，HT)和类水滑石(hydrotalcite-like compounds，HTLCs)。水滑石类材料的通式可表示为 $[M_{1-x}^{2+}M_x^{3+}(OH)_2](A^{n-})_{x/n}\cdot mH_2O$。其中，$M^{2+}$ 为 Mg^{2+}、Fe^{2+}、Ni^{2+}、Co^{2+}、Zn^{2+}、Cu^{2+} 等二价金属阳离子；M^{3+} 为 Al^{3+}、Cr^{3+}、Fe^{3+}、Ga^{3+}、In^{3+}、Mn^{3+} 等三价金属阳离子；A^{n-} 为阴离子，如 CO_3^{-2}、NO_3^-、Cl^-、OH^-、SO_4^{2-}、PO_4^{3-}、$C_6H_4(COO)_2^{2-}$ 等无机和有机离子；n 为层间的结晶水数量[52]。通常以 M^{2+} 和 M^{3+} 为中心的 $M(OH)_6$ 八面体单元通过共棱边形成带有正电荷的层板，A^{n-} 起平衡层板正电荷的作用(图5.2.3)。

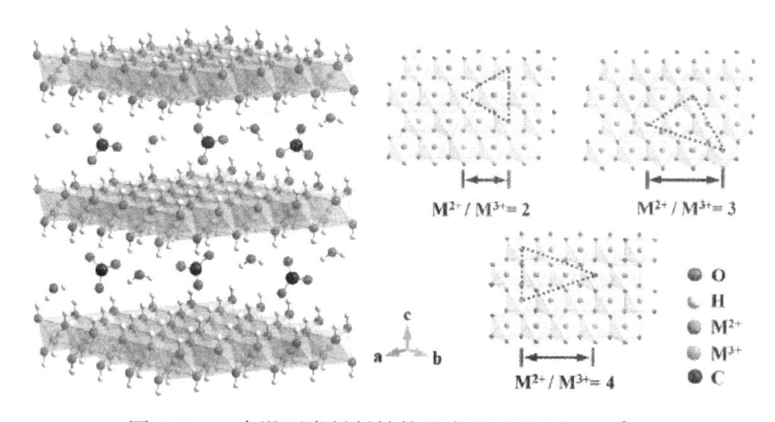

图5.2.3 水滑石类材料结构示意图(层间为 CO_3^{2-})

当 M_1 为 Mg、M_2 为 Al 时，这种水滑石类催化剂表面同时具有酸碱活性位，适当地改变镁铝比以及起阴离子种类可以改变层板氧原子的电荷密度，从而调变这类催化剂表面酸碱活性位的比例。水滑石类固体碱催化剂在醇醛缩合、Knoevenagel 缩合反应、Michael 加成等反应都有很好的应用。

Chen[51]等以经焙烧过的 NiMgAI 类水滑石为催化剂，在有 H_2 存在的条件下，研究丙酮的自身醇醛缩合，得到了不对称的饱和酮。这时因为反应中氢化还原和碱催化协同作用。尽管反应的活性和选择性都不是很高，但却开辟了甲基异丁基酮(MIBK)这一有价值化工产品的新型绿色合成过程。

(丙酮) ⇌ (DAA) $\xrightleftharpoons{-H_2O}$ (MO) $\xrightarrow{+H_2}$ (MIBK)

(5.2.10)

李连生[53]等将具有优异催化活性的稀土元素La引入水滑石的晶格骨架中，经焙烧用于催化邻苯二甲酸酐合成邻苯二甲酸二戊酯的反应，转化率达到95%。

Dumitriu[46]等制备了一系列不同镁铝比以及层间阴离子的镁铝水滑石类催化剂，用于催化环己醇脱氢生成环己酮，发现当镁铝比为3、层间阴离子为CO_3^{2-}时其碱性最强，反应的选择性可达到86.9%。另外，与普通金属氧化物相比，水滑石类催化剂的比表面通常比较高，甚至可达到$200m^2/g$以上，在催化反应中也是有利因素。

5.3 离子液体催化

5.3.1 离子液体催化概述

离子液体作为一种绿色溶剂，在近年来得到了迅速发展(见4.3节)。同时，功能化离子液体——特别是酸性离子液体——作为催化剂的应用也得到了较多的探索。同固体酸催化一样，离子液体酸催化也可以避免大量使用腐蚀性的矿物酸，产物容易与催化剂分离，且产生的废物少。此外，离子液体酸催化还具有一些独特的优点：其可以同时作为溶剂，或者与溶剂形成均相或两相体系，酸性位负载量高。

酸性离子液体可以分为Lewis酸性离子液体和Bronsted酸性离子液体。Lewis酸性离子液体指的是能够接受电子对的离子液体，通常是由金属卤化物MCl_x和有机卤化物混合反应制得的[54]，当金属卤化物在混合物中所占的摩尔分数足够大的时候，就显Lewis酸性。金属卤化物包括$AlCl_3$、$ZnCl_2$、$FeCl_3$、CuCl、VOCl、$SnCl_2$和InCl等，有机卤化物通常为含N、P化合物，如氯化季铵盐[$Me_3NC_2H_4Y$]Cl(Y=OH，CI，OOCMe，OOCPh)。当MCl_x在混合物中的摩尔分数足够大时，得到的离子液体可表现出Lewis酸性。最有代表性的是$AlCl_3$类离子液体。将$AlCl_3$加入到离子液体氯化1-丁基-3-甲基咪唑中，当$AlCl_3$的摩尔分数$x<0.5$时，体系呈碱性；当$x=0.5$时，体系呈中性，阴离子仅为$AlCl_4^-$；当$x>0.5$时，随着$AlCl_3$的增加会有$Al_2Cl_7^-$和$Al_3Cl_{10}^-$等阴离子存在，离子液体表现为酸性(式5.3.1)[55]，随着阴离子摩尔量的增加，其Lewis酸的酸性也逐步增强。Lewis酸性离子液体可被用于催化亲核加成、缩合、烷基化等多个反应。氯铝酸离子液体是最常用的Lewis酸性离子液体，与$AlC1_3$催化剂相比，氯铝酸离子液体具有催化活性高、条件温和、后处理简便等优点。但是这类离子液体由于对水敏感，在空气中不稳定，容易分解，使用受到一定的限制；而其他的Lewis酸性离子液体，如$ZnCI_2$和$FeC1_3$类酸性离子液体，虽然稳定性强，但是由于这些酸性离子液体的酸性相对较弱，一般用于催化一些对酸强度要求不高的反应[54]。

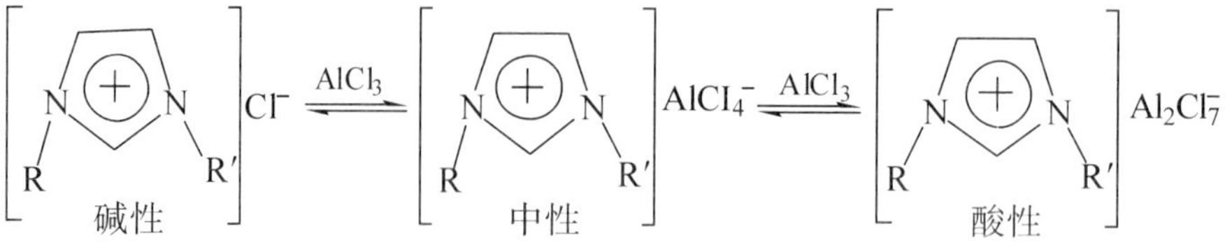

[R–N(+)N–R′] Cl^- $\xrightarrow{AlCl_3}$ [R–N(+)N–R′] $AlCl_4^-$ $\xrightarrow{AlCl_3}$ [R–N(+)N–R′] $Al_2Cl_7^-$

碱性　　　中性　　　酸性

(5. 3. 1)

Bronsted 酸性离子液体指能够给出质子的离子液体，代表性的离子液体结构如图 5. 3. 1 所示。与 Lewis 酸性离子液体相比，Bronsted 酸性离子液体在水存在的条件下能够保持稳定和较强的酸性，而且结构和酸性同样具有可设计性，因而 Bronsted 酸离子液体的发展具有广阔的空间[56]。

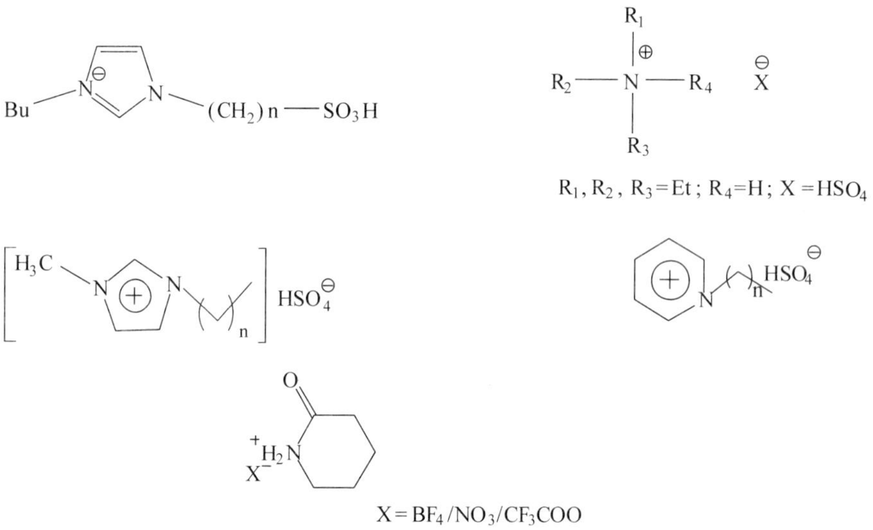

Bu—N—N—$(CH_2)n$—SO_3H

R_1, R_2—N(⊕)—R_4, R_3　$X^{\ominus}$

$R_1, R_2, R_3 = Et; R_4 = H; X = HSO_4$

[H_3C—N(+)N—$(\ )_n$] $HSO_4^{\ominus}$

(+)N—$(\ )_n$—$HSO_4^{\ominus}$

O, $^{+}H_2N$, X^{-}

$X = BF_4/NO_3/CF_3COO$

图 5. 3. 1　典型 Bronsted 酸性离子液体结构

此外，除了酸功能基团外，其他具有催化活性的官能团也可以被引入到离子液体结构中，形成特定的功能化离子液体，使得离子液体具有某种特定催化功能。

5. 3. 2　典型离子液体催化剂的应用

5. 3. 2. 1　缩合反应

Knoevenagel 缩合反应是指羰基化合物与含活性亚甲基的化合物脱水缩合，形成碳碳双键的反应。该反应通常需要酸或碱催化剂，且需要经过较长时间加热。Shingare[57] 等人在硝酸乙铵离子液体中进行 Knoevenagel 缩合反应(式 5. 3. 2)，反应在室温下进行，经过 20~30 min 即可取得较好的收率(表 5. 3. 1)，产物具有较高熔点，可以很容易通过用冷水处理或者用乙醚萃取的方法进行分离。

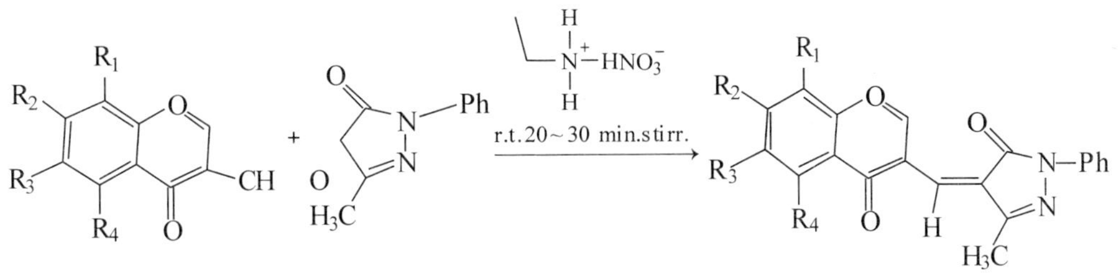

(5.3.2)

表 5.3.1　**在硝酸乙铵离子液体中的 Knoevenagel 缩合反应**

编号	R_1	R_2	R_3	R_4	结晶溶剂	产率(%)	熔点(℃)
1	H	H	Cl	H	二氧杂环乙烷	90	238
2	Cl	H	H	H	二氧杂环乙烷	88	218
3	H	CH_3	H	H	二氧杂环乙烷	78	204
4	H	H	CH_3	H	二氧杂环乙烷	80	240
5	H	H	H	H	二氧杂环乙烷	92	230
6	H	H	Br	H	二氧杂环乙烷	78	234

Salunkhe[58]等人则在 Lewis 酸类离子液体 1-丁基-3-甲基咪唑氯铝酸盐([bmim]Cl · $AlCl_3$)和 1 -丁基吡啶翁氯铝酸([bpy]Cl · $AlCl_3$)中进行 Knoevenagel 反应(式 5.3.3)，反应中产生少量 Michael 加成反应副产物，结果表明在室温条件下也可取得较好的催化效果(表 5.3.2)。

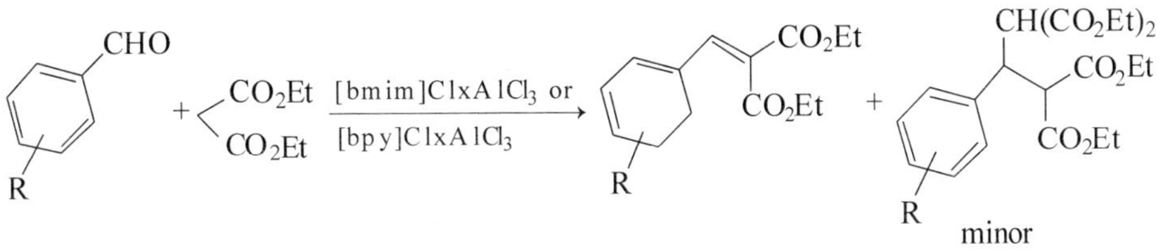

(5.3.3)

表 5.3.2　**在 Lewis 酸性离子液体中的 Knoevenagel 缩合反应**

编号	反应底物	转化率(%)		Knoevenagel 缩合与 Michael 加成产物比例	
		[bmim]Cl · Al N=0. 67	[bpy]Cl · Al N=0. 67	[bmim]Cl · Al N=0. 67	[bmim]Cl · Al N=0. 67
1	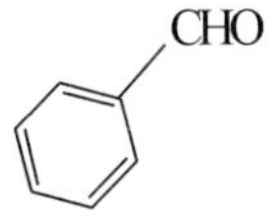 CHO	90	87	90：10(9.0)	86：14(6.1)

续表

编号	反应底物	转化率(%)		Knoevenagel 缩合与 Michael 加成产物比例	
		[bmim]Cl·Al $N=0.67$	[bpy]Cl·Al $N=0.67$	[bmim]Cl·Al $N=0.67$	[bmim]Cl·Al $N=0.67$
2	HO, CHO	97	86	99：1(99.0)	98：2(49.0)
3	CHO, Cl	95	95	98：2(49.0)	91：9(10.1)
4	O_2N, CHO	89	86	95：5(19.0)	90：10(9.0)
5	CHO, O_2N	94	90	95：5(19.0)	90：10(9.0)
6	CHO, MeO	71	70	64：36(1.8)	85：15(5.7)
7	MeO, MeO, CHO	93	91	88：12(7.3)	97：3(32.3)

5.3.2.2　亲电取代反应

传统的 Friedel-Crafts 烷基化和酰基化反应大多采用石油醚、氯苯、苯等做溶剂，通常需要用过量的酸作为催化剂，如三氯化铝、氢氟酸、硫酸等。离子液体同时作为溶剂和催化剂的使用为设计绿色环保的合成路线提供了新的思路。

Malhotra[59]报道了在吡啶类离子液体$[EtPy]^+[Anion]^-$(图 5.3.2)中进行苯与卤代烃的烷基化反应(式 5.3.4)，反应在室温或 50℃ 下进行，原离子液体中加入无水 $AlCl_3$ 和无

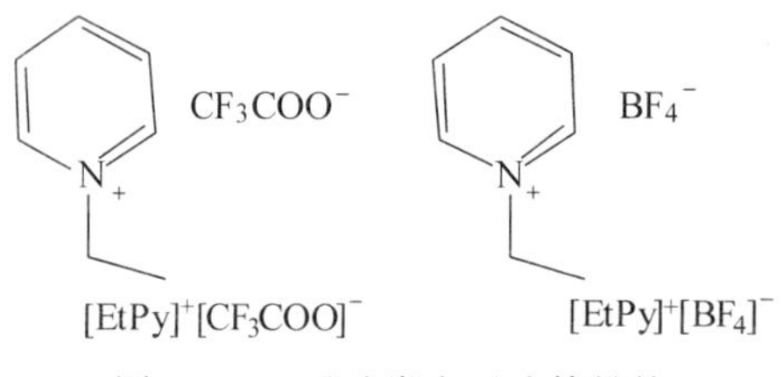

图 5.3.2　吡啶类离子液体结构

水 $FeCl_3$后(金属氯化物摩尔分数为 0.67),由于 Lewis 酸性增强,反应活性增加(表 5.3.3)。结果表明,$[EtPy]^+[Anion]^-MCl_3$既可以做反应的溶剂又可以做催化剂,可替代传统的铝盐催化体系,催化剂可以循环使用。

(5.3.4)

表 5.3.3 **苯与 1-溴丙烷的离子液体催化傅-克烷基化反应**[a]

编号	催化剂-溶剂	转化率(%)		主要产物选择性(%)	
		室温	50℃	室温	50℃
1	$[EtPy]^+[BF_4]^-$	17	43	65	72
2	$[EtPy]^+[CF_3COO]^-$	29	51	71	76
3	$AlCl_3-[EtPy]^+[BF_4]^-$	60	81	75	84
4	$AlCl_3-[EtPy]^+[CF_3COO]^-$	72	91	78	93
5	$FeCl_3-[EtPy]^+[BF_4]^-$	56	80	74	81
6	$FeCl_3-[EtPy]^+[CF_3COO]^-$	71	90	77	89

[a]苯、1-溴丙烷、催化剂、离子液体摩尔比 2∶1∶2∶1。

5.3.2.3 重排反应

传统 Beckmann 重排反应的介质是大量的浓 H_2SO_4、PCl_5、乙醚或乙酸酐的盐酸溶液。Zicmanis[60]等用四种 Lewis 酸($AlCl_3$、$TiCl_4$、$SnCl_4$和 BF_3)对 17 种离子液体进行改性,其中离子液体的阳离子包括 1-乙基-3-甲基咪唑([emim])、1-丁基-3-甲基咪唑([bmim])、1-己基-3-甲基咪唑([hmim])、1-辛基-3-甲基咪唑([omim])、1-丁基吡啶([C4Py])、1-庚基吡啶([C7Py])、三丁基十二烷基铵([C4, 4, 4, 12])及四丁基铵($[N_{4,4,4,4}]$)等,阴离子包括[Br]、[Cl]、[I]、$[BF_4]$及$[PF_6]$等。研究了酮肟在离子液体中的重排反应(式 5.3.5~式 5.3.7)。总体而言,$AlCl_3$和 $TiCl_4$最有利于增加反应速率,特别是在四丁基溴化铵($[N_{4,4,4,4}][Br]$)中反应速率增加最为明显。降低离子液体的烷基侧链长度、咪唑 C-2 上的 H 被取代、离子液体的阴离子为[PF6]和[I]时具有较高反应活性。

Lewis酸离子液体 (5.3.5)

R=H/MeO/Cl

Lewis酸离子液体 (5.3.6)

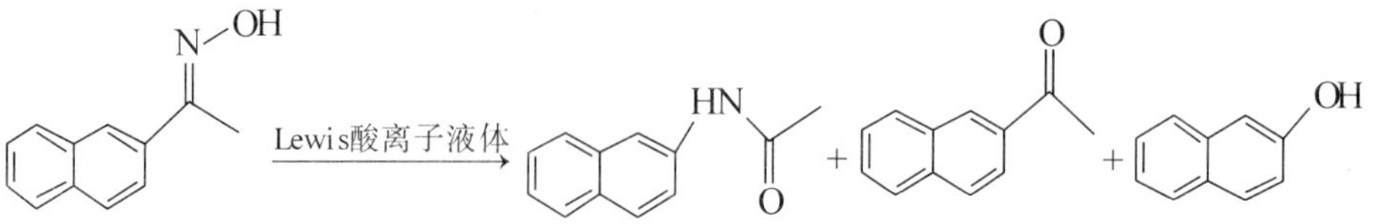

Lewis酸离子液体

(5.3.7)

5.3.2.4　酯化和醚化反应

酯和醚是重要的精细化工产品，酯化和醚化反应大多以浓硫酸、磷酸作为催化剂，反应结束后，产物的提取过程需要使用大量易挥发的有机溶剂。化学工作者对以离子液体为溶剂和催化剂的酯化和醚化反应进行了探讨。Yang[61]等人用[Bmim]BF_4、[Bmim]CF_3SO_3、CHCl·$2SnCl_2$、CHCl·$2ZnCl_2$、CHCl·2.$5SnCl_2$、CHCl·$2FeCl_3$六种离子液体来催化植物甾醇和脂肪酸的酯化反应，用以合成降胆固醇药。发现随着 Lewis 酸性的增加，离子液体的催化活性也随之增加，CHCl·$2SnCl_2$ 催化效果最好，产率可达 92.3%。Liao[62]用含有磺酸基的三种不同的 Bronsted 酸性离子液体(图 5.3.3)催化甘油与叔丁醇的醚化反应，发现离子液体的阴离子为 HSO_4^-时，甘油的转化率最高；而阴离子为 $F_3CSO_3^-$时，主要产物的选择性和收率最高(表 5.3.4)。

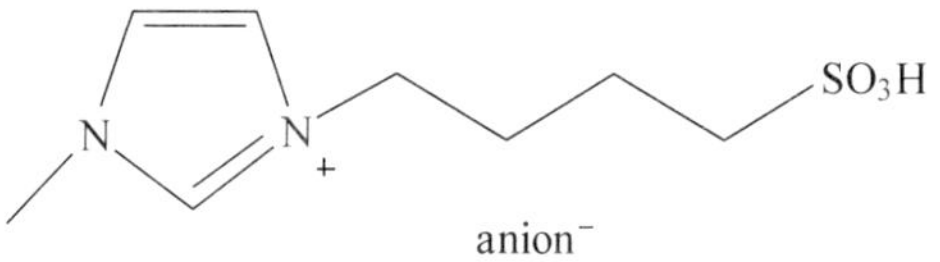

SO_3H

anion⁻

Ⅰ：anion = $CF_3SO_3^-$ [HSO_3^-bmim][CF_3SO_3]

Ⅱ：anion = pTSA-[HSO_3^-bmim][pTSA]

Ⅲ：anion = HSO_4-[HSO_3^-bmim][HSO_4]

图 5.3.3　Bronsted 酸性离子液体结构

表 5.3.4　**Bronsted 酸性离子液体催化甘油与叔丁醇的醚化反应**

催化剂	甘油转化率(%)	二醚和三醚选择性(%)	二醚和三醚产率(%)
[HSO_3-bmim][CF_3SO_3]	67	61.2	41
[HSO_3-bmim][pTSA]	57	50	28.5
[HSO_3-bmim][HSO_4]	79	54.7	43.2

5.3.2.5　水解反应

Li 等[63]制备了一系列季铵盐 Bronsted 酸性离子液体(图 5.3.4；表 5.3.5)，并将这些离子液体作为溶剂和催化剂应用于催化 1，1，1，3-四氯-3-苯基丙烷的水解反应(式 5.3.8)，制备重要的高分子和医药前驱体 Cinnamic acid。实验结果显示，[Et_3NH][HSO_4]离子液体的催化活性最好，在 120℃反应 8 小时，反应物的转化率为 100%，目标产物的收率为 90%。而以挥发性的乙酸为溶剂，以硫酸为催化剂，相同温度下反应 15h，转化率和产率分别为 98%和 85%(表 5.3.5)。由于所用离子液体溶于水，而产物不溶于水，通过加入水和过滤，即可将产物分离，然后通过真空除水，即可实现离子液体的重复使用，循环使用 10 次后仍然得到 99%的转化率。

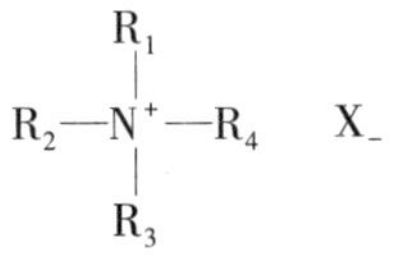

$$
\begin{array}{c} R_1 \\ | \\ R_2—N^+—R_4 \quad X_- \\ | \\ R_3 \end{array}
$$

$R_{1,2,3}$=Me，Et，Pro，But，X=HSO_4

图 5.3.4　季铵盐离子液体结构式

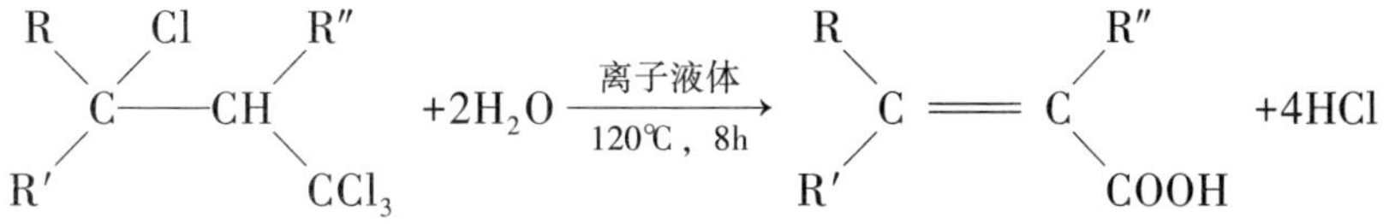

$$
\mathrm{RR'C(Cl)—CH(R'')(CCl_3)} + 2H_2O \xrightarrow[120℃,\ 8h]{离子液体} \mathrm{RR'C{=}C(R'')(COOH)} + 4HCl
$$

$R=C_6H_5$；R，R′=H　(5.3.8)

表 5.3.5　**1，1，1，3-四氯-3-苯基丙烷在季铵盐离子液体中的水解反应(反应温度 120℃)**

编号	溶剂-催化剂	反应时间(h)	转化率(%)	产率(%)
1	$[Me_3NH][HSO_4]$	8	100	87
2	$[Et_2NH_2][HSO_4]$	8	100	88
3	$[Et_3NH][HSO_4]$	8	100	90
4	$[n\text{-}Pr_3NH][HSO_4]$	8	96	87
5	$[iso\text{-}PrNH_3][HSO_4]$	8	96	88
6	$[Bu_3NH][HSO_4]$	8	96	86
7	乙酸-硫酸	15	98	85

5.4　生物催化

5.4.1　生物催化概述

生物催化是指利用酶或者生物有机体(细胞、细胞器、组织等)作为催化剂进行化学转化的过程。生物催化技术的核心是生物酶的应用。有时为了保证酶的生物活性，会把整个生物体用作催化剂[64]，但其本质还是利用生物有机体内的酶进行催化，促进生物转化的进程。因此酶和生物体均可称为生物催化剂，生物催化中常用的有机体主要是微生物。

大多数酶是由生物体产生的具有高效和专一催化功能的蛋白质分子，主要由 C、H、O 和 N 等元素组成，还有一些酶含有 S 和 P 等。也有少数具有催化功能的生物大分子不是蛋白质，例如一些被称为核酶的 RNA 和 DNA 分子。

由酶作为催化剂的化学反应称为酶促反应。在酶促反应中，反应物分子被称为底物。在反应过程中，酶提供了一条活化能需求较低的反应途径，从而促进反应底物的转化。大多数的酶可以将其催化的化学反应的速率提高上百万倍，也有部分酶有负催化作用，可减低反应速率。酶催化化学反应的能力叫酶活力(或称酶活性)。酶活力可受多种因素的调节控制，如抑制剂、激活剂、温度、pH 值和底物浓度等。在生物体内，酶参与催化几乎所有的物质转化过程，与生命活动有密切关系；在体外，也可作为催化剂进行工业生产。

按照对生物催化剂——酶的国际系统分类法，根据酶催化的反应性质的不同，通常将酶分成六大类：

(1)氧化还原酶类(oxidoreductase)：促进底物进行氧化还原反应的酶类，可分为氧化酶和还原酶两类。

(2)转移酶类(transferases)：催化底物之间进行某些基团(如乙酰基、甲基、氨基、磷酸基等)的转移或交换的酶类。例如，甲基转移酶、氨基转移酶、乙酰转移酶、转硫酶、激酶和多聚酶等。

(3)水解酶类(hydrolases)：催化底物发生水解反应的酶类。例如，淀粉酶、蛋白酶、脂肪酶、磷酸酶、糖苷酶等。

(4)裂合酶类(lyases)：催化从底物分子移去一个基团并留下双键的反应，或催化其逆反应将某个基团加到双键上去的酶类。例如，脱水酶、脱羧酶、碳酸酐酶、醛缩酶、柠檬酸合酶等。

(5)异构酶类(isomerases)：促进同分异构体之间互相转化，即催化底物分子内部的重排反应。

(6)合成酶类(ligase)：将不伴随腺苷三磷酸(ATP)的分解而催化合成反应的酶称为合成酶。合成酶催化的反应含 ATP 等基质，这个过程中，ATP 分解为 ADP 与正磷酸或 AMP 与焦磷酸。

生物催化具有一些突出的优点：

(1)高效性：酶有很高的催化效率，在温和条件下(室温、常压、中性)极为有效，其催化效率可达一般非生物催化剂在相同条件下的 $10^9 \sim 10^{12}$ 倍。

(2)专一性：酶催化剂选择性极高，即一种酶通常只能催化一种或一类反应，而且只能催化一种或一类底物的转化。酶对底物的选择包括化学选择性、区域选择性和立体选择性[65]。

(3)多样性：酶的种类很多，迄今为止已发现约 4000 多种酶，在生物体中的酶可能还远远大于这个数量，可以催化多种反应，自然界天然产物分子结构与功能的多样性即源自酶的数量及催化途径的多样性。

(4)温和性：酶促反应一般是在较温和的条件下进行的，且反应介质通常为水溶液。动物体内的酶最适温度在 35~40℃之间，植物体内的酶最适温度在 40~50℃之间；细菌和真菌体内的酶最适温度差别较大，有的酶最适温度可高达 70℃。动物体内的酶最适 pH 值大多在 6.5~8.0，但也有例外，如胃蛋白酶的最适 pH 值为 1.5；植物体内的酶最适 pH 值大多在 4.5~6.5。

(5)活性可调节性：包括抑制剂和激活剂调节、反馈抑制调节、共价修饰调节和变构调节等。

由于生物催化的这些优点，将其应用于工业生产，能够有效地减少能量和原料的消耗，充分利用资源，降低成本，而且使用后的酶可通过简单的生物降解来进行处理[66]。故生物催化在化学工业应用上具有越来越大的吸引力[65]，成为替代和拓展传统有机化学合成的重要方法。美国21世纪发展规划中预计，到2020年，通过生物催化技术，将实现化学工业的原料消耗、水资源消耗、能量消耗降低30%，污染物的排放和污染扩散减少30%[64]。

酶与无机催化剂相比较，酶具有更好的高效性、专一性和温和性；且在有些反应中，酶催化可以减少保护、脱保护步骤，可大大减少反应步骤，原子经济性好，易于得到相对较纯的产品；并能完成一些化学合成难以进行的反应，对于手性活性药物的合成具有独特的优势。但酶催化也存在一些缺点，由于大多数酶是蛋白质(少数是RNA)等生物大分子，在高温、强酸、强碱等环境条件下容易被破坏，在反应介质中往往不稳定；目前可用于工业化应用的生物催化剂数量较少；生物催化剂成本较高，开发的周期较长。

近年来，随着基因组学、蛋白质组学等生物技术的飞速发展，提供了大量的、潜在可用的生物催化剂和合成途径，大大地推动了生物催化与生物转化的基础研究和应用[67]。在重要化工中间体的制备中，生物转化具有重要应用价值，已经工业化应用或具有重大应用价值的反应包括酯酶/脂肪酶和蛋白酶对底物的手性拆分和水解、酮的不对称还原、腈水解酶催化的腈水解反应、醇腈酶催化的氰醇合成反应、转氨基反应、烯酸还原反应、羟基化、单加氧酶催化的Baeyer Villiger反应、环氧化物水解、环氧化、卤代反应等[68]。此外，酶对以生物质为原料的反应具有尤其好的催化效果，有助于以生物质等可再生原料来取代不可再生的化石原料。利用生物催化剂生产的代表性产品如表5.4.1所示。

表5.4.1 **利用生物催化剂生产的产品**

底物	酶	微生物	产物
甘氨酸、甲醛	丝氨酸羟基甲烷基转化酶	甲基杆菌属	L-丝氨酸
肉桂酸	苯丙氨酸转氨酶	红酵母菌属	L-苯丙氨酸
DL-肉毒碱酰胺	酰胺酶	假单胞菌属	L-肉毒碱
丙烯腈	腈水合酶	玫瑰色红球菌	丙烯酰胺
丙烯腈	腈水解酶	玫瑰色红球菌	丙烯酸，烟酸
烯烃	链烯单加氧酶	珊瑚诺卡氏菌	手性环氧化合物
外消旋1，2-戊二醇	乙醇脱氢酶和还原酶	假丝酵母菌	S-1，2-戊二醇
CPC(头孢烷酸)	D-氨基酸氧化酶；酰化酶	基因工程菌	7-氨基头孢烷酸(7-ACA)
氢化可的松	脱氢酶	简单节杆菌	氢化泼尼松

5.4.2 酶的定向进化

自然界中的酶，都是在特定的生物体的条件下进化而来的，能适应生物体内的催化反应。但当这些酶被用到条件迥然不同的工业过程中时，其稳定性、活性、底物耐受浓度、催化反应速度、对有机溶剂的兼容性等往往难以满足应用要求，使得能够商品化的酶催化剂的种类和适用的反应类型有限，难以实现大规模工业应用[69]。这就需要更大规模地从自然界(包括微生物、植物、动物和宏基因组文库等)筛选具有特定功能的新催化剂，并加以改造，使其适应实际工业生产过程[68]。20 世纪 90 年代中期出现的蛋白质定向进化技术，提供了一个有效对天然蛋白质酶按人类的意愿进行“再进化”的技术手段[69]。

定向进化技术主要包括以下几步：

(1)选择目标基因(蛋白质酶)；

(2)构建基因变种库；

(3)将变种基因插入表达载体中；

(4)将载体导入细菌或酵母细胞中进行表达，进而表达相应的变种蛋白质酶；

(5)在 96 孔酶标板上分析检测所得蛋白质酶的性能，筛选/选择出好的变种，并找出对应基因；

(6)如有必要，重复上述过程。

定向进化技术，简单地说就是模拟达尔文的自然进化原理，在实验室的试管中针对某一蛋白质酶的基因进行随机突变和随机杂交，以产生大量的突变种，构建突变库，然后根据特定功能指标对这些蛋白质酶的变种逐一进行筛选或者进行“适者生存”式的选择，从而得到在特定性能上的优良变种。对得到的优良变种再进行多次相应的突变或杂交、表达、筛选(选择)，如此循环得到符合标准的目的蛋白质酶[69]。

定向进化技术最大的优势在于：在人为条件下，以多步渐进的方式得到某一定向性能改良的变种，使蛋白质酶在自然界需要几百万年才能完成的进化过程缩短至几年甚至几个月，且具有很强的可操作性。进化技术已被成功地用于改造酶的稳定性、活性和在非水相的反应性能，大大拓宽了蛋白质酶的工程应用范围[69]。

5.4.3　典型生物催化应用

5.4.3.1　加氧酶的催化应用

加氧酶是可以将单个或双个氧原子加入到一个有机化合物分子中的一类酶，其具有选择性生物氧化功能。加氧酶可以应用于羟化、环氧化以及双羟基化等生物转化中。与水解酶和异构酶等工业酶相比，加氧酶的工业化应用程度还相对比较低。限制其工业应用的主要因素是大多数的加氧酶与膜有相关性。而且大多数加氧酶还需要还原当量，这些通常是由还原型烟酰胺腺嘌呤二核苷酸(NADH)或还原型烟酰胺腺嘌呤二核苷酸磷酸(NADPH)来提供的。除此之外，还需要一些电子传递协同物，比如黄素还原酶和铁硫蛋白，这些物质也与膜有相关性。用蛋白质工程来改造加氧酶以增强其稳定性及其对映异构体或区域的选择性，或通过设计改造整个细胞的代谢系统来提高目标氧化产物的产量，有助于实现加氧酶催化的生物转化技术的放大应用[70]。

1. 甲烷氧化细菌中的甲烷单加氧酶

甲烷氧化细菌中的甲烷单加氧酶(简称 MMO)可催化分子氧氧化甲烷制甲醇的反应，因此，对于天然气中的烷烃的催化转化具有潜在的工业应用价值。MMO 为胞内酶，进行催化反应时需 NADH 供给电子，因此，可以将甲烷氧化细菌制成固定化细胞催化剂，不仅有利于保持酶的活性和稳定性，而且有利于 NADH 的再生和产物的分离[71]。

沈润南等[72]在电子供体 NADH 存在的情况下，用纯 MMO 的酶体系催化甲烷生成甲醇的反应，发现其催化活性可达 1054 nmol/(min · mg)。并且当反应 4~5 h 后，反应体系中甲醇累积浓度高达 282μmol/mL 时，MMO 仍能保持较高的酶活性，说明高浓度甲醇对 MMO 的活性没有明显的抑制作用，同时也表明，在适宜的反应条件下，MMO 本身也比较稳定[71]。

2. CYP102A1 酶

细胞色素 P450 酶(CYPs)是一类含血红素的单加氧酶，它几乎存在于所有的生命有机体中，在 NADH 或 NADPH 的辅助下，CYPs 可以催化一些疏水化合物的单氧化，甚至还可以在非活性的 C-H 键中引入氧原子，其催化反应的范围很广，是一类具有很强应用前景的生物催化剂[70]。

CYP102A1 酶是 CYPs 的一种自由突变型，Arnold 和他的同事综合利用定向进化、蛋白质模型和定点突变的方法来改变 CYP102A1 酶的特性，得到一系列的突变体，分别用于催化十二烷烃、辛烷、己烷、丙烷和乙烷的羟基化[70]。

CYP102A1 酶可催化亚麻酸来工业化生产 15(R)，16(S)，9，12-环氧十八二烯酸(ee60%)。在优化的反应条件下，这种酶表现出很高的区域选择性和催化活性(其转换数为 3100 min^{-1})[70]。

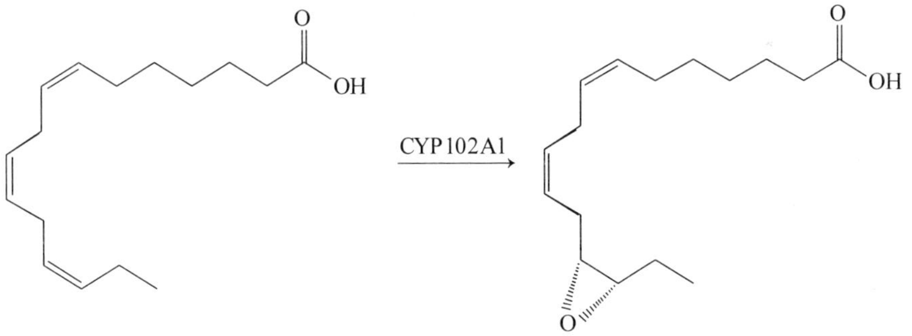

图 5.4.1 CYP102A1 酶选择性环氧化亚麻酸

5.4.3.2 脂肪酶的催化应用

脂肪酶是一类具备多种催化能力的酶，油脂类化合物是其天然底物，其天然的空间折叠结构决定了它的催化活性。脂肪酶主要存在于高等动物的胰脏、脂肪组织及肠液以及油料作物的种子及细菌、真菌、酵母类微生物中。由于微生物的种类多、繁殖快、易发生遗传变异，导致来源于微生物的脂肪酶比来源于动植物的脂肪酶更能够适应 pH 值和温度的变化，而且底物适用范围也更广。脂肪酶来源广泛，催化的反应类型多样，包括 Michael 加成、Mannich 反应、Henry 反应、aldol 反应等碳-碳键的形成反应及氧化反应、酯交换反应、酰化反应等碳-杂原子键的形成反应，反应条件比较温和，催化效率高，且具有良好的区域选择性和立体选择性，因而被广泛应用于食品、造纸、皮革、饲料、药物合成和油脂奶酪加工等行业。[68]

1. Michael 加成

Michael 加成反应是有机合成中 C—C 键形成的重要反应之一，其常用的催化剂为强碱，但常常会有副反应的发生。何延红课题组[73]在含水有机溶剂中用来源于嗜热型真菌的脂肪酶(Lipozyme TLIM)催化 1，3-二羰基化合物和环己酮与芳环、芳杂环取代的硝基烯类化合物和环己烯酮的不对称 Michael 加成反应(式 5.4.1、式 5.4.2)。该催化反应获得了较高的产率和较好的立体选择性，产率达到 90%，ee 值达到 83%，酶可被循环利用 3 次。[66]

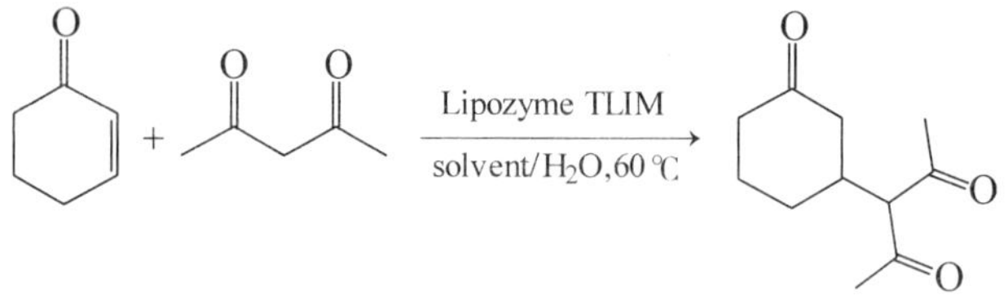

Lipozyme TLIM
solvent/H_2O,60 ℃

(5.4.1)

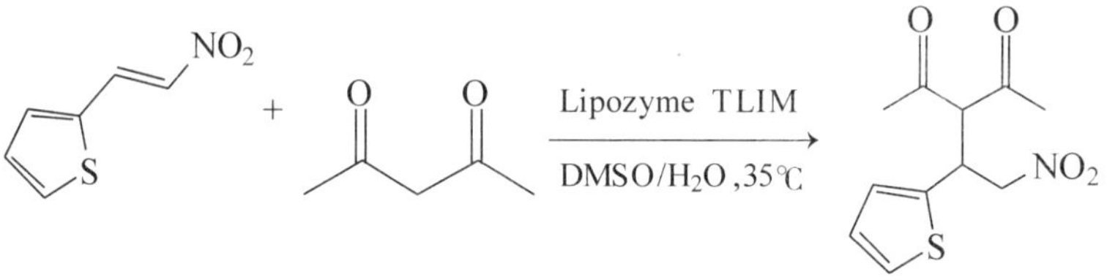

NO_2
Lipozyme TLIM
DMSO/H_2O,35℃
NO_2

(5.4.2)

2. Mannich 反应

Mannich 反应是在有机合成中形成 C—N 键的一类十分重要的反应，广泛应用于医药和生物碱的合成。余孝其课题组[74]在水介质中用脂肪酶催化 Mannich 反应(式 5.4.3)。研究发现，芳香醛类化合物在该反应体系中具有比较高的反应活性，产率高达 89.1%。[66]

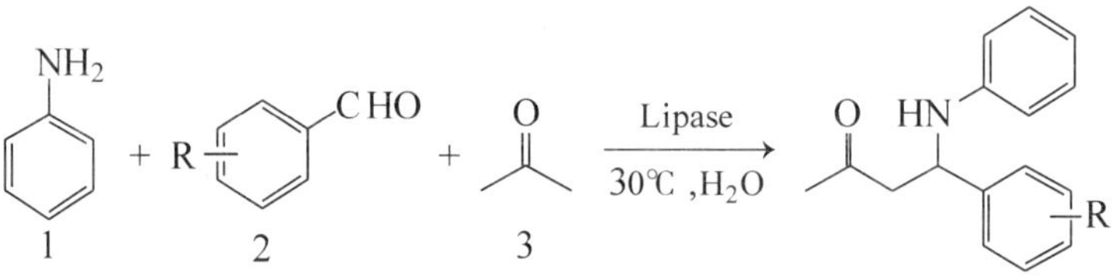

NH_2
CHO
Lipase
30℃ ,H_2O
HN
R
1
2
3

(5.4.3)

3. Knoevenagel 缩合

Knoevenagel 缩合是羰基化合物与活泼亚甲基化合物的脱水缩合反应。余孝其课题组[75]在研究 aldol 反应时，发现在反应介质中加入伯胺后，二羰基化合物可与多种芳香醛发生 Knoevenagel 缩合反应(式 5.4.4)。通过对反应条件进行进一步的优化，发现在含水量为 5%乙腈溶剂中，脂肪酶(CAL-B)对 Knoevenagel 反应有良好的催化效果，产率为 59%～91%。[66]

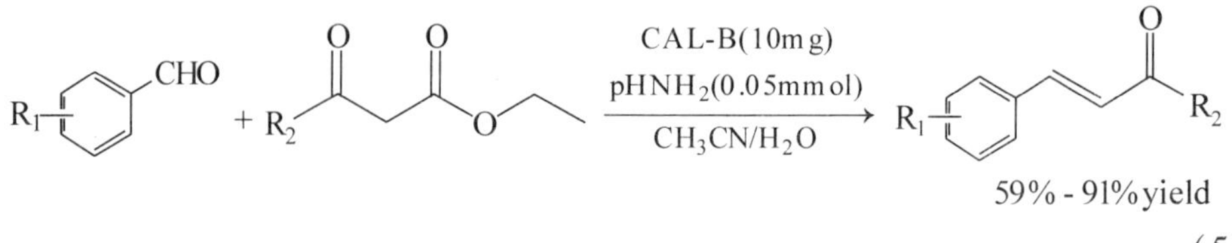

CHO
R_1
R_2
CAL-B(10mg)
$pHNH_2$(0.05mmol)
CH_3CN/H_2O
59% - 91%yield

(5.4.4)

5.4.3.3　腈水解酶的催化应用

腈水解酶可用于(R)-4-氰基-3-羟基丁酸(阿托伐他汀合成路线的关键中间产物)的合

成，通过定向进化可以得到较高活性的腈水解酶。例如，初步筛选获得的腈水解酶可在 24 h 内把 3-羟基戊二腈(HGN)完全转化为(R)-4-氰基-3-羟基丁酸，底物浓度为 3mol/L 时，产物 ee 值为 88%。通过基因位点饱和突变(GSSM™)，把该酶第 190 位的丙氨酸变成组氨酸后，底物浓度为 3mol/L 时，该酶能在 16 h 内将底物 100%地转化，产物 ee 值达到 99%[76]。

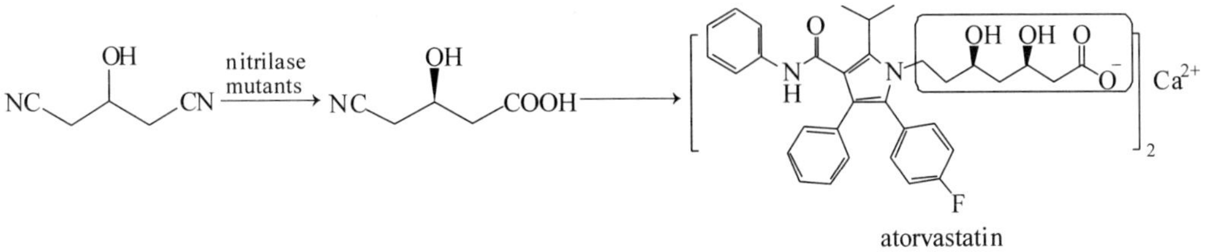

nitrilase mutants

atorvastatin

图 5.4.2 腈水解酶定向改造后用于阿托伐他汀合成

5.4.3.4 青霉素酰化酶催化应用

生物催化可用于建立以天然产物为基础的药物绿色化学合成路线。这些药物往往结构复杂，不稳定，而且带高密度的官能团，其化学合成通常需要各种保护和去保护步骤，衍生化和去衍生化过程中产生多种废物。而生物转化反应条件温和，选择性高，利用酶催化进行合成往往很有利。一个例子是青霉素酰化酶在 β-内酰胺类抗生素生产中的应用。β-内酰胺类抗生素主要由 6-氨基青霉烷酸(6-APA)或者氨基去乙酰氧基头孢霉烷酸(7-ADCA)衍生合成。目前世界上 6-APA 和 7-ADCA 的年产量分别是 8000 吨和 600 吨。这两种中间体可以由青霉素 G 通过化学脱酰基法制备。在该工艺中，青霉素 G 的羧基首先需硅烷化以进行保护，随后进行选择性脱羧，最后除去保护基团(式 5.4.5)，以 6-APA 为例说明，R= H 或 OH)。该方法需要化学计量的硅烷化试剂、氯化磷、N，N-二甲基苯胺和大量的二氯甲烷等试剂，而且，反应在- 40℃条件下进行。

相比之下，青霉素 G 酰化酶催化的脱酰基反应在室温水溶液中进行，无须引入保护和去保护步骤。而且，通过反应工程的研究和酶固定化，青霉素 G 酰化酶催化 6-APA 与氨基酯或氨基酰胺进行酰化反应可合成众多的半合成 β-内酰胺类抗生素，如青霉素、阿莫西林、头孢克洛、头孢氨苄和头孢羟氨等(式 5.4.6)。类似的方法也可应用于 7-ADCA 及其衍生抗生素的合成[76]。

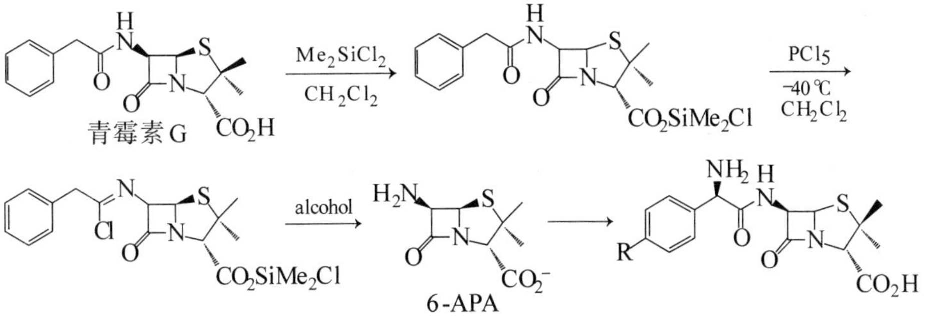

青霉素G $\xrightarrow[CH_2Cl_2]{Me_2SiCl_2}$ $\xrightarrow[-40℃,\ CH_2Cl_2]{PCl_5}$ $\xrightarrow{alcohol}$ 6-APA $\longrightarrow$

(5.4.5)

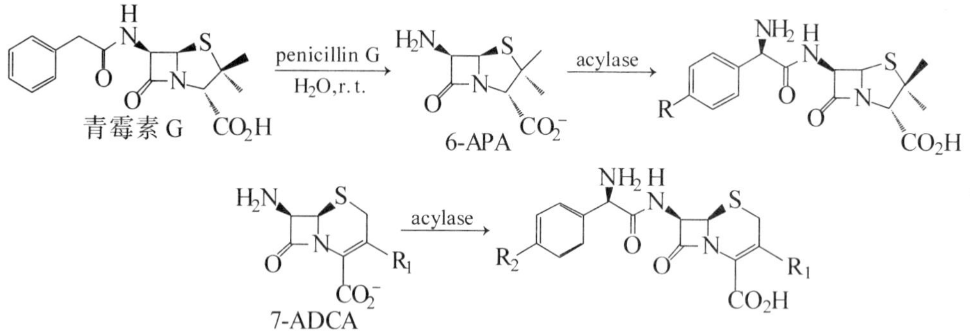

青霉素 G —penicillin G, H_2O, r.t.→ 6-APA —acylase→

7-ADCA —acylase→

(5.4.6)

5.5　仿生催化

5.5.1　仿生催化概述

生物催化反应条件温和、环境友好、选择性强、催化效率高，但生物催化通常需在常温、中性条件下进行，酶对热、氧、酸碱等环境条件敏感，极易失去催化活性，故其工业应用受到很多限制。

对酶催化剂的生物活性中心及催化过程进行模拟，有可能找到结构与酶的活性基团相似、而催化性能又接近酶化合物的非生物催化剂，即仿生催化剂，又称模拟酶催化剂[77]。仿生催化剂采用与酶(辅酶)功能结构类似的结构单元作为催化剂母体结构，催化过程与酶催化类似，且具有与酶催化类似的反应效果。

仿生催化同时具备生物催化和化学催化的优势。仿生催化工艺具有酶催化反应的高效率和高反应选择性的特点，同时又具有化学催化的良好稳定性，对条件(温度、压力和酸碱度等)改变适应性强，便于工业化生产[78]。

仿生催化近年来受到了广泛关注，是绿色化学的重要领域。利用仿生催化技术实现绿色合成与清洁生产，对于化学工业及社会经济的可持续发展意义重大。

5.5.2　金属卟啉催化剂

金属卟啉仿生催化研究是卟啉化学的一个重要研究方向[78]。基于金属卟啉的碳氢键，空气氧化被认为是目前最有代表性的仿生催化。

卟啉是一类由四个吡咯类亚基的 α-碳原子通过次甲基桥(═CH—)互联而形成的大分子杂环化合物。其母体化合物为卟吩(图 5.5.1)，有取代基的卟吩即称为卟啉。

卟啉环是含四个吡咯环的十六元大环，四个吡咯环之间的碳(Fisher 编号法中称为 α、β、γ、δ 位置)被称作中位碳，其余 8 个可被取代的碳称作外环碳。在 α、β、γ、δ 位置上分别连接 R_1、R_2、R_3、R_4取代基可以形成一系列卟啉，这些取代基可以相同，也可以不同。卟吩环没有取代基时近似于平面结构，但存在取代基的情况下易变形。若卟啉分子中心四个氮原子质子化，由于质子的空间位阻和静电斥力使吡咯环与分子平面产生偏离[79]。卟啉环有 26 个 π 电子，是一个高度共轭的体系。

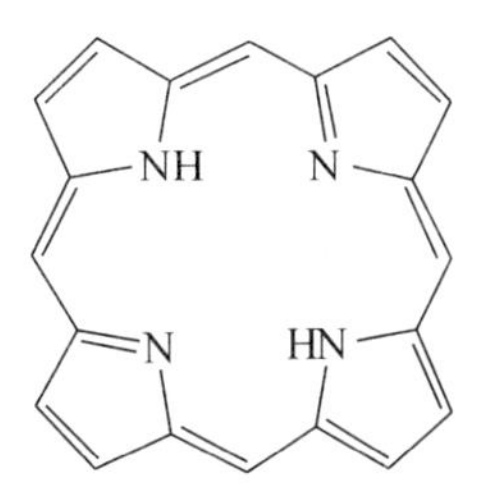

图 5.5.1 卟吩结构

金属卟啉配合物是卟啉化合物与金属离子形成配合物的总称。周期表中几乎所有金属元素都可以和卟啉类大环配位。常见的配位形式是一个金属原子处在环平面的中央，与四个氮原子键合，也可以二齿、三齿或四齿和大环平面上的金属配位。

金属卟啉配合物在自然界和生物体中广泛存在，如叶绿素、血红素、细胞色素等都是金属卟啉配合物，它在生命过程中起着重要的作用。

天然的叶绿素是一种卟啉-镁配合物。叶绿素分子的核心部分是一个卟啉环，环中含有一个镁原子。叶绿素的功能是吸收光辐射的能量，叶绿素分子通过卟啉环中单键和双键的改变来吸收可见光。图 5.5.2 是叶绿素的结构图[77]。

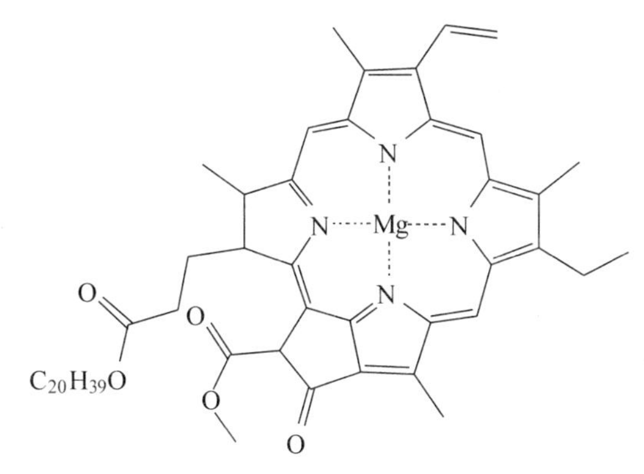

图 5.5.2 叶绿素结构

人体血液中的血红素分子的核心结构也是一个卟啉环。血红素是一种卟啉的联配位化合物，具有运输氧与活化氧的作用。图 5.5.3 是血红素的结构图[77]。铁(Ⅱ)卟啉容易被氧化，且呈顺磁性。相应的 Ru(Ⅱ)卟啉(稳定抗磁性)是其很好的替代物，常用于生物体系的研究。

由于金属卟啉具有优良的电子转移能力，通过人工合成一些具有高效、高选择性及高稳定性的金属卟啉作为催化剂，建立各类仿生催化模型，模拟生物体内酶在新陈代谢过程中的作用，可开发适用于工业生产的仿生催化新工艺[78]。金属卟啉的选择由最简单的四苯基金属卟啉的使用发展到各种取代基卟啉、不对称卟啉、位阻型卟啉的使用，使金属卟啉模拟酶的专一性、仿真性及稳定性不断提高，从而扩大了金属卟啉仿生催化的适用

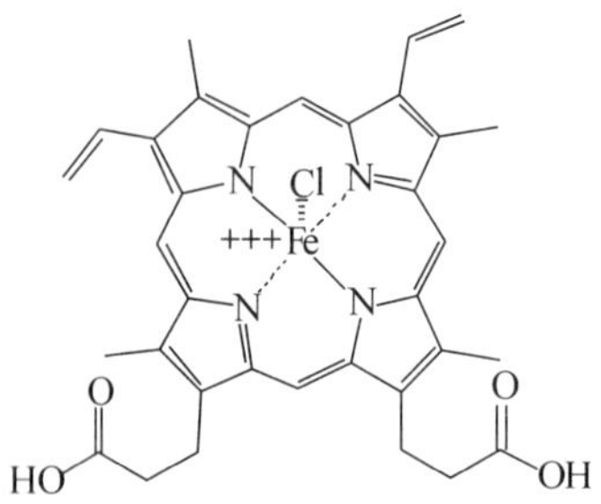

图 5.5.3　血红素结构

性[78]。

金属卟啉催化剂作为仿生催化剂的典型代表，其在催化反应中的用量少(只需 3~300ppm 级)、不需回收、不产生二次污染。在利用金属卟啉催化剂的仿生催化工艺中，可以采用清洁廉价的空气或氧气代替污染严重的化合物作氧化剂，可以使用中性、碱性介质或无溶剂体系代替导致设备腐蚀严重的酸性介质，还可以使反应在接近室温、常压、中性的温和条件下进行。当前，金属卟啉在仿生催化领域的研究重点在于催化烷烃羟基化和烯烃环氧化的反应[78]。

5.5.3　仿生催化应用

5.5.3.1　仿生催化氧化

碳氢化合物催化氧化是提供合成树脂、合成纤维及合成橡胶等大宗化学品以及各类精细化学品生产原料的基本石油化工加工工艺。

传统的工业过程中，碳氢化合物氧化是在较高温度和压力下，通过化学催化和强制氧化过程，使碳氢键均裂产生自由基而实现的。反应历程复杂，反应过程中还可能伴随爆炸和燃烧，容易生成过度氧化的产物，目标产物选择性难以提高，造成原材料浪费，并产生较多废物。

在自然界中，酶(如细胞色素 P-450)催化的碳氢化合物的氧化反应广泛存在，具有高效和高选择性的特点。近年的研究发现，金属卟啉化合物具有与酶活性中心相似的结构，可以催化空气氧化碳氢化合物制备羟基化产物，该反应的特点是经历一个以催化剂活化分子氧为特征的碳氢化合物生物催化氧化循环过程[77]。该仿生催化过程可以改善碳氢化合物在空气氧化反应中的转化率与选择性，且反应条件温和，可以提高资源和能源的利用率。近几十年，人们用各种人工合成的金属卟啉模拟 P-450 对烃类的选择性氧化行为，并取得了较大的进展。

1. 金属卟啉催化空气氧化环己烷制备环己酮

环己酮和环己醇是重要的有机化工中间体，主要用于制造己内酰胺和己二酸，前者是生产聚酰胺 6 的单体，后者是生产聚酰胺 66 的单体。此外，环己酮作为优良的溶剂，还可用作油漆涂料的增溶剂，制造塑料、人造革、油墨、环氧树脂及 PVC 树脂黏合剂、感光磁记录材料及其他有机化合物[80]。

目前，环己酮大多是通过环己烷氧化制取的，主要方法是在高温和高压下直接用空气将环己烷氧化产生过氧化物，过氧化物在碱性条件下分解产生环己醇和环己酮(式5.5.1~式5.5.3)。该工艺中，为了保证环己酮的选择性在80%左右，环己烷转化率必须控制在4%左右[77]。

$$C_6H_{12}+O_2 \longrightarrow C_6H_{11}OOH \tag{5.5.1}$$

$$C_6H_{11}OOH \longrightarrow C_6H_{10}+H_2O \tag{5.5.2}$$

$$C_6H_{11}OOH \longrightarrow C_6H_{11}OH+1/2O_2 \tag{5.5.3}$$

相比之下，在较低的反应温度和压力下，使用催化剂质量分数为$(1\sim2)\times10^{-6}$的金属卟啉仿生催化剂，即可实现直接空气氧化环己烷制环己醇和环己酮，转化率可以达到8%~10%，而环己酮选择性可以保持在90%左右，金属卟啉仿生催化剂的转化数可以达到4×10^5以上[77]。金属卟啉催化工艺可以一步得到产物环己醇和环己酮，避免了化学氧化工艺中造成严重污染的过氧化物分解工序，降低了生产成本，并且大大减少了生产过程中产生的三废排放量[78]。

2. 金属卟啉催化空气氧化甲苯制备苯甲醇及苯甲醛

甲苯侧链氧化是一个非常重要的化学工业反应，其主要氧化产物苯甲醛、苯甲醇、苯甲酸在食品、香料、医药及农药等化学工业上有着极其重要的应用。目前，甲苯氧化工艺普遍存在生产步骤较多、工艺条件较复杂、催化剂用量大、生产过程产生大量的污染物等缺点。特别是有些工艺中需要使用含卤素原料，导致苯甲醛产品因含有卤化物而严重制约了其应用范围。因此，开发绿色的甲苯侧链选择性氧化工艺具有重大的意义[81]。

郭灿城等[82]以Co(Ⅱ)TPP(图5.5.4)为催化剂(3.2×10^{-5} mol/L)，在无溶剂和助剂的情况下，通过空气氧化甲苯制备苯甲醇及苯甲醛(式5.5.4)。在实验条件下，甲苯的转化率为8.9%，苯甲醛和苯甲醇的总选择性为60%，催化剂的TON数达到24275，表现出一定的应用前景。反应的可能机理如式5.5.5所示。

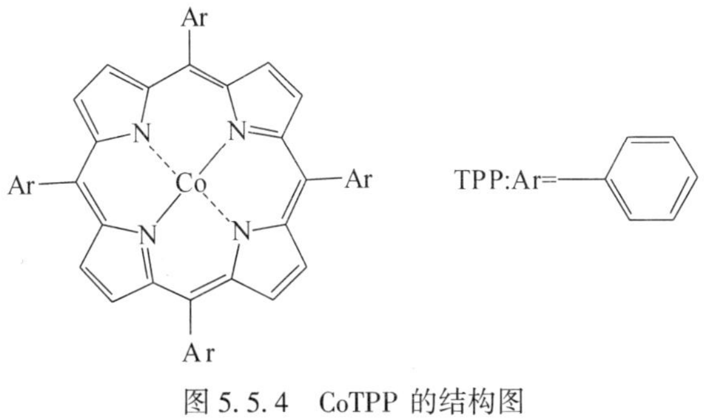

Ar
N N
Ar Co Ar TPP:Ar=
N N
Ar

图5.5.4 CoTPP的结构图

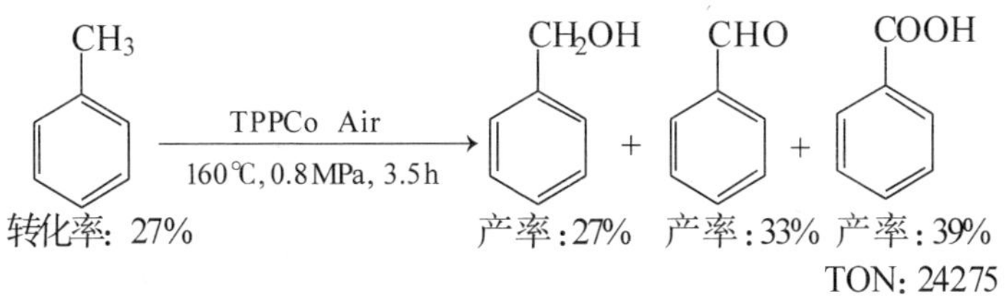

CH3 CH2OH CHO COOH
TPPCo Air
160℃, 0.8MPa, 3.5h (5.5.4)
转化率: 27% 产率:27% 产率:33% 产率:39%
TON: 24275

链引发：

$Co(\mathrm{II})TPP + O_2 \rightarrow TPPCo(\mathrm{III})\text{-}O\text{-}O^{\bullet} \xrightarrow{Co(\mathrm{II})TPP} TPPCo(\mathrm{III})\text{-}O\text{-}OCO(\mathrm{III})TPP \rightarrow TPPCo^{\mathrm{IV}}=O$

$C_6H_5CH_3 + TPPCo^{\mathrm{IV}}=O \rightarrow C_6H_5CH_2^{\bullet} + TPPCo^{\mathrm{III}}\text{-}OH$

链增长：

$$C_6H_5CH_2^{\bullet} + O_2 \rightarrow C_6H_5CH_2OO^{\bullet} \quad (5.5.5)$$

$C_6H_5CH_2OO^{\bullet} + C_6H_5CH_3 \rightarrow C_6H_5CH_2OOH + C_6H_5CH_2^{\bullet}$

$2C_6H_5CH_2OOH \xrightarrow{Co(\mathrm{II})TPP} C_6H_5CHO + C_6H_5CH_2OH$

链终止：

$C_6H_5CH_2^{\bullet} + C_6H_5CH_2^{\bullet} \rightarrow C_6H_5CH_2CH_2C_6H_5$

此外，郭灿城等[83]还发现，μ-氧代双核金属卟啉与金属盐具有一定的共催化效应。以[T(o-Cl)PPMn]$_2$O(图 5.5.5)为催化剂，氯化亚铜为辅催化剂，在无溶剂条件下催化氧化甲苯(式 5.5.6)，甲苯的转化率达到 16.0%，苯甲醇及苯甲醛的总选择性达到 87.0%。

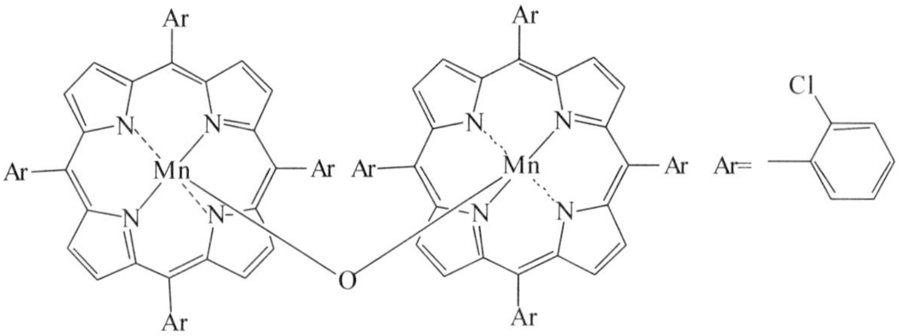

Ar Ar Ar Ar Ar Ar Ar Ar N N Mn N N O N N Mn N N Ar= Cl

图 5.5.5　[T(o-Cl)PPMn]$_2$O 的结构

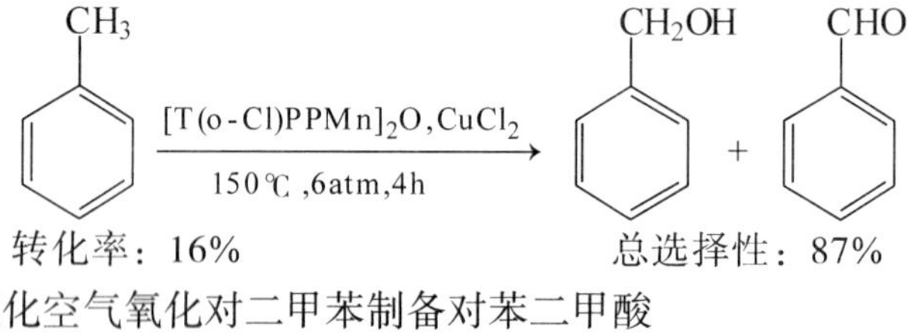

$$\text{CH}_3\text{-C}_6\text{H}_5 \xrightarrow[150℃,6atm,4h]{[T(o\text{-}Cl)PPMn]_2O,CuCl_2} \text{C}_6\text{H}_5\text{CH}_2\text{OH} + \text{C}_6\text{H}_5\text{CHO} \quad (5.5.6)$$

转化率：16%　　　　总选择性：87%

3. 金属卟啉催化空气氧化对二甲苯制备对苯二甲酸

对苯二甲酸(TPA)是制备聚对苯二甲酸乙烯酯(PET)的重要原料。目前，对苯二甲酸主要是通过催化氧化对二甲苯(PX)反应的途径而得到的。反应一般在 80%HOAc 溶剂中进行，采用 $Co(OAc)_2/Mn(OAc)_2/HBr$ 作催化剂。而 HOAc 的使用会造成的反应器壁的腐蚀，而且溴化物的使用会引起环境污染[84]。

研究发现，用金属卟啉或者固载于硅胶、分子筛、氧化铝、海泡石、聚氯乙烯上的金属卟啉与 Cu、Zn、Fe、Co、Mn、Cr、Ni 等过渡金属的盐或氧化物作为共催化剂，通入 0.1~2.0MPa 含 CO_2 体积分数为 0~15%的空气，在温度为 50~250℃，复合催化剂的质量分数为(1~100)×10^{-6}条件下，对对二甲苯进行催化氧化，转化率可达50%~90%。该法的优点是催化剂用量小，催化效率高，反应速度快，选择性好，产物易分离提纯，产率高，成本低[77]。

4. 金属卟啉催化氧气氧化对硝基甲苯制备对硝基苯甲醛

佘远斌等[85]在NaOH-MeOH中，以T(o-Cl)PPMn(图5.5.6)为催化剂，用氧气氧化对硝基甲苯制备对硝基苯甲醛(式5.5.7)，对硝基甲苯的转化率83.0%，对硝基苯甲醛的选择性和收率分别为87.9%和73.0%。

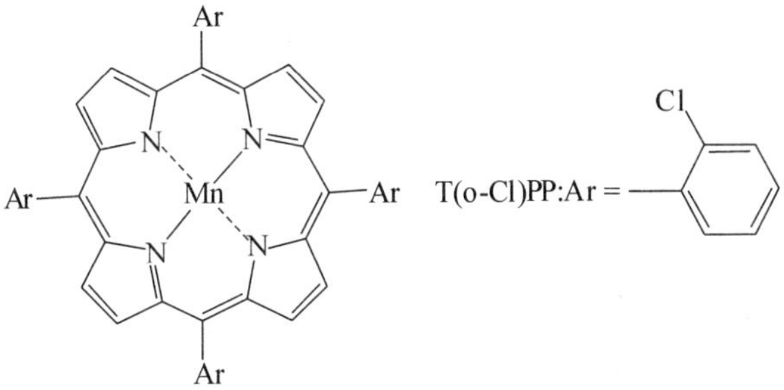

T(o-Cl)PP:Ar = 2-氯苯基

图5.5.6 T(o-Cl)PPMn的结构图

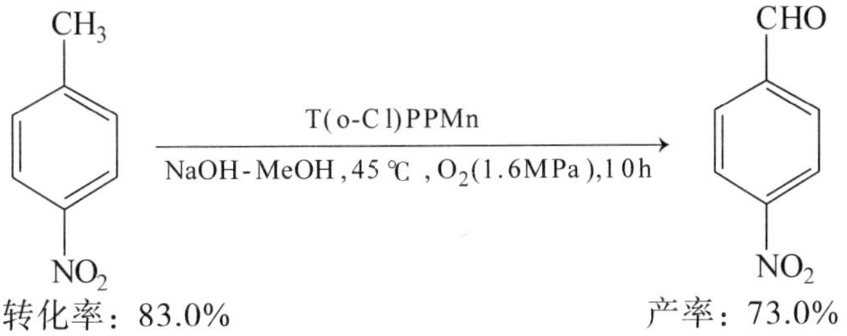

$$\text{对硝基甲苯} \xrightarrow[\text{NaOH-MeOH, 45℃, } O_2(1.6\text{MPa}), 10\text{h}]{\text{T(o-Cl)PPMn}} \text{对硝基苯甲醛} \quad (5.5.7)$$

转化率：83.0%　　　　产率：73.0%

5. 金属卟啉催化氧化苯乙烯制备苯乙醛

何宏山等[86]合成了一种2-氨基苯并咪唑基尾式锰卟啉(图5.5.7)，该结构的尾式基团在适当的条件下可与中心金属配位，充当轴向配体的作用。该催化剂常温常压下催化氧化苯乙烯制备苯乙醛(式5.5.8)，苯乙烯的转化率为69.2%，而没有尾式基团的TPPFeCl

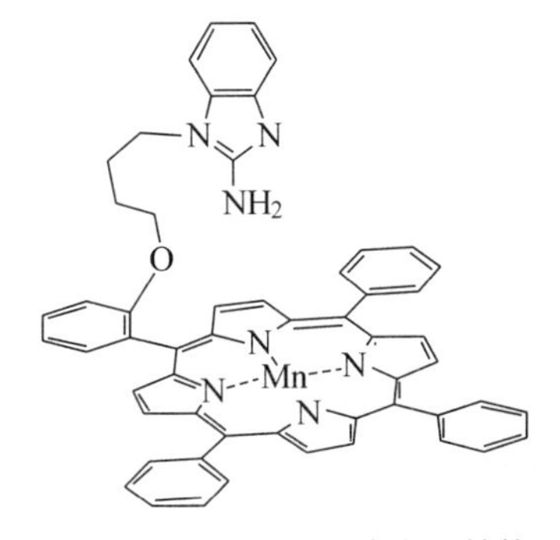

图5.5.7 尾式金属卟啉的结构

对该反应无催化活性。

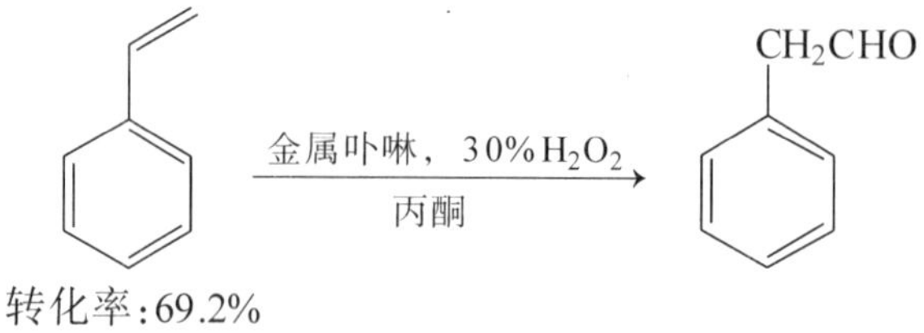

$$\text{苯乙烯} \xrightarrow[\text{丙酮}]{\text{金属卟啉，30\%}H_2O_2} \text{C}_6\text{H}_5CH_2CHO \qquad (5.5.8)$$

转化率:69.2%

5.5.3.2　二氧化碳的活化及环碳酸酯的合成

以 CO_2 为原料合成碳酸酯是化学固定 CO_2 的例子之一。环碳酸酯被广泛用作精细化工中间体、生物医药前体、惰性非质子性极性溶剂以及生产聚碳酸酯的原料，聚碳酸酯则广泛应用于工程塑料等领域。在20世纪70~80年代，已经有人开始对金属卟啉催化环氧化合物与 CO_2 环加成合成碳酸酯进行研究[87]。

Srinivas 等[88]以 Cu(Ⅱ)TPP 和4-二甲氨基吡啶(DMAP)组成催化体系，催化环氧化合物与 CO_2 的环加成反应，合成环碳酸酯(式5.5.9)。以 CH_2Cl_2 为溶剂，在 CO_2 压力为6.9bar、120℃条件下反应4小时，氯丙烯环碳酸酯产率达78.2%，催化剂的TOF为489 h^{-1}，生成环碳酸酯产物的选择性为96.4%。[87]光谱表征揭示反应过程中 CO_2 与催化剂中的Cu以 η^1-C 模式配位。

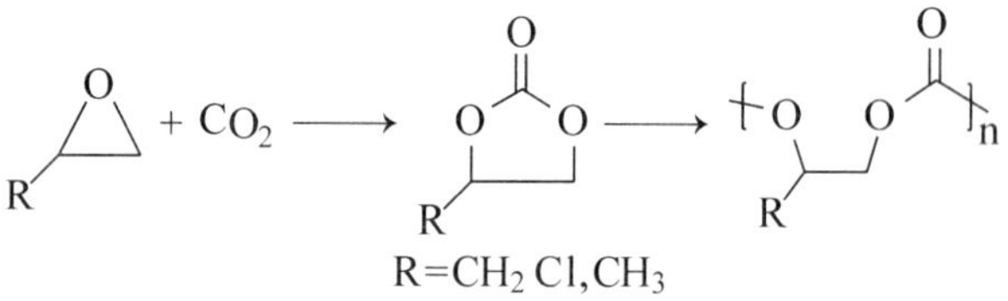

$$\text{环氧化物(R)} + CO_2 \longrightarrow \text{环碳酸酯(R)} \longrightarrow \text{聚碳酸酯}_n \qquad (5.5.9)$$

R=CH_2Cl,CH_3

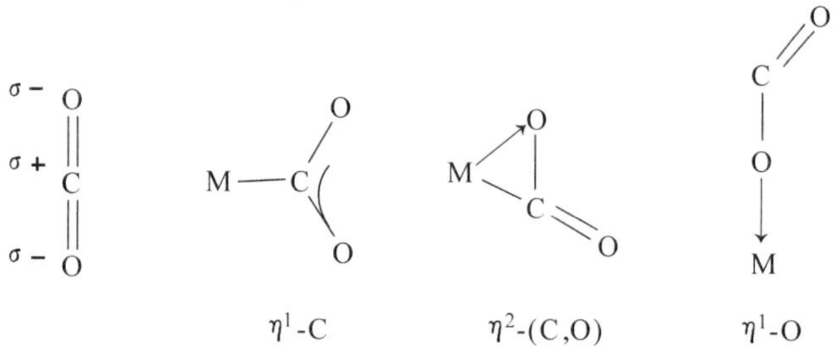

图5.5.8　CO_2 与金属的配位模式

柏东升等[87]合成了双功能金属卟啉 M(TTMAPP)$(Y)_4$(X)化合物，同时具有路易斯酸中心M和碱中心Y，以之作为催化剂应用于 CO_2 与环氧丙烷的环加成反应中。发现无论是以甲醇为溶剂或在无溶剂条件下，都有较好的催化效果。其中，以Co作为中心金属，以 OAc^- 为抗衡离子，CO_2 压力667kPa，反应温度为80℃，无溶剂条件下反应5小时，环丙烯碳酸酯产率达95.4%，选择性大于99%，催化剂的TOF为190.8 h^{-1}。

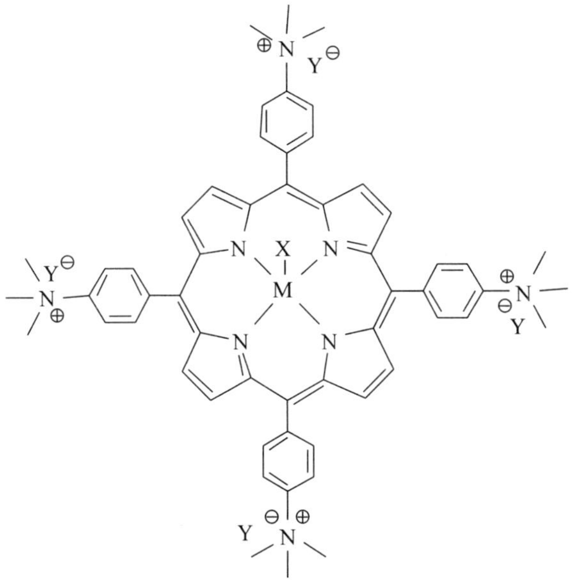

1a：M=Co，X=OAc
1b：M=Fe，X=OAc
1c：M=Mn，X=OAc
1d：M=Cr，X=Cl
1e：M=Co，X=Cl
1f：M=Co，X=Br
1g：M=Co，X=I
1h：M=Co，X=CF_3COO
1i：M=Co，X=CCl_3COO
1j：M=Co，X=OTs

图 5.5.9　M(TTMAPP)$(Y)_4$(X)催化剂结构

5.5.3.3　环境污染物的氧化消除

仿生催化也有可能成为重要的污染控制方法。例如，金属卟啉类配合物还可以有效地催化某些环境污染物的氧化，使其降解为无害的化合物。

五氯苯酚(PCP)是一种极为有害的环境污染物，其化学性质很稳定，自然降解缓慢。金属卟啉配合物(图 5.5.10)能够有效地催化 PCP 的氧化，在一定反应条件下，以 Mn(Ⅲ)-TPyP 作为催化剂，可将 65%～85%的 PCP 催化氧化，而以 Fe(Ⅲ)-TPPS 作为催化剂，可将大约 100%的 PCP 催化氧化[89, 90]。

偶氮类染料也是一种很难生物降解的环境污染物，将金属卟啉配合物与 H_2O_2 组成的

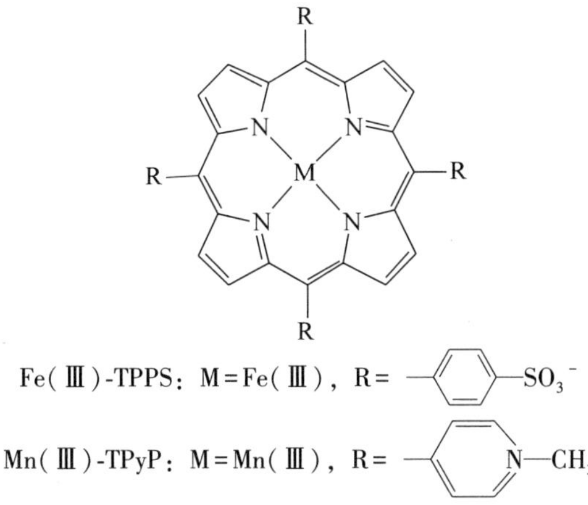

Fe(Ⅲ)-TPPS：M=Fe(Ⅲ)，R= —C_6H_4—SO_3^-

Mn(Ⅲ)-TPyP：M=Mn(Ⅲ)，R= —C_5H_4N—CH_3

图 5.5.10　Fe(Ⅲ)-TPPS 和 Mn(Ⅲ)-TPyP 结构图

催化剂体系用于催化偶氮染料的氧化降解，是一种方便而有效的消除污染的方法。Häger 等[91]研究了水包油型微乳液中，锰卟啉和 H_2O_2 催化两种水溶性偶氮染料的氧化。研究发现微乳液中的氧化反应速度很快，通过增加亲脂性酸的量可以加快底物的氧化降解速度。该反应的决速步是生成一种金属-酰基过氧化物，然后偶氮染料与之反应生成氧化产物(图 5.5.11)。[90]

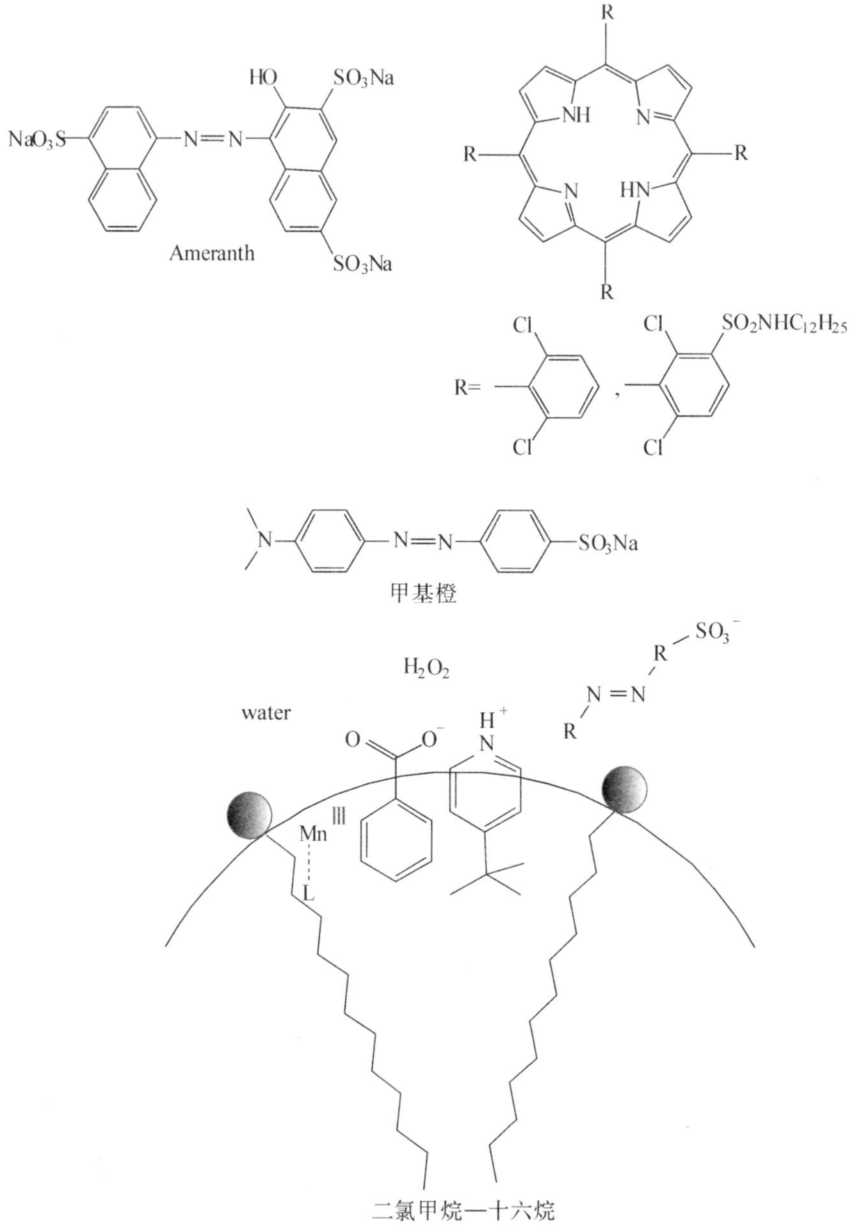

图 5.5.11　金属卟啉配合物/H_2O_2 催化剂体系对偶氮染料的氧化降解

5.6 不对称催化

5.6.1 不对称催化概述

手性(chiral)指的是如同双手般互成镜像而不能重叠的性质，其在自然界中普遍存在。手性物体与其镜像通常被称为对映体。有些有机化合物具有分子结构互成镜像的同分异构体，该化合物称为手性化合物。手性化合物是化学、医药领域常用的概念，通常用(RS)、(DL)或(±)对化合物的不同手性结构进行区分。手性化合物具有旋光性，即用平面偏振光照射一定浓度的纯净的手性化合物的溶液，偏振光平面会发生一定角度的旋转，且根据化合物分子结构的不同，这种偏振光的平面旋转可左可右。

很多药物具有不同的手性异构体。在生物体内进行的生化反应中，一对对映异构体往往具有不同的生理活性，很多情况下只有对映体中的一个具有有效性，而另外一个则无效，甚至具有毒性。例如，20 世纪 60 年代，欧洲发生了著名的反应停事件，反应停(沙利度胺)是德国制药商格兰泰公司 20 世纪 50 年代推出的一种镇静剂和止痛剂，主要用于治疗妊娠恶心、呕吐，因其疗效显著，急性不良反应轻且少，而迅速在全球广泛使用。但是在短短的几年里，全球发生了以往极其罕见的上万例海豹肢畸形儿。研究发现，这与反应停的使用有关。反应停含有两种对映异构体，(R)-异构体具有镇静和止吐作用，而(S)-异构体则具有强烈的致畸作用。因此开发单一对映异构体的手性药物已经成为国际上制药工业的发展趋势。

在手性药物的制备过程中，最后一步往往需要对其相应的外消旋混合物进行拆分。这样一来，总会得到无价值的对映体副产物，即产生了废物，合成的原子经济性较差。在这样的背景下，不对称合成技术应运而生，并成为有机化学研究的热点和前沿[92]。2001 年度的诺贝尔化学奖授予了三位在手性合成领域作出杰出贡献的科学家，分别是美国的 Knowles 和 Sharpless，以及日本的 Noyori，因为他们提出了合成纯粹对映体的科学方案。

第一代不对称合成技术的特征是利用底物分子中的不对称因素去诱导新的不对称原子的构型，步骤繁多；第二代不对称催化合成技术是运用手性辅助剂诱导生成所需构型，它需要有附加步骤以从产物中除去手性辅助剂；第三代不对称合成技术的特征是以试剂来控制反应，如手性硼烷用于硼氢化反应；第四代技术是用手性催化剂来控制不对称诱导，即不对称催化技术。

不对称催化(asymmetric catalysis)，即在手性催化剂的存在下，通过潜手性底物的各种不对称转换反应得到旋光活性化合物。通过不对称催化技术，可以得到纯的对映异构体，因而不需要对消旋体进行拆分，是一种效率高、经济而合理的合成方法。

在不对称催化合成中，手性催化剂与反应底物和试剂作用生成高价态的反应过渡态(氧化加成)，继之这种反应过渡态经历分子内重排，在发生还原消除之后给出所期望的光活性产物。手性催化剂主要由过渡金属、手性配体、非手性配体和配基组成。手性配体和中心金属的严格匹配是高效率催化的重要条件。手性配体是不对称催化过程中手性信息传递和放大的手性来源。不仅反应的对映选择性依赖于配体的结构，反应的活性也常常可以通过改变配体的位阻和电子效应来调节，因为配体的微环境常常能影响催化反应决速步骤的能量。设计巧妙的手性催化剂不仅能够提高反应活性，而且能精确区分小至 10 $kJ \cdot mol^{-1}$ 的非对映异构体的过渡态[93]。不对称催化反应有氢化、氢甲酰化、氢氰化、环氧化、环丙烷化、异构化、羰基还原等。

5.6.2　典型不对称催化技术应用

5.6.2.1　不对称催化氢化

不对称催化反应在工业上运用的第一个实例是不对称催化氢化。20 世纪 70 年代，美国孟山都(Monsanto)公司成功地应用不对称催化氢化合成了帕金森病治疗药物 L-多巴[94]。Pai 等[95]设计合成了双吡啶膦配体(图 5.6.1)，其与乙酰丙酮钌反应形成钌配合物(式 5.6.1)，以之作为催化剂，对 2-(6′-甲氧基-2-萘基)丙烯酸的不对称催化氢化(式 5.6.2)具有极高的对映选择性(表 5.6.1)，可用于制备非甾体类抗炎镇痛的手性药物萘普生。

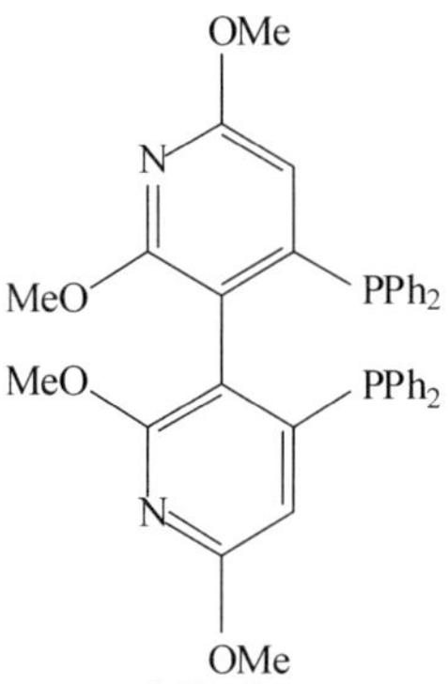

OMe
N
MeO
PPh2
MeO
PPh2
N
OMe
R-**P**-phos

图 5.6.1　双吡啶膦配体结构

$$Ru(acac)_3 \xrightarrow[\text{乙醇，回流}]{R\text{-}\mathbf{P}\text{-phos，锌粉，}} Ru(R\text{-}\mathbf{P}\text{-phos})(acac)_2 \quad \text{产率:97\%} \tag{5.6.1}$$

$$\text{MeO-萘基-C(=CH}_2\text{)}CO_2H + H_2 \xrightarrow{\text{催化剂}} \text{MeO-萘基-C}^*\text{H(CH}_3\text{)}CO_2H \tag{5.6.2}$$

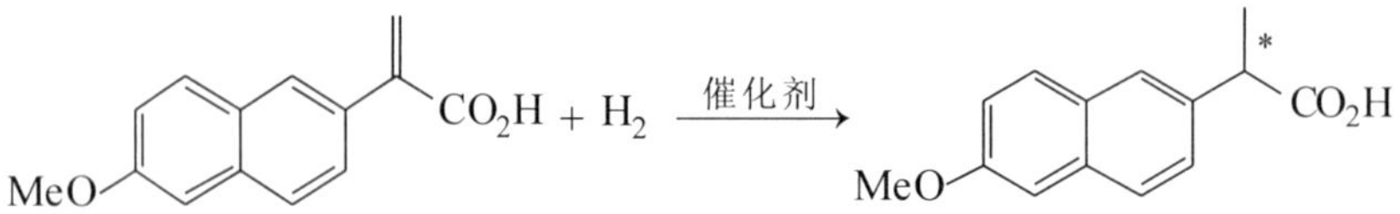

表 5.6.1　**2-(6′-甲氧基-2-萘基)丙烯酸的不对称催化氢化**

编号	催化剂	添加剂	压强(psi)	温度(℃)	转化率(%)	构型
1	Ru(*R*-**P**-phos)(acac)$_2$	–	500	室温	86.8	*R*
2	Ru(*R*-**P**-phos)(acac)$_2$	–	1000	室温	91.5	*R*

续表

编号	催化剂	添加剂	压强(psi)	温度(℃)	转化率(%)	构型
3	Ru(*R*-**P**-phos)(acac)$_2$	H_3PO_4	1000	室温	93.6	*R*
4	Ru(*R*-**P**-phos)(acac)$_2$	–	1000	0	95.3	*R*
5	Ru(*R*-**P**-phos)(acac)$_2$	H_3PO_4	1000	0	96.2	*R*

Carreira 等人[96] 设计了一种水溶性手性二胺- Ir 催化剂，在 pH = 2 的条件下，以 HCOOH 为氢源，实现了硝基烯烃的不对称催化氢化(式 5.6.3)，具有较高的产率和对映选择性(表 5.6.2)。

cat

SO_4^{2-} ; *CP, H_2O, Ir, F_3CO_2S, N, H, NH_2, F, F, F, F

R, NO_2, Me → R, NO_2, Me

5 equiv HCO_2H, H_2O, 0.2 mol/L, pH = 2.0, 24 h, rt

(5.6.3)

表 5.6.2 **硝基烯烃的不对称催化氢化**

编号	底物	底物与催化剂物质的量之比	产率(%)	转化率(%)
1	C_6H_5	1.0	90	90
2	*p*-F-C_6H_4	1.0	82	94
3	*p*-Cl-C_6H_4	1.0	92	90
4	*p*-Br-C_6H_4	1.0	92	92
5	*m*-Cl-C_6H_4	1.0	94	91
6	*p*-CH_3-C_6H_4	1.0	78	90
7	*p*-CH_3O-C_6H_4	1.5	94	92
8	*p*-CN-C_6H_4	1.0	87	92
9	*p*-^{t}*Bu*-C_6H_4	1.0	77	89

此外，羰基也可以进行不对称催化氢化反应。Corey 等以手性恶唑硼烷为催化剂，实现了酮的不对称硼烷还原，使用该方法制备 β 受体激动剂 R-地诺帕明(式 5.6.4)[97]。

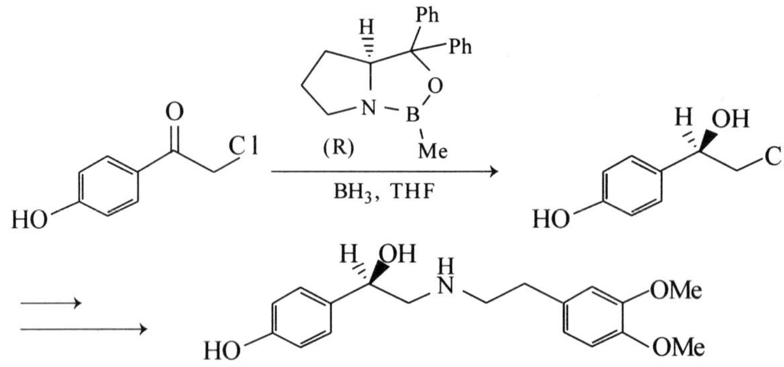

H OH Cl HO (R) Me BH3, THF Ph Ph

(5.6.4)

(R)-地诺帕明
97% e.e.

5.6.2.2 不对称催化环氧化

Sharpless等以手性钛酸酯为催化剂，通过过氧叔丁醇与烯丙醇反应，实现了不对称环氧化的过程，并被用来合成β-受体阻断剂S-心得安(治疗心脏病的药物)(式5.6.5)[98]。

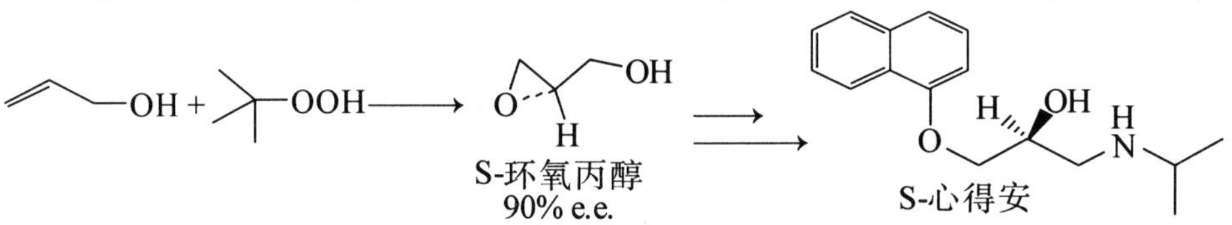

S-环氧丙醇
90% e.e.

S-心得安

(5.6.5)

5.6.2.3 不对称催化加成

Barbas[99]等选用叔胺硫脲作为催化剂，以3-取代的吲哚酮和硝基烯烃为底物，生成的一系列吲哚酮类化合物(式5.6.6、式5.6.7)，反应的产率高，且立体选择性好(表5.6.3)；通过该反应，不仅构建了两个连续的手性碳，同时在3-位形成了季碳手性中心。

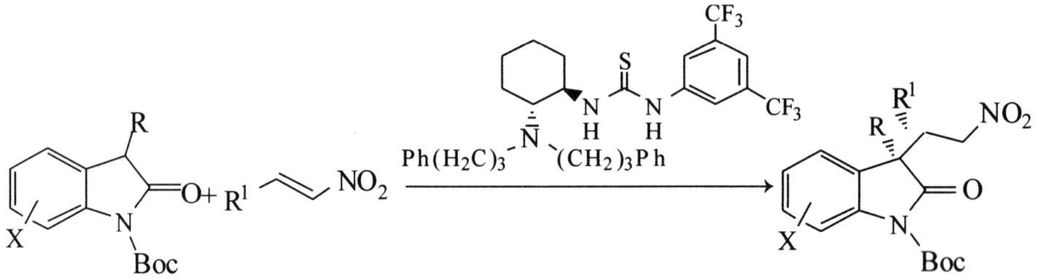

65%~97% yields
dr >20:1, 88%~99% ee

(5.6.6)

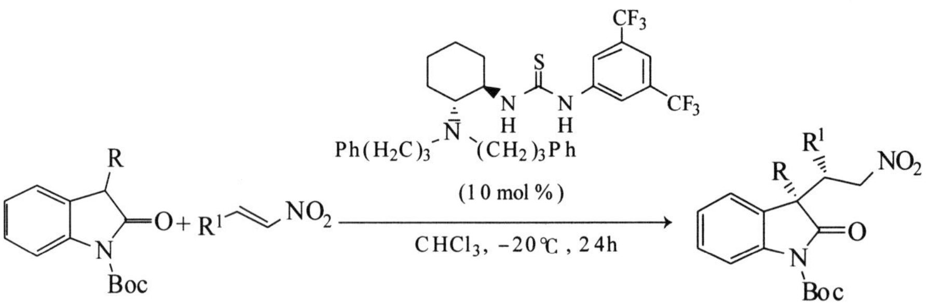

(10 mol%)

$CHCl_3$, −20℃, 24h

(5.6.7)

表 5.6.3 **不对称催化加成**

编号	R	R^1	产物	产率(%)	dr	转化率(%)
1	Me	Ph	4a	96	10∶1	99
2	Et	Ph	4b	95	5∶1	96
3	allyl	Ph	4c	89	6∶1	94
4	cinamyl	Ph	4d	90	11∶1	92
5	4-Br-Bn	Ph	4e	86	5∶1	88
6	allyl	4-Br-C_6H_4	4f	92	6∶1	91
7	allyl	3-Br-C_6H_4	4g	91	9∶1	95
8	allyl	4-MeO-C_6H_4	4h	91	5∶1	90
9	allyl	4-OH-C_6H_4	4i	92	7∶1	92
10	allyl	3，4-Cl_2-C_6H_3	4j	72	3∶1	89
11	allyl	2-furyl	4k	97	6∶1	99
12	allyl	n- C_7H_{15}	4l	95	>20∶1	94
13	allyl	$(MeO)_2CH$	4m	68	>20∶1	93

5.6.2.4 不对称催化羟醛缩合

Mlynarski 等分别用三种二酰胺手性配体(图 5.6.2)与三氟甲磺酸锌配位，得到催化剂，用于酮与酸的羟醛缩合反应(式 5.6.8)反应，产率达到了 94%~98%，产物的 ee 值为 90%~94%[100, 101]。

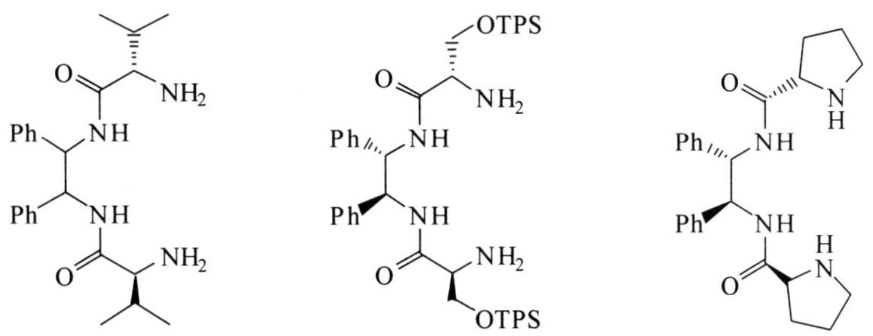

图 5.6.2 二酰胺手性配体结构

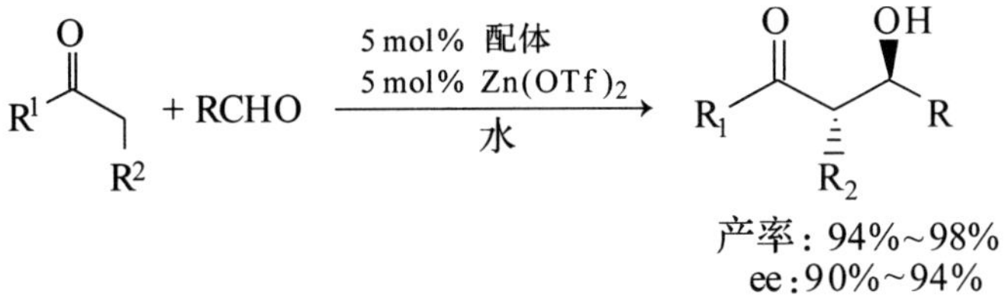

$$R^1COCH_2R^2 + RCHO \xrightarrow[\text{水}]{\text{5 mol\% 配体, 5 mol\% Zn(OTf)}_2} R_1COCH(R_2)CH(OH)R \quad (5.6.8)$$

产率：94%~98%
ee：90%~94%

5.7 光催化

5.7.1 光催化概述

1972年，日本学者Fujishima和Honda[102]报道了在N型半导体TiO_2单晶电极上水光致分解产生H_2和O_2的现象。这一重要发现为人类开发利用太阳能提供了新思路，同时也引发了光催化技术的快速发展。早期的工作主要集中在新能源的开发方面；近年来，光催化技术在环境污染物控制和有机合成反应中的应用得到了空前的发展。光催化反应是指某一些材料(光催化剂)在吸收了光子的能量后，能够发生电子能级跃迁，从而引起或促进的化学反应。早期研究最多的光催化剂是半导体金属氧化物或硫化物，如TiO_2、ZnO、WO_3、α-Fe_2O_3、ZnS、CdS及PbS等，它们对特定反应具有突出优点。其中TiO_2廉价易得，无毒无害，且化学性质稳定，抗光腐蚀性强，是研究和使用最多的光催化剂。半导体光催化剂大多是n型半导体材料，其能带是不连续的，即在价带(valence band)和导带(conduction band)之间存在一个禁带(forbidden band)。当半导体吸收的能量大于禁带宽度的光子辐射时，其价带电子可能从价带跃迁到导带。以常用的锐钛矿型TiO_2为例，其禁带宽度为3.2eV，如果辐射光的光子能量大于3.2ev，TiO_2的价带电子e^-跃迁到导带，从而产生光生电子(e^-)和空穴(h^+)(式5.7.1)，它们可以通过扩散或者电场作用迁移到TiO_2的表面，其原理如图5.7.1[103]所示。

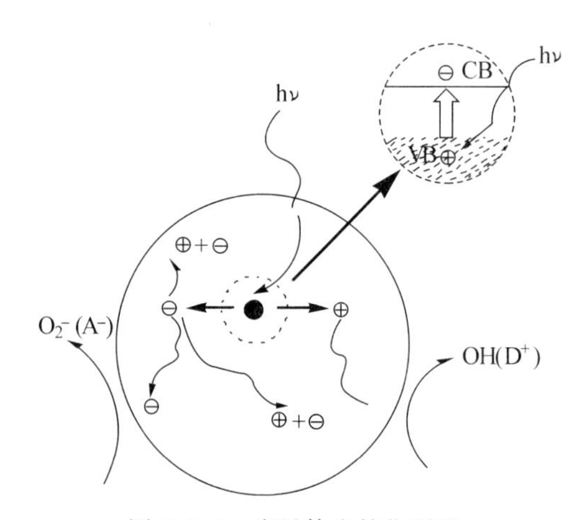

图5.7.1 半导体光催化原理

光生电子具有很强的还原性(氧化还原电位为-0.52V)，可以把氧分子还原成超氧负离子(O_2^-)(式5.7.2)，将水分子歧化为H_2O_2(式5.7.3)，并促进羟基自由基的生成(式5.7.4)。

$$TiO_2 \xrightarrow{h\nu} (e^-/h^+) \qquad (5.7.1)$$

$$O_2 + e^- \longrightarrow O_2^- \bullet \qquad (5.7.2)$$

$$O_2^- \cdot + 2H_2O \longrightarrow H_2O_2 + 2OH^- + O_2 \quad (5.7.3)$$

$$H_2O_2 + e^- \longrightarrow \cdot OH + OH \quad (5.7.4)$$

同时，光致空穴具有极强的氧化性(还原电位可达+2.53 V)，也可以导致水中羟基自由基的生成，并能与水体中有机物反应形成系列自由基中间体(式5.7.5~式5.7.9)，从而促进有机物的氧化。

$$RH_2 + h^- \longrightarrow RH \cdot + H^+ \quad (5.7.5)$$

$$(OH^-)_s + h^+ \longrightarrow \cdot (OH)_s \quad (5.7.6)$$

$$RH_2 + \cdot (OH)_s \longrightarrow RH \cdot + H_2O \quad (5.7.7)$$

$$RH \cdot + \cdot (OH)_s \longrightarrow (HROH)_{ads} \quad (5.7.8)$$

$$(HROH)_{ads} + 2 \cdot (OH)_s \longrightarrow RO \cdot + 2H_2O \quad (5.7.9)$$

因此，TiO_2为催化剂的光催化技术非常适合于环境催化应用[104]，有大量的研究将其应用于水体有机污染物的分解、杀菌消毒以及重金属的光催化强化沉淀等。但是，常用半导体光催化剂的禁带和宽度大多在紫外区域，光催化反应主要由紫外光激发，可见光的利用率较低。通过合理的杂原子掺杂，可以在一定程度上改善半导体对可见光的光谱响应范围。例如，用B，C，N，S和P等非金属元素对半导体进行阴离子掺杂调节导带位置，或用Cr，Ni，Fe，V等具有3d电子轨道的过渡金属对半导体进行阳离子掺杂调节价带位置，或以阴、阳离子共掺杂同时调整半导体的导、价带位置。

最近，有机物可见光催化剂得到了很大的发展，极大地拓宽了光催化技术可适用的可见光范围，特别是使得可见光催化有机合成成为了热门研究领域。有机物可见光催化剂主要包括金属络合物和大分子共轭物质。金属络合物可见光催化剂主要有Ru(Ⅱ)、Ir(Ⅲ)与有机小分子的络合物，如$[Ru(bpy)_3]Cl_2$、$[Ir(ppy)_2(dtbbpy)]^+(PF_6^-)$等(图5.7.2)。大分子共轭物质主要是一些感光的天然色素和染料，如eosin Y，rose bengal等(图5.7.3)。可见光催化反应历程可分为氧化淬灭循环和还原淬灭循环。以三联吡啶钌$[Ru(bpy)_3]Cl_2$为例，$Ru(bpy)_3^{2+}$在吸收可见光后转变为激发态$Ru(bpy)_3^{2+}$，激发态既容易被氧化为$Ru(bpy)_3^{3+}$(称为氧化淬灭)，也容易被还原为$Ru(bpy)_3^+$(称为还原淬灭)。如图5.7.4所示，A为电子受体，作为氧化淬灭试剂，包括重氮盐、硝基化合物、卤化物、甲基紫罗碱、过硫酸盐和O_2等；D为电子供体，作为还原淬灭试剂，包括胺类、Hantzsch酯和EDTA等[105]。因此，伴随着激发态络合物光催化剂的淬灭过程，与之接触的淬灭试剂发生了相应的氧化还原反应。

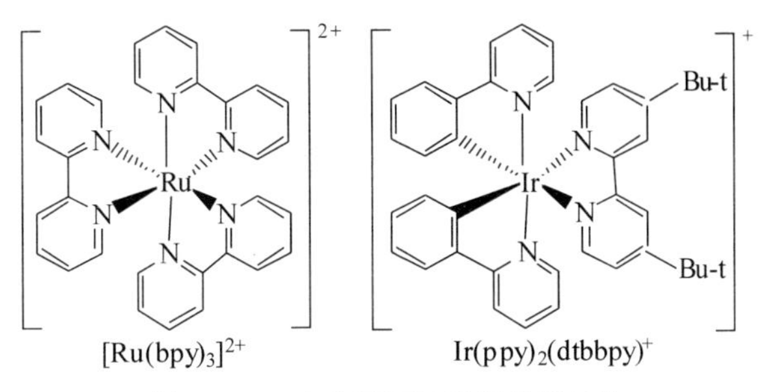

图5.7.2 小分子可见光催化剂结构

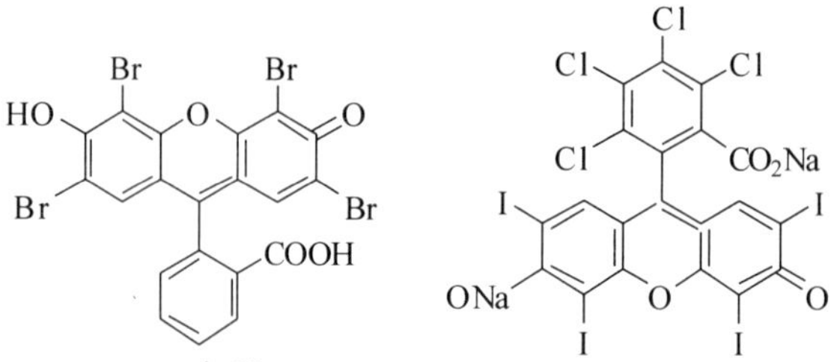

eosin Y　　rose bengal

图 5.7.3　大分子可见光催化剂结构

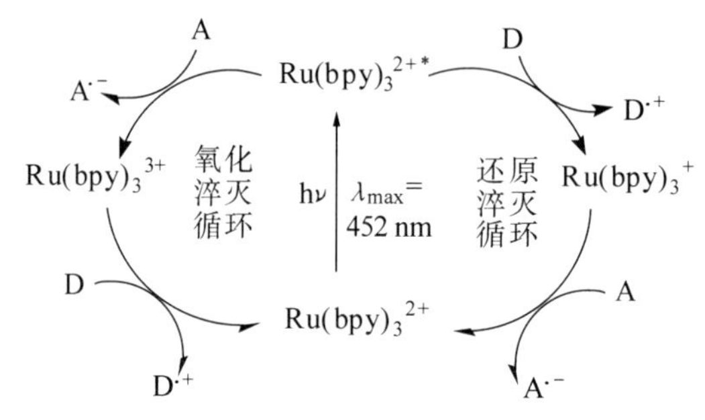

图 5.7.4　可见光催化历程

太阳光可以被认为是一种“无限”的易获得资源，以之作为化学反应的能量来源具有环境友好的特点，基于可见光催化剂的有机反应是新型绿色反应。

5.7.2　典型可见光催化有机反应

5.7.2.1　醛羰基 α 位烷基取代反应

MacMillan[106]等首次用可见光催化实现醛 α 位的烷基取代反应，同时这也是一种构建手性碳的有效方法。该研究中，用[Ru(bpy)$_3$]Cl$_2$作为光催化剂，同时用手性咪唑酮类化合物作为共催化剂，在光照条件下实现了对醛的 α-不对称烷基化(式 5.7.10)。研究人员提出了共催化(dual-catalysis)机理，即醛与胺催化剂缩聚产生富电子(electron-rich)的烯胺中间体，同时，溴基烷烃通过可见光催化过程产生缺电子(electron-deficient)的烷基自由基，两者发生反应形成 C—C 键。该反应适用不同类型底物，并具有高对应选择性和操作简单的特点。

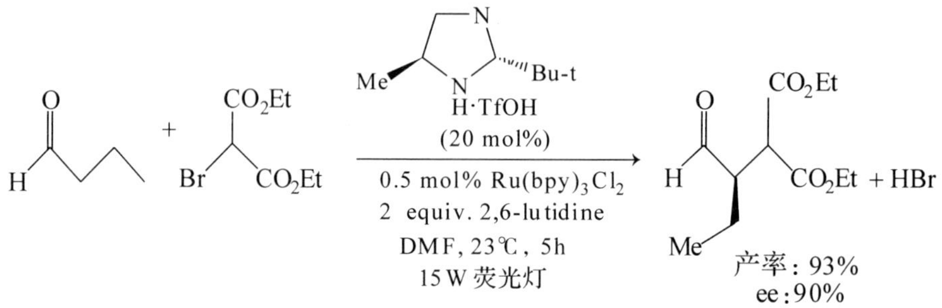

H·TfOH (20 mol%)
0.5 mol% Ru(bpy)$_3$Cl$_2$
2 equiv. 2,6-lutidine
DMF, 23℃, 5h
15 W 荧光灯
+ HBr
产率：93%
ee：90%

(5.7.10)

5.7.2.2 环加成反应

Yoon 等[107]在 Lewis 酸存在的条件下，用可见光催化的方法实现烯酮的分子内[2+2]环加成(式 5.7.11)。

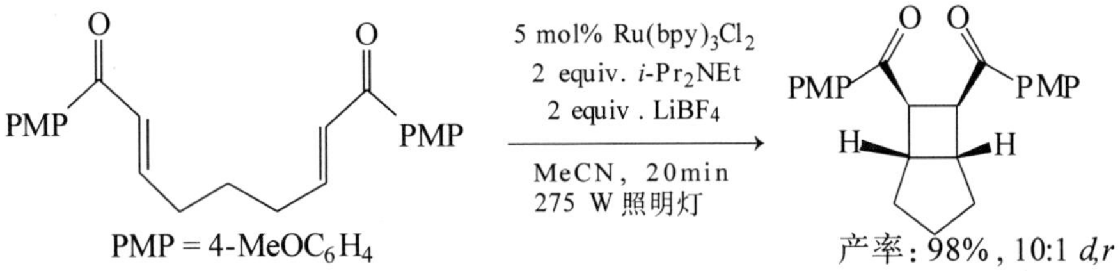

O O PMP PMP

$PMP = 4\text{-}MeOC_6H_4$

5 mol% $Ru(bpy)_3Cl_2$
2 equiv. $i\text{-}Pr_2NEt$
2 equiv . $LiBF_4$
MeCN，20min
275 W 照明灯

O O PMP PMP H H

产率：98%，10:1 *d.r*

(5.7.11)

5.7.2.3 脱卤还原反应

Zeitler[108]等用廉价的有机染料作为光催化剂，实现了羰基 α 位的脱卤还原(式 5.7.12)。

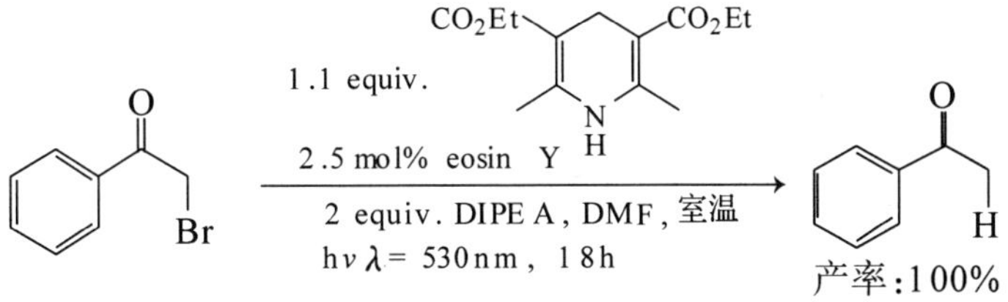

O Br

1.1 equiv. CO_2Et CO_2Et N H
2.5 mol% eosin Y
2 equiv. DIPEA，DMF，室温
$h\nu$ λ= 530nm，18h

O H

产率：100%

(5.7.12)

5.7.2.4 脱卤加成反应

Lee[109]等报道了用 Ir 配合物作为光催化剂，实现了芳基卤化物与烯烃或炔烃的分子内脱卤加成(式 5.7.13)。

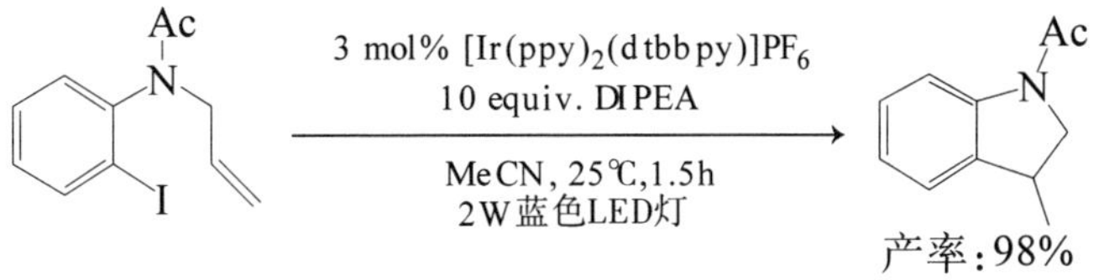

Ac N I

3 mol% $[Ir(ppy)_2(dtbbpy)]PF_6$
10 equiv. DIPEA
MeCN，25℃，1.5h
2W蓝色LED灯

Ac N

产率：98%

(5.7.13)

5.7.2.5 胺的 α 位取代反应

Stephenson[110]等使用 Ir 配合物作为光催化剂，实现了硝基烷烃和芳基叔胺的反应(式 5.7.14)。

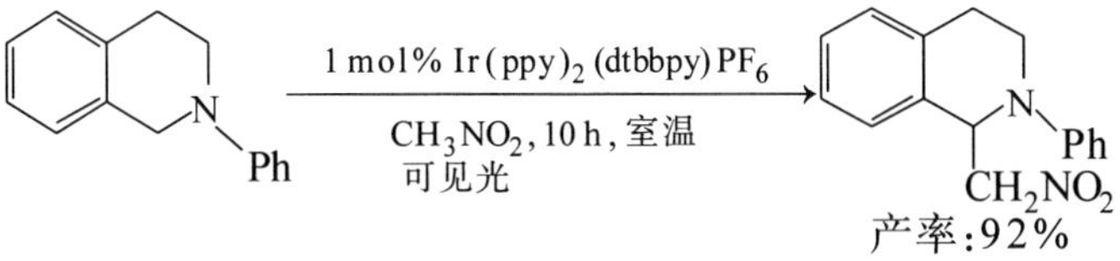

N Ph

1 mol% $Ir(ppy)_2(dtbbpy)PF_6$
CH_3NO_2，10 h，室温
可见光

N Ph CH_2NO_2

产率：92%

(5.7.14)

5.8 天然气催化燃烧

5.8.1 天然气催化燃烧概述

相对于其他化石能源，以甲烷为主要成分的天然气具有运输和使用方便、热效率高、

污染小等优点，在我国能源结构中的地位不断提高。与其他烃类相比，甲烷含碳少而热值高。但甲烷较为稳定，难以活化，采用传统的火焰燃烧方式，燃烧温度可达 1700 ℃，在此环境下，空气中的 N_2 被氧化，导致 NO_x 污染物的生成，而且燃烧不充分会造成较高浓度的未燃烧碳氢化合物(UHC)和 CO 的排放；此外，火焰燃烧过程中部分能量以光辐射的形式损失。催化燃烧技术可实现甲烷的较低温度燃烧，大幅度减少污染物的产生，且提高了燃烧效率；催化燃烧是无火焰燃烧，避免了能量的光辐射损失。催化燃烧是一种清洁高效的甲烷燃烧技术，在节能减排中具有重要的应用价值。此外，对于矿井等工作区产生的瓦斯气体释放、天然气汽车的尾气排放、水处理厂甲烷排放，催化燃烧也是有效的净化方法[111]。催化燃烧技术对催化剂有较高要求，要求催化剂在低温(350~500 ℃)时有高的活性来点燃反应，在高温时有好的热稳定性，而且还需具备较高的水热稳定性及一定的抗硫中毒能力。催化剂的活性与热稳定性往往难以兼顾，目前主要通过合理设计燃烧反应器来解决这个问题。

甲烷催化燃烧与传统火焰燃烧的最终产物都是 CO_2 和 H_2O，但两者的燃烧反应机理不同。传统火焰燃烧反应是高温下的自由基反应，催化燃烧过程中表面催化氧化反应和自由基反应则可能同时发生，反应温度由催化剂和燃料特性决定。通常认为，第一个 C—H 键的断裂是反应的控制步骤。第一步反应发生后，后续反应会迅速发生。实际上，在一定温度下，反应物质的气相扩散过程也能成为控制步骤。如图 5.8.1 所示，低温区(A~B)是动力学控制步骤，反应速率随温度的升高而增加。如反应速率增加到某一数值，催化剂表面的反应物迅速消耗，而气相中的反应物不能及时到达催化剂表面，此时扩散成为控制步骤。由于扩散速率对温度不敏感，这一温区(B~C)反应速率几乎不变。如果温度继续上升，达到某一点时就会点燃气相反应，反应速率迅速增加(C~D)[112]。

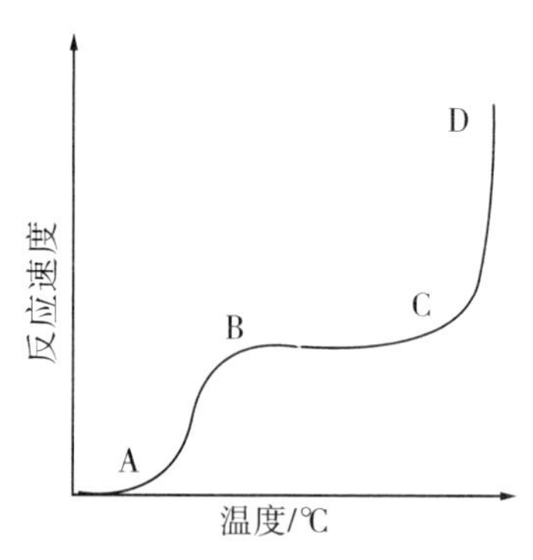

AB 段为动力学控制区；BC 段为扩散控制区；CD 段为均相反应区

图 5.8.1　甲烷催化燃烧反应历程示意图

根据活性组分的种类，用于甲烷催化燃烧的催化剂可大致分为贵金属催化剂和金属氧化物催化剂。一般而言，贵金属催化剂具有更高的低温活性，而金属氧化物催化剂则具有成本低廉及高温活性好等优点。

5.8.2 天然气催化燃烧催化剂与反应工艺

5.8.2.1 贵金属催化剂

贵金属活性组分包括 Pt、Pd、Rh、Ru、Os 和 Ir 等，其中，最常用的是 Pt、Pd 和 Rh。贵金属催化剂通常负载在高比表面积的多孔载体上，如 Al_2O_3和 SiO_2等。一般认为，在贵金属催化剂上，甲烷解离吸附为甲基或亚甲基，它们与贵金属所吸附的氧作用，直接生成 CO_2和 H_2O；或者生成化学吸附的甲醛中间物，甲醛与贵金属所吸附的氧进一步反应生成 CO_2和 H_2O。

贵金属催化剂的活性与其在载体上的分散度及金属-载体相互作用有关。在高温下，由于贵金属烧结导致分散度显著下降，催化剂活性往往显著下降。γ-Al_2O_3 是常用的活性载体，其在高温下的相变也会导致催化剂活性下降。通过载体改性、添加助剂、优化制备条件和方法等措施可以提高贵金属催化剂的活性和稳定性。例如，在 Al_2O_3中掺杂 5%～6%(w)的 Si 可以改善热稳定性，采用反相微乳液法制得的 Si 掺杂的 Al_2O_3，可显著提高负载的 Pd 催化剂在甲烷氧化过程中的活性和热稳定性[113]。适量添加 CeO_2也可改善 Pd/Al_2O_3催化剂的热稳定性[114]。

有研究表明，在贵金属催化剂上进行的甲烷氧化反应是尺寸敏感反应。Beck 等[115]制备了一系列不同 Pt 颗粒粒径(1～10 nm)的 Pt/Al_2O_3催化剂。研究结果表明，转化频率(TOF)随粒径变化呈正态分布，当 Pt 颗粒粒径约为 2 nm 时 TOF 最大，此时 Pt 由 Pt^0和 PtO_x的混合物组成。当 Pt 颗粒粒径大于 2 nm 时，Pt 主要以金属态 Pt^0形式存在，TOF 的粒径依赖性来源于甲烷氧化过程中表观活化能的粒径依赖性。当 Pt 颗粒粒径小于 2 nm 时，由于 Pt 颗粒与载体之间的强相互作用，TOF 随 Pt 纳米颗粒粒径的减小而降低。

5.8.2.2 金属氧化物催化剂

天然气催化氧化金属氧化物催化剂主要包括钙钛矿型、六铝酸盐型及其他金属氧化物或复合氧化物。金属氧化物催化剂的晶格中存在可迁移的氧离子，而且不同种类和价态的金属离子对反应物的吸附性能不同。在较低温度时，金属氧化物表面吸附氧对甲烷起氧化作用，而在较高温度时晶格氧起主要作用[116]。

钙钛矿型氧化物可表示为：ABO_3(A＝La、Sr、Ba，B＝Co、Mn、Cr)。图 5.8.2 表示

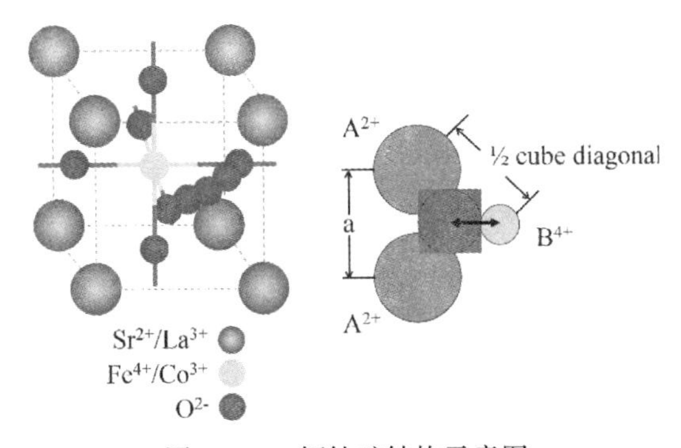

图 5.8.2 钙钛矿结构示意图

钙钛矿的晶体结构，B位阳离子与六个氧离子形成八面体配位，而A位阳离子位于由八面体构成的空穴内呈十二配位结构，O位于立方体各条棱的中心。钙钛矿型氧化物的催化性能与A、B离子的本质和过渡金属B的价态有关。通常A催化活性较低，但起稳定作用，B是起主要活性作用的过渡金属。通过部分掺杂或取代A或B离子，由于离子半径不同产生缺陷或空位，可改善催化材料对氧的吸脱附性能，从而提高催化活性。具有代表性的是$LaMnO_3$催化剂和$LaCoO_3$催化剂，或通过掺杂替代的$La_{1-x}A_xMnO_3$或$La_{1-x}A_xCoO_3$(A=Ce，Sr，Eu，Cu，Ag，Mg等)钙钛矿催化剂[112]。钙钛矿型催化剂的稳定性较贵金属催化剂虽然有所提高，但仍存在比表面积较低以及高温下的烧结问题。

六铝酸盐性氧化物可以用通式$AAl_{12}O_{19}$表示，其中A代表碱金属或碱土金属，如图5.8.3所示。六铝酸盐具有高热稳定性，这起源于它们的薄片状结构，六铝酸盐由被单层氧化物隔离的堆积尖晶石层构成，尖晶石层被引入的碱金属或碱上金属所形成的氧化物层分割开。这就阻碍了尖晶石层的相互接触，进而阻止了形成氧化铝所需要的结构重排[117]。相关研究多集中在Ba、Sr、La-六铝酸盐和采用过渡金属离子(如Mn、Fe、Cu)部分取代六铝酸盐中Al^{3+}以提高催化剂活性。

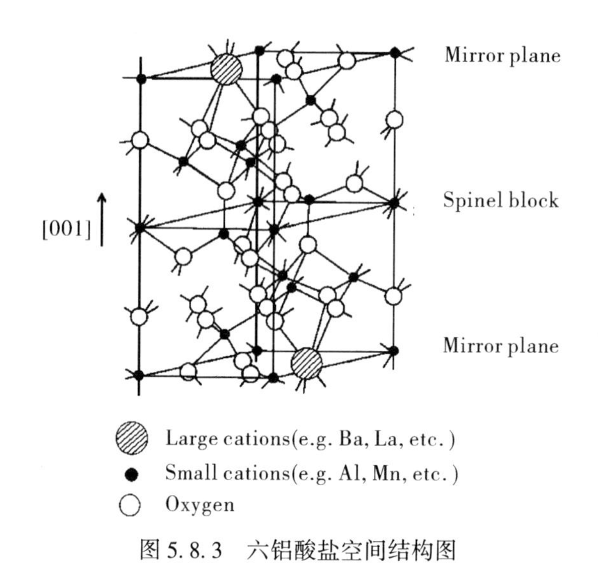

图5.8.3　六铝酸盐空间结构图

其他金属氧化物也可以作为天然气燃烧催化剂。常用的活性金属氧化物成分包括Cu、Mn、Co、Cr、Ni等的氧化物，这些金属氧化物在800℃以上会严重失活。多种金属的复合氧化物往往具有比单一氧化物更好的活性。例如在Co_3O_4中加入适量的CeO_2，由于表面Co与Ce之间的强相互作用，以及部分Co进入CeO_2晶格导致氧空位的形成，改善了催化剂的活性和热稳定性[118]。在Co_3O_4尖晶石结构中掺杂Mn增加了晶体缺陷，促使与催化性能紧密相关的八面体配位的Co^{2+}含量增加，从而提高了活性[119]。

5.8.2.3　催化燃烧工艺

常用的催化反应工艺有颗粒催化剂固定床反应工艺、整体式催化剂反应工艺、流化床反应工艺和吸-放热耦合反应工艺[120]。其中，颗粒催化剂固定床反应器结构简单，以颗粒态催化剂填充固定反应床，常用于实验室进行新型催化剂评价，但由于床层压力较大，较少应用于工业燃烧过程。而整体式催化剂的催化床层压降低，适合大空速反应，反应器中传质效率高，且反应器的组装、维护和拆卸简单，降低了过程成本，在甲烷催化燃烧方面具有良好的应用价值。

整体式催化剂是由整体式载体、涂层以及催化活性组分构成。为了在载体表面均匀负载具有高比表面积的涂层，整体式催化剂载体要具有适合的内部结构和表面组成。同时，载体的导热系数要适宜，具有足够大的比表面积、优良的耐高温性和抗热震性及足够的机械强度，以承受反应过程中的机械和热的冲击。目前，最常用的是蜂窝陶瓷和金属合金等整体式载体[121]。

蜂窝陶瓷载体是一种强度高、膨胀性低、吸附能力强、耐热震性好、耐磨损的蜂窝状多孔陶瓷(图 5.8.4)，通常为堇青石材质。蜂窝陶瓷载体的价格低且易于制造，但存在热容量大、导热能力差、机械强度低、抗热冲击性能差等缺点。金属基载体具有更好的加工性、良好的热传导性和较低的热容，抗震性好、不易脆裂，有更长的使用寿命。金属基整体式催化剂基体的结构类型有蜂窝状、丝网状和泡沫状。蜂窝状金属基载体因其良好的加工性被广泛应用，但平行排布的互补联通的孔道影响纵向传质，因此，通常要在反应工艺上进行一些改进[120]。Kolodziej A 等[122]提出短程孔道结构的整体式催化剂。将整体式催化剂切分为几段，大大提高了传质效率。金属丝网蜂窝催化剂(图 5.8.5)是以成型金属丝网为支撑体的新型结构化催化材料。由于主通道壁是通透的丝网，网孔为流体径向混合提供了旁路，明显改善流体分布和混合状况，提高了传递效率。近年来，金属泡沫载体(图 5.8.6)发展迅速，目前，已制备出 Fe、Co、Ni、Cu、Zn、Pd、Ag、Pt 和 Au 等金属泡沫，孔隙从毫米、微米级到纳米级不等[120]。

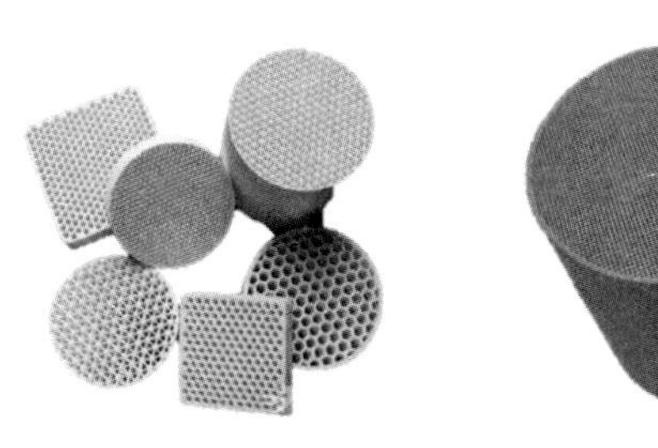

图 5.8.4 蜂窝陶瓷

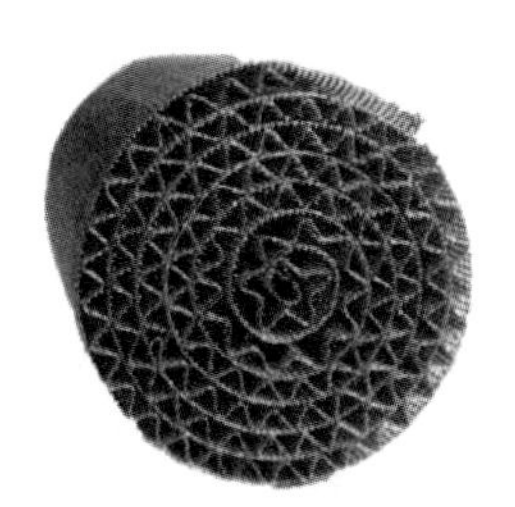

图 5.8.5 金属丝网蜂窝

图5.8.6 金属泡沫载体

Fant等[123]介绍了多段式催化燃烧反应器的设计工艺，设计中直接选取多段式整体催化剂，催化剂位置不同，发挥的催化作用也不同。如最前段采用Pd基整体式催化剂，反应产生大量的热量能够点燃后段的六铝酸盐催化剂，而六铝酸盐催化剂在制备时经过1200℃焙烧，具有很好的热稳定性，能够在高温下长期稳定运行。

对于一些甲烷浓度较低的矿井煤层气和工业废气中甲烷的催化燃烧，由于煤层气和工业废气流量及浓度波动大，若采用固定床催化燃烧反应工艺，容易在流量或浓度突然升高的时候出现催化剂床层的热点，从而造成反应器的局部温度过高以及反应器构建的热应力过大等问题。而流化床催化燃烧装置具有燃烧过程接触面积广、热容量大和换热效率高等特点，可有效避免固定床催化燃烧反应工艺存在的问题，适合应用于低浓度甲烷的催化燃烧[120]。

在甲烷催化燃烧反应工艺研究中，有效的过程强化方法可以缩减反应器体积，还可以提高反应热量的利用率。甲烷催化燃烧是强放热反应，可以将甲烷催化燃烧的放热与一些吸热反应耦合，开发出吸-放热耦合反应。其中，固定床催化反应器中的流向变换强制周期操作受到越来越多的关注，其基本原理是通过操作反应装置中阀门的时间及顺序，从而控制催化燃烧反应器内气体流向的周期性改变。典型的流向变换周期操作甲烷催化燃烧反应工艺流程如图5.8.7所示。反应工艺中的固定床可分为中间有效反应催化段和两端蓄

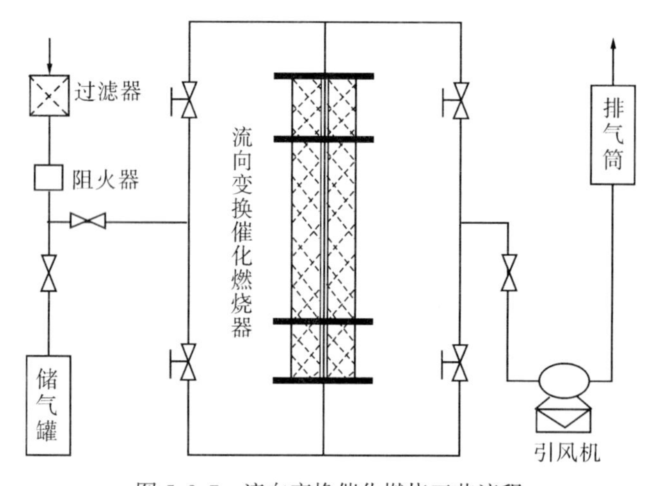

图5.8.7 流向变换催化燃烧工艺流程

热/换热惰性段三个区域。惰性段填料一般采用高热容和高强度的蓄热材料，催化段反应后产生的热量被蓄积在反应器内部。由于反应物和催化剂之间、反应物和惰性填料颗粒之间均为直接接触式换热，具有很高的换热效率。因此，即使是反应物甲烷浓度很低，甲烷催化燃烧的反应仍可维持自热平衡。将强吸热的甲烷重整制氢气、烷烃脱氢等反应与强放热的甲烷催化燃烧进行耦合，高效利用反应热的研究引起广泛关注[120]。

参考文献

[1] 卜令海. 含氟胺类化合物的催化合成[D]. 山东师范大学, 2008.

[2] Gupta P, Paul S. Solid acids: Green alternatives for acid catalysis[J]. Catalysis Today. 2014, 236: 153-170.

[3] Riego J M, Sedin Z, Zaldívar J, et al. Sulfuric acid on silica-gel: an inexpensive catalyst for aromatic nitration[J]. Tetrahedron Letters, 1996, 37(4): 513-516.

[4] Mirjalili B F, Zolfigol M A, Bamoniri A. Deprotection of acetals and ketals by silica sulfuric acid and wet SiO_2[J]. Molecules, 2002, 7(10): 751-755.

[5] Chen S, Yokoi T, Tang C, et al. Sulfonic acid-functionalized platelet SBA-15 materials as efficient catalysts for biodiesel synthesis[J]. Green Chemistry, 2011, 13(10): 2920.

[6] Gupta P, Kumar V, Paul S. Silica functionalized sulfonic acid catalyzed one-pot synthesis of 4,5,8a-Triarylhexahydropyrimido[4,5-d]pyrimidine-2, 7(1H,3H)-diones under liquid phase catalysis[J]. Journal of the Brazilian Chemical Society, 2010, 21(2): 349-354.

[7] Shaterian H R, Yarahmadi H, Ghashang M. Silica supported perchloric acid ($HClO_4$-SiO_2): an efficient and recyclable heterogeneous catalyst for the one-pot synthesis of amidoalkyl naphthols[J]. Tetrahedron, 2008, 64(7): 1263-1269.

[8] Busca G. The surface acidity of solid oxides and its characterization by IR spectroscopic methods. An attempt at systematization[J]. Physical Chemistry Chemical Physics, 1999, 1(5): 723-736.

[9] Narayanan S, Deshpande K. Aniline alkylation over solid acid catalysts[J]. Applied Catalysis A: General, 2000, 199(1): 1-31.

[10] 张秋云, 李虎, 薛伟等. 生物柴油合成中金属氧化物固体酸的应用研究进展[J]. 精细石油化工, 2013, 30(2): 73-82.

[11] 沈玉龙, 曹文华. 绿色化学(第二版)[M]. 北京: 中国环境科学出版社, 2009.

[12] Derouane E G, Védrine J C, Pinto R R, et al. The acidity of zeolites: concepts, measurements and relation to catalysis: a review on experimental and theoretical methods for the study of zeolite acidity[J]. Catalysis Reviews, 2013, 55(4): 454-515.

[13] Rahimi N, Karimzadeh R. Catalytic cracking of hydrocarbons over modified ZSM-5 zeolites to produce light olefins: A review[J]. Applied Catalysis A: General, 2011, 398(1-2): 1-17.

[14] Liu Z, Wang Y, Xie Z. Thoughts on the future development of zeolitic catalysts from

an industrial point of view[J]. Chinese Journal of Catalysis, 2012, 33(1): 22-38.

[15] 常彬彬. 介孔碳基固体酸催化剂的制备及其性能研究[M]. 浙江理工大学, 2014.

[16] 张建明, 翟尚儒, 黄德智等. 固体杂多酸在生物质水解转化中的应用[J]. 化学进展, 2012, 24(2/3): 433-444.

[17] 李威渊, 刘媛媛, 郑华艳等. 杂多酸(盐)的分子结构及催化有机合成研究进展[J]. 化工进展, 2010(02): 243-249.

[18] 王恩波, 段颖波, 张云峰等. 杂多酸催化剂连续法合成乙酸乙酯[J]. 催化学报, 1993(02): 147-149.

[19] 楚文玲, 杨向光, 叶兴凯等. 活性炭固载杂多酸催化合成乙酸丁酯的研究[J]. 工业催化, 1995(02): 28-35.

[20] 冯新亮, 管传金, 赵成学. 阳离子交换树脂的有机催化进展[J]. 有机化学, 2003, 23(12): 1348-1355.

[21] Saha B. Ion-exchange resin catalysed etherification of dicyclopentadiene (DCPD) with methanol[J]. Reactive and Functional Polymers, 1999, 40(1): 51-60.

[22] 罗家忠, 黄文强, 何炳林. Nafion 树脂超强酸催化剂在有机合成中的应用[J]. 离子交换与吸附, 1992(03): 267-279.

[23] Harmer M A, Farneth W E, Sun Q. High surface area nafion resin/silica nanocomposites: a new class of solid acid catalyst[J]. Journal of the American Chemical Society, 1996, 118(33): 7708-7715.

[24] Tsumori N, Xu Q, Souma Y, et al. Carbonylation of alcohols over Nafion-H, a solid perfluoroalkanesulfonic acid resin catalyst[J]. Journal of Molecular Catalysis. A, Chemical, 2002, 179(1): 271-277.

[25] Hara M, Yoshida T, Takagaki A, et al. A Carbon Material as a Strong Protonic Acid[J]. Angewandte Chemie International Edition, 2004, 43(22): 2955-2958.

[26] Okamura M, Takagaki A, Toda M, et al. Acid-catalyzed reactions on flexible polycyclic aromatic carbon in amorphous carbon[J]. Chemistry of Materials, 2006, 18(13): 3039-3045.

[27] 孟永禄. 炭基固体酸的制备及其催化高酸值油脂降酸性能研究[D]. 天津大学, 2013.

[28] 乌日娜. 生物质炭基固体酸催化剂的制备及催化性能研究[D]. 大连理工大学, 2009.

[29] 叶玲, 黄继泰, 戴劲草等. 黏土固体酸材料的制备及其性能[J]. 材料导报, 1999(01): 37-38.

[30] Ding Z, Kloprogge J T, Frost R L, et al. Porous clays and pillared clays-based catalysts. Part 2: A review of the catalytic and molecular sieve applications[J]. Journal of Porous Materials, 2001, 8(4): 273-293.

[31] Gil A, Delcastillo H L, Masson J, et al. Selective dehydration of 1-phenylethanol to 3-oxa-2, 4-diphenylpentane on titanium pillared montmorillonite[J]. Journal of Molecular Catalysis

A-Chemical, 1996, 107(1-3): 185-190.

[32] Hino M, Arata K. Synthesis of solid superacid catalyst with acid strength of Ho ≤16.04 [J]. Journal of the Chemical Society, Chemical Communications, 1980, (18): 851.

[33] Hino M, Kobayashi S, Arata K. Solid catalyst treated with anion. 2. Reactions of butane and isobutane catalyzed by zirconium oxide treated with sulfate ion. Solid superacid catalyst [J]. Journal of the American Chemical Society, 1979, 101(21): 6439-6441.

[34] Arata K. Organic syntheses catalyzed by superacidic metal oxides: sulfated zirconia and related compounds[J]. Green Chemistry, 2009, 11(11): 1719.

[35] 张六一, 韩彩芸, 杜东泉等. 硫酸化氧化锆固体超强酸[J]. 化学进展, 2011 (05): 860-873.

[36] 汪颖军. $SO4^{2-}/M_xO_y$型固体超强酸研究进展[J]. 工业催化, 2008, 16(2): 12-17.

[37] 朱娟. 固体碱催化环氧丙烷法合成丙二醇甲醚[D]. 华东师范大学, 2011.

[38] 李峰. 层状表面相锆基固体酸催化剂的创制、结构和性能研究[D]. 北京化工大学, 1999.

[39] Li J, Fu Y, Qu X, et al. Biodiesel production from yellow horn (Xanthoceras sorbifolia Bunge.) seed oil using ion exchange resin as heterogeneous catalyst[J]. Bioresource Technology, 2012, 108: 112-118.

[40] 刘士涛, 刘玉环, 阮榕生等. 固体碱催化剂生产生物柴油的研究进展[J]. 现代化工, 2013(07): 30-33.

[41] Yokoi T, Kubota Y, Tatsumi T. Amino-functionalized mesoporous silica as base catalyst and adsorbent[J]. Applied Catalysis A: General, 2012, 421-422: 14-37.

[42] 赵雷洪, 郑小明, 费金华. 稀土氧化物固体碱催化剂的表面性质 I. 稀土氧化物表面活性中心的表征[J]. 催化学报, 1996(03): 52-56.

[43] 薛常海, 王日杰, 张继炎. 碱土金属氧化物催化氧化异丙苯反应研究[J]. 石油学报(石油加工), 2002(03): 30-35.

[44] 蒋绍亮, 章福祥, 关乃佳. 固体碱催化剂在催化反应中的应用进展[J]. 石油化工, 2006(01): 1-10.

[45] Bancquart S. Glycerol transesterification with methyl stearate over solid basic catalysts I. Relationship between activity and basicity[J]. Applied Catalysis A: General, 2001, 218(1-2): 1-11.

[46] 魏彤, 王谋华, 魏伟等. 固体碱催化剂[J]. 化学通报, 2002(09): 594-600.

[47] 王英, 朱建华, 淳远等. 氧化锆负载含氧酸钾盐研制固体超强碱[J]. 石油学报(石油加工), 2000(01): 1-6.

[48] 屠树江, 史达清, 周龙虎等. KF/Al_2O_3催化下的 Michael 加成反应[J]. 化学试剂, 1999(02): 58-59.

[49] Gorzawski H, Hoelderich W F. Transesterification of methyl benzoate and dimethyl terephthalate with ethylene glycol over superbases[J]. Applied Catalysis A, General, 1999, 179 (1): 131-137.

[50] 朱建华，淳远，王英等. 强碱性沸石分子筛催化材料[J]. 科学通报，1999(09)：897-903.

[51] Chen Y Z, Hwang C M, Liaw C W. One-step synthesis of methyl isobutyl ketone from acetone with calcined Mg/Al hydrotalcite-supported palladium or nickel catalysts[J]. Applied Catalysis A, General, 1998, 169(2): 207-214.

[52] Fan G, Li F, Evans D G, et al. Catalytic applications of layered double hydroxides: recent advances and perspectives[J]. Chemical Society Reviews, 2014, 43(20): 7040-7066.

[53] 李连生，马淑杰，惠建斌等. 稀土水滑石催化合成邻苯二甲酸二戊酯的研究[J]. 高等学校化学学报，1995(08)：1164-1167.

[54] 郭辉. 酸性离子液体催化加成及串联反应研究[D]. 浙江大学，2011.

[55] 宋金武. 离子液体作为催化剂及绿色介质在有机反应中的应用[D]. 暨南大学，2007.

[56] 李倩倩. 酸性胆碱类离子液体的合成及其在催化反应中的应用研究[D]. 河南师范大学，2013.

[57] Hangarge R V, Jarikote D V, Shingare M S. Knoevenagel condensation reactions in an ionic liquid[J]. Green Chemistry, 2002, 4(3): 266-268.

[58] Harjani J R, Nara S J, Salunkhe M M. Lewis acidic ionic liquids for the synthesis of electrophilic alkenes via the Knoevenagel condensation[J]. Tetrahedron Letters, 2002, 43(6): 1127-1130.

[59] Xiao Y, Malhotra S V. Friedel - Crafts alkylation reactions in pyridinium-based ionic liquids[J]. Journal of Molecular Catalysis A: Chemical, 2005, 230(1-2): 129-133.

[60] Zicmanis A, Katkevica S, Mekss P. Lewis acid-catalyzed Beckmann rearrangement of ketoximes in ionic liquids[J]. Catalysis Communications, 2009, 10(5): 614-619.

[61] Yang Y, He W, Jia C, et al. Efficient synthesis of phytosteryl esters using the Lewis acidic ionic liquid[J]. Journal of Molecular Catalysis A: Chemical, 2012(357): 39-43.

[62] Liao X, Wang S, Xiang X, et al. SO_3H-functionalized ionic liquids as efficient catalysts for the synthesis of bioadditives[J]. Fuel Processing Technology, 2012(96): 74-79.

[63] Weng J, Wang C, Li H, et al. Novel quaternary ammonium ionic liquids and their use as dual solvent-catalysts in the hydrolytic reaction[J]. Green Chemistry, 2006, 8(1): 96-99.

[64] 杜晨宇，李春，曹竹安等. 工业生物技术的核心——生物催化[J]. 生物工程进展，2002(01)：9-14.

[65] 杜晨宇，李春，张木等. 工业生物催化过程的发展及其展望[J]. 化工学报，2003(04)：456-463.

[66] 杨小斌. 脂肪酶催化 aldol 反应的研究[D]. 东华理工大学，2013.

[67] 卢定强，韦萍，周华等. 生物催化与生物转化的研究进展[J]. 化工进展，2004(06)：585-589.

[68] 欧阳立明，许建和. 生物催化与生物转化研究进展[J]. 生物加工过程，2008，6(3)：1-9.

[69] 林章凛，曹竹安，邢新会等. 工业生物催化技术[J]. 生物加工过程，2003(01)：12-16.

[70] 刘均洪，吴小飞，李凤梅等. 加氧酶催化生物转化研究最新进展[J]. 化工生产与技术，2006(04)：36-39.

[71] 朱明乔，吴廷华，谢方友. 合成甲醇催化剂的新进展[J]. 现代化工，2003(03)：18-21.

[72] 沈润南，李树本，尉迟力等. 甲烷单加氧酶的催化性能[J]. 催化学报，1997(03)：65-69.

[73] Cai J, Guan Z, He Y. The lipase-catalyzed asymmetric C—C Michael addition[J]. Journal of Molecular Catalysis B：Enzymatic, 2011, 68(3-4)：240-244.

[74] Li K, He T, Li C, et al. Lipase-catalysed direct Mannich reaction in water：utilization of biocatalytic promiscuity for C—C bond formation in a "one-pot" synthesis[J]. Green Chemistry, 2009, 11(6)：777.

[75] Feng X, Li C, Wang N, et al. Lipase-catalysed decarboxylative aldol reaction and decarboxylative Knoevenagel reaction[J]. Green Chemistry, 2009, 11(12)：1933.

[76] 陈振明，刘金华，陶军华. 生物催化在绿色化学和新药开发中的应用[J]. 化学进展，2007(12)：1919-1927.

[77] 江国防，田渊，郭灿城. 仿生催化及其在烃类氧化中的应用[J]. 大学化学，2011(02)：1-5.

[78] 阳卫军，郭灿城. 金属卟啉化合物及其对烷烃的仿生催化氧化[J]. 应用化学，2004(06)：541-545.

[79] 黄丹，田澍. 卟啉及金属卟啉化合物的研究进展[J]. 江苏工业学院学报，2003，15(3)：19-23.

[80] 刘小秦. 环己烷仿生催化氧化工业应用研究[D]. 湖南大学，2004.

[81] 刘昭敏. 简单脂肪醇促进的卟啉/NHPI催化甲苯分子氧氧化反应研究[D]. 湖南大学，2010.

[82] Guo C, Liu Q, Wang X, et al. Selective liquid phase oxidation of toluene with air[J]. Applied Catalysis A：General, 2005, 282(1-2)：55-59.

[83] 郭灿城，王旭涛，刘强. 选择性催化空气氧化甲苯和取代甲苯成醛和醇的方法[P]. 2004CN1521153A.

[84] 肖洋. 金属卟啉仿生催化对二甲苯氧化反应、机理及动力学研究[D]. 湖南大学，2010.

[85] 佘远斌，范莉莉，张燕慧等. 金属卟啉仿生催化绿色合成对硝基苯甲醛的新方法[J]. 化工学报，2004(12)：2032-2037.

[86] 何宏山，刘勇，林岩心等. 2-氨基苯并咪唑基尾式卟啉及其过渡金属配合物的合成、谱学性质及催化研究[J]. 光谱实验室，2002，19(3)：293-298.

[87] 柏东升. 二氧化碳的活化及环碳酸酯的合成[D]. 兰州大学，2011.

[88] Srivastava R, Bennur T H, Srinivas D. Factors affecting activation and utilization of

carbon dioxide in cyclic carbonates synthesis over Cu and Mn peraza macrocyclic complexes[J]. Journal of Molecular Catalysis A: Chemical, 2005, 226(2): 199-205.

[89] Rismayani S, Fukushima M, Sawada A, et al. Effects of peat humic acids on the catalytic oxidation of pentachlorophenol using metalloporphyrins and metallophthalocyanines[J]. Journal of Molecular Catalysis A: Chemical, 2004, 217(1-2): 13-19.

[90] 李臻, 景震强, 夏春谷. 金属卟啉配合物的催化氧化应用研究进展[J]. 有机化学, 2007(01): 34-44.

[91] H Ger M, Holmberg K, Rocha Gonsalves A M D A, et al. Oxidation of azo dyes in oil-in-water microemulsions catalyzed by metalloporphyrins in presence of lipophilic acids[J]. Colloids and Surfaces A: Physicochemical and Engineering Aspects, 2001, 183(1-2): 247-257.

[92] 孙铁民, 王宏亮, 谢集照等. 绿色化学在药物合成中的应用[J]. 精细化工中间体, 2008(04): 1-6.

[93] 温慧慧. 聚合物负载手性催化剂的合成及其不对称催化性能研究[D]. 西北师范大学, 2007.

[94] 林国强, 陈耀全, 陈新滋. 手性合成——不对称反应及其应用技术[M]. 北京: 科学出版社, 2000.

[95] Pai C, Lin C, Lin C, et al. Highly effective chiral dipyridylphosphine ligands: synthesis, structural determination, and applications in the Ru-catalyzed asymmetric hydrogenation reactions[J]. Journal of the American Chemical Society, 2000, 122(46): 11513-11514.

[96] Soltani O, Ariger M A, Carreira E M. Transfer hydrogenation in water: enantioselective, catalytic reduction of (E)-β, β-disubstituted nitroalkenes[J]. Organic Letters, 2009, 11(18): 4196-4198.

[97] Corey E J, Link J O. A catalytic enantioselective synthesis of denopamine, a useful drug for congestive heart failure[J]. The Journal of Organic Chemistry, 1991, 56(1): 442-444.

[98] Klunder J M, Onami T, Sharpless K B. Arenesulfonate derivatives of homochiral glycidol: versatile chiral building blocks for organic synthesis [J]. The Journal of Organic Chemistry, 1989, 54(6): 1295-1304.

[99] Bui T, Syed S, Barbas C F. Thiourea-catalyzed highly enantio- and diastereoselective additions of oxindoles to nitroolefins: application to the formal synthesis of (+)-physostigmine [J]. Journal of the American Chemical Society, 2009, 131(25): 8758-8759.

[100] Paradowska J, Stodulski M, Mlynarski J. Direct catalytic asymmetric Aldol reactions assisted by zinc complex in the presence of water[J]. Advanced Synthesis & Catalysis, 2007, 349(7): 1041-1046.

[101] Paradowska J, Pasternak M, Gut B, et al. Direct asymmetric aldol reactions inspired by two types of natural aldolases: water-compatible organocatalysts and Zn[J]. The Journal of Organic Chemistry, 2012, 77(1): 173-187.

[102] Fujishima A. Electrochemical photolysis of water at a semiconductor electrod[J].

Nature, 1972, 238(5358): 37-38.

[103]谢昊. 煤基碳基及 $TiO_2/AC-SO_4^{2-}$ 固体酸光催化剂在有机合成中的应用研究[D]. 宁夏大学, 2014.

[104]韩世同, 习海玲, 史瑞雪等. 半导体光催化研究进展与展望[J]. 化学物理学报, 2003(05): 339-349.

[105]戴小军, 许孝良, 李小年. 可见光催化在有机合成中的应用[J]. 合成化学, 2002, (01): 17-24.

[106] Nicewicz D A, MacMillan D W C, et al. Merging photoredox catalysis with organocatalysis: the direct asymmetric alkylation of aldehydes[J]. Science, 2008, 322(5898): 77-80.

[107] Ischay M A, Anzovino M E, Du J, et al. Efficient Visible Light Photocatalysis of [2+2] Enone Cycloadditions[J]. Journal of the American Chemical Society, 2008, 130(39): 12886-12887.

[108] Neumann M, Füldner S, König B, et al. Metal-free, cooperative asymmetric organophotoredox catalysis with visible light[J]. Angewandte Chemie International Edition, 2011, 50(4): 951-954.

[109] Kim H, Lee C. Visible-light-induced photocatalytic reductive transformations of organohalides[J]. Angewandte Chemie International Edition, 2012, 51(49): 12303-12306.

[110] Condie A G, González-Gómez J C, Stephenson C R J. Visible-light photoredox catalysis: Aza-Henry reactions via C−H functionalization[J]. Journal of the American Chemical Society, 2010, 132(5): 1464-1465.

[111]单明, 郭耘, 吴东方等. 甲烷催化燃烧过程中 Pd/TiO_2 催化剂失活原因分析[J]. 化学通报, 2003, 66(10): 715.

[112]李理, 陈裕华, 宁门翠等. 甲烷高温催化燃烧研究进展[J]. 云南化工, 2009(06): 27-32.

[113] Wang X, Guo Y, Lu G, et al. An excellent support of Pd catalyst for methane combustion: Thermal-stable Si-doped alumina[J]. Catalysis Today, 2007, 126(3-4): 369-374.

[114] Zi X, Liu L, Xue B, et al. The durability of alumina supported Pd catalysts for the combustion of methane in the presence of SO_2[J]. Catalysis Today, 2011, 175(1): 223-230.

[115] Beck I E, Bukhtiyarov V I, Pakharukov I Y, et al. Platinum nanoparticles on Al_2O_3: Correlation between the particle size and activity in total methane oxidation[J]. Journal of Catalysis, 2009, 268(1): 60-67.

[116]王军威, 田志坚, 徐金光等. 甲烷高温燃烧催化剂研究进展[J]. 化学进展, 2003(03): 242-248.

[117]汪正红. 铁基类钙钛矿氧化物的甲烷纯氧催化燃烧性能研究[D]. 中国科学技术大学, 2009.

[118] Li H, Lu G, Qiao D, et al. Catalytic methane combustion over Co_3O_4/CeO_2 composite oxides prepared by modified citrate sol-gel method[J]. Catalysis Letters, 2011, 141

(3): 452-458.

[119] Li J, Liang X, Xu S, et al. Catalytic performance of manganese cobalt oxides on methane combustion at low temperature[J]. Applied Catalysis B: Environmental, 2009, 90(1-2): 307-312.

[120]蒋赛，郭紫琪，季生福. 甲烷催化燃烧反应工艺研究进展[J]. 工业催化，2014(11): 816-824.

[121]赵阳，郑亚锋，辛峰. 整体式催化剂性能及应用的研究进展[J]. 化学反应工程与工艺，2004(04): 357-362.

[122] Kołodziej A, łojewska J. Optimization of structured catalyst carriers for VOC combustion[J]. Catalysis Today, 2005, 105(3-4): 378-384.

[123] Fant D B, Jackson G S, Karim H. Status of catalytic combustion R&D for the Department of Energy Advanced Turbine Systems program[J]. Journal of Engineering for Gas Turbines and Power, 2000, 122(2): 293-300.

第6章　高效合成技术

在化学合成过程中，应用一些新型强化手段，可以简化生产设备，促进反应的发生，显著提高合成的能量效率，以及减少废物排放。

6.1　微波辅助技术

6.1.1　微波辅助合成概述

微波通常是指波长为1 mm~1 m、相应频率为0.3~300 GHz的电磁波。微波作为一种传输介质和加热能源已被广泛应用于各学科领域，如食品加工、废物处理、陶瓷烧结、药物合成、橡胶和塑料的固化等。早在1969年，美国科学家Vanderhoff[1]利用家用微波炉加热进行了丙烯酸酯、丙烯酸和α-甲基丙烯酸的乳液聚合，发现与常规加热相比，微波加热条件下的聚合速度明显更快。这是微波用于有机合成的最早记载，但当时并没有引起人们的重视。直到1986年，加拿大的Gedye[2]等系统研究了在微波炉中进行的酯化反应，才使得微波技术作为一种新技术在有机合成领域引起高度的关注。现发展成了一门新兴交叉学科——MORE化学(Microwave-induced Organic Reactions Enhancement Chemistry)，即微波促进有机反应化学[3]。

与以传统加热方法进行的反应相比，微波辐射下的有机合成具有反应速度快(可以在几分钟之内完成)、产率高、副反应少、产品易纯化等优点，还可以节约能源，实现原子经济性合成和生态友好绿色合成。到目前为止，已经报道的微波促进有机化学反应类型超过40种，几乎涉及有机合成反应的各个领域。另外，由于微波为强电磁波，产生的微波等离子体中常存在热力学方法得不到的高能态原子、分子和离子，因而可使一些热力学上不可能发生的反应得以发生[3]。

微波加热的效果与物质分子的极性有密切的关系。极性分子由于分子内电荷分布不平衡，在微波场中能迅速吸收电磁波的能量，通过分子偶极作用以每秒数十亿次的超高速振动，产生相当于“分子搅拌”的运动，提高了分子的平均能量，使温度急剧提高。分子的偶极矩越大，则加热越快。而对于非极性分子，由于其极少或不吸收微波，在微波场中不能产生高速运动，因而微波辐射不能使其升温。对于溶解在非极性溶剂(如甲苯、正己烷、乙醚、四氯化碳等)中的极性分子，虽然极性分子能吸收微波能量，但由于能量很快通过分子碰撞而转移到非极性分子上，从而会使加热速率大为降低，因而对于微波促进有机化学反应，溶剂的选择至关重要。很显然，微波加热是由分子自身运动引起的热效应，受热体系均匀，这种加热方式可称为“内加热”；而传统的加热方法则是靠热传导和热对流来实现的(如回流)，因此加热速度慢[4]。

目前，对于微波加速有机反应的机理，主要有两种观点：

传统观点是微波对极性分子的致热效应。微波的辐射能量为10~100 kJ·mol^{-1}，而一般的化学键的键能为100~600 kJ·mol^{-1}，因此微波辐射不会导致化学键的断裂。微波只会使物质内能增加，使反应温度与速度急剧提高，并不会造成反应动力学的不同。此外，在密闭容器中，温度升高也会伴随压力的增大，往往也能促进反应的进行。

另一种观点是微波加热还具有特殊效应，“即非热效应”。虽然微波不会导致化学键断裂，但由于其频率与分子的转动频率相近，微波被极性分子吸收时，可以通过在分子中储存的微波能量与分子平动能量发生自由交换，即通过改变分子排列等焓或熵效应来降低反应活化能，从而改变反应的动力学，促进反应进程。微波场的存在会对分子运动形成取向效应，使反应物分子在同轴线上的分运动相对增加，造成分子的有效碰撞频率增加，同时微波引起分子的转动进入亚稳定态，使反应更易进行。微波场的存在，使化学热力学函数以及化学动力学方程发生变化，从统计热力学来说配分函数的变化引起了化学平衡点的移动，使平衡反应的产率发生变化[5]。例如，黄卡玛[6]等人研究了微波场作用下的KI与H_2O_2反应的动力学，提出了微波辐射能够改变化学反应的活化能和指前因子，而且这种改变与温度有关，这证明了“非热效应”的存在。

许多有机化合物不能吸收微波，但可以通过某种强烈吸收微波的“敏化剂”进行能量传递而诱发化学反应。如果选用这种“敏化剂”做催化剂或催化剂载体，就可以在微波照射下实现某些催化反应，这称为微波诱导催化反应。微波诱导催化反应操作的基本过程为：将高强度微波辐射聚集到含有某种“敏化剂”的固体催化剂上，由于固体表面点位(一般为金属)与微波能的相互作用，微波能被转换成热量，使某些表面点位被选择性地快速加热到很高温度(极易超过1400℃)。有机试剂与受激发的表面点位接触即可发生化学反应。发生反应的固体表面点位称为“活性点位”，对于“活性点位”的产生目前有两种观点：一种观点认为固体表面出现的“微波热点”是固体弱键表面及缺隙位与微波发生局域共振耦合传能的结果，这种耦合传能导致了催化剂表面能量的不均匀，能量分布较高的点就是“微波热点”，从而成为反应的“活性点位”；第二种观点认为微波可以引起的分子搅拌，使介质将吸收的微波辐射能量传递给催化晶格，从而导致催化反应速率的增加[5]。

6.1.2 微波辅助合成技术应用

6.1.2.1 微波辅助水相合成

水被认为是有机合成的绿色溶剂，但水作为溶剂存在的一个显著缺陷是很多有机物在水中的溶解度较低。可以通过相转移催化技术克服这个缺陷，但是会极大增加成本。这些不足之处可能可以通过微波辅助水相合成得到克服[7]。水分子为极性分子，能够吸收微波并转化成热能。当水在微波场中被快速加热到高温时，其具有准有机溶剂(pseudo-organic solvent)的特征。而且，由于水的热容较大，很容易精确控制水的温度。在微波辐射条件下，很多有机反应可以在水相中进行，而不需要使用相转移催化剂。

Leadbeater[8]等人在微波辐射条件下，在水相中进行Suzuki反应(式6.1.1)，水温可以很容易升高到150℃，反应只需要5~10分钟，并取得了较高的产率。

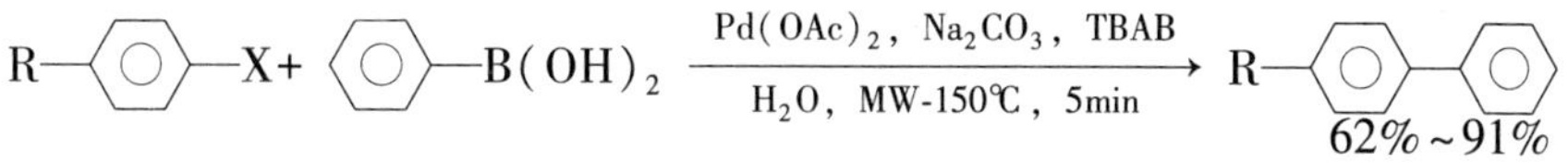

$$R-C_6H_4-X + C_6H_5-B(OH)_2 \xrightarrow[H_2O,\ MW\text{-}150℃,\ 5min]{Pd(OAc)_2,\ Na_2CO_3,\ TBAB} R-C_6H_4-C_6H_5 \quad 62\%\sim91\%$$

R—Me，OMe，COMe

X—Cl，Br，I

(6.1.1)

Ju[9]等人以 NaOH 为催化剂，在微波辐射条件下，在水相中实现了胺的 N-烷基化(式 6.1.2)，该工艺不使用过渡金属催化剂，且与传统加热方法相比，反应时间短，产率高，产物选择性更好(表 6.1.1)。

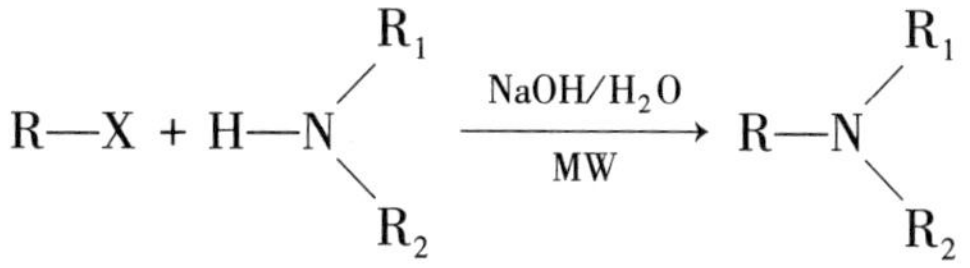

$$R-X + H-N(R_1)(R_2) \xrightarrow[MW]{NaOH/H_2O} R-N(R_1)(R_2) \qquad (6.1.2)$$

R—alky1，ally1

R_1—H，alky1，ally1

R_2—alky1，ally1

表 6.1.1　**使用 MV 和传统加热方法实现胺的卤代烷 N-烷基化**

	卤化物	胺	反应条件	产物及产率
1	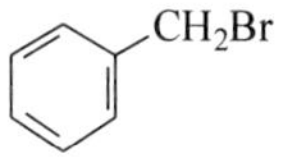 CH_2Br	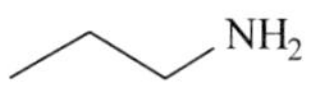 NH_2	50℃加热 12 h	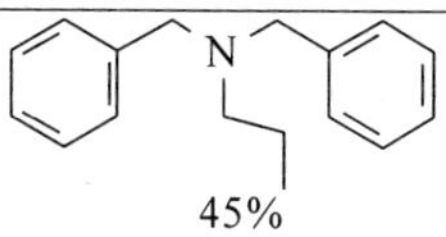 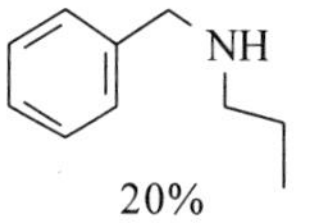 N 45% NH 20%
2	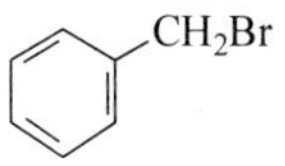 CH_2Br	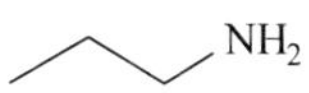 NH_2	微波 45～50℃ 20 min	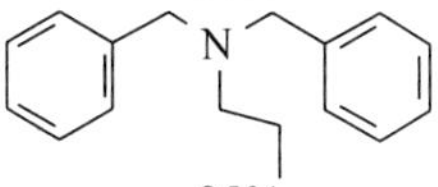 N 95%
3	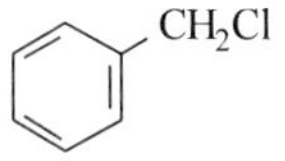 CH_2Cl	 NH	95℃加热 12 h	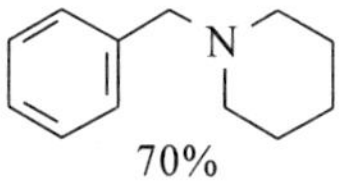 N 70%
4	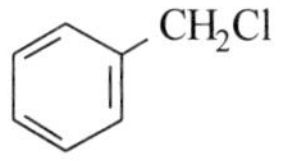 CH_2Cl	 NH	微波 95～100℃ 20 min	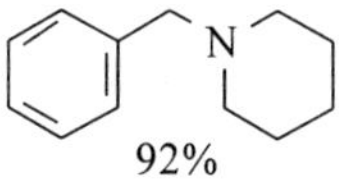 N 92%

6.1.2.2　微波辅助离子液体相合成

离子液体通常含有弱配合离子和较高的极化潜力，能够有效吸收微波能量。此外，离子液体不易挥发，可以避免微波快速加热所带来的爆炸危险性。微波辅助离子液体相合成技术结合了离子液体与微波技术两者的优势，反应速率快、产物收率高、选择性好、后处理简单，且离子液体可以多次回收使用，在多种类型的有机合成反应中都有所应用[10]。

Claisen 重排反应一般都需要较高的反应温度和较长的反应时间。Chu[11]等设计了一种二环咪唑盐类离子液体[b-3C-im][NTf2](图6.1.1)，将其作为溶剂，用于微波辅助条件下的 Claisen 重排反应(式6.1.3)。通过比较传统加热与微波加热下的 Claisen 重排结果(表6.1.2)，可以发现，微波促进反应的速率远高于传统加热方法。添加少量路易斯酸 $MgCl_2$后，反应时间更是缩短至3 min以内，且收率略有提高。

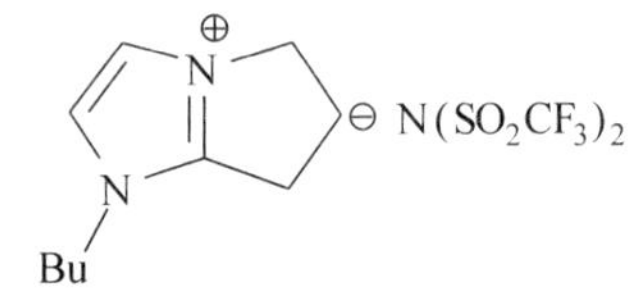

$\ominus N(SO_2CF_3)_2$

N

Bu

图6.1.1　[b-3C-im][NTf_2]结构式

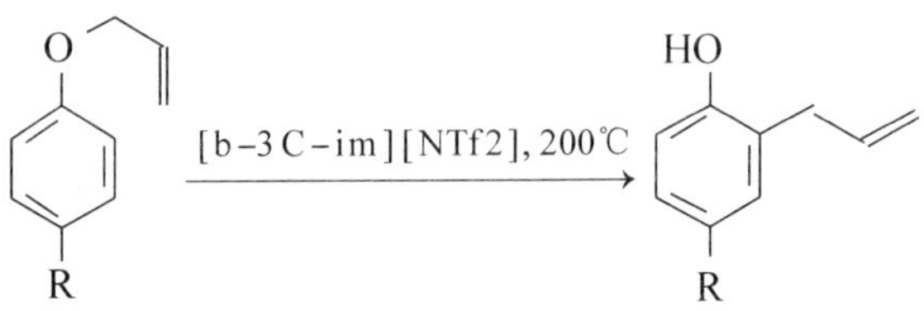

O　HO

[b-3C-im][NTf2], 200℃

R　R

(6.1.3)

表6.1.2　**离子液体中的微波辅助 Claisen 重排反应**

R	传统加热法		微波加热法			
	不使用 $MgCl_2$		不使用 $MgCl_2$		使用 $MgCl_2$	
	反应时间(h)	分离产率(%)	反应时间(min)	分离产率(%)	反应时间(s)	分离产率(%)
H(Ia)	2	65	15	74	150	79
CH_3(Id)	3.5	71	12	79	150	75
CH_3O(Ig)	2.5	74	9	78	150	82
Cl(Ij)	4	79	17	70	180	76

6.1.2.3　*微波辅助无溶剂合成*

溶剂介质中的反应，往往受到有机溶剂的挥发、易燃等因素的限制。无溶剂反应(也称为“干”反应)则可解决这个问题。同时，无溶剂反应避免了使用挥发性有机溶剂，对从源头上避免环境污染具有现实意义。因此，微波促进无溶剂有机化学反应也是近年来的研究热点，适用于多种有机反应，如酯化反应、亲核取代反应、皂化反应、缩合反应、重排反应、烷基化反应等。微波“干”反应通常是将反应物浸渍在氧化铝、硅胶、黏土、硅藻土或高岭土等多孔无机载体上，干燥后放入微波反应器中进行反应。无机载体一般不吸收2450 MHz 的微波，而载体表面上所负载的有机反应物能充分吸收微波能量而激活[5]。

以聚合物负载的氯化铁为催化剂，可以在微波辐射条件下，通过取代的邻苯二胺与酮的缩合反应合成 1，5-苯并二氮衍生物(式 6.1.4)。微波辐射下经 30～90 s 便可达到 92%～98%的产率，而在常规条件下需经 30～45 min，才能达到 87%～92%的产率。

$$H_2N,\ H_2N\text{-}C_6H_3\text{-}R + R_1C(=O)R_2 \xrightarrow[\text{MWI}]{\text{Polymer supported FeCl}_3} \text{(H)N}\cdots R_1,\ R_2,\ R_2,\ N{=}C\text{-}R_1 \qquad (6.1.4)$$

6.2 超声辅助技术

6.2.1 超声化学概述

超声波是一种频率高于 2 万赫兹的声波，因其频率下限大于人的听觉上限而得名，它的方向性好，穿透能力强，在水中传播距离远。早在 20 世纪 20 年代，美国的 Richard 和 Loomis 在研究超声波对各种固体和液体的作用的过程中，发现超声波可以加速化学反应。但由于当时的超声技术水平较低，研究和应用受到了很大的限制。到了 20 世纪 80 年代中期，超声设备得到了快速普及与发展，为超声波在化学化工过程中的应用提供了重要条件，对超声波辅助的化学反应的研究迅速发展，并形成了一门新兴的交叉学科——声化学(Sonochemistry)。

目前，一般认为声化学效应的产生与声空化现象(cavitation)有关，即在声场作用下液体中发生的形成气泡、气泡生长和崩溃一系列动力学过程。当超声波作用于介质时，介质分子产生振动，从而不断压缩和拉伸，使分子间距发生变化：在声波压缩相(正压相)时间内，分子间距减小；在稀疏相(负压相)时间内，分子间距增大(图 6.2.1)。当超声波的强度增大到一定程度时，分子间的平均距离可以增大至超过极限距离，分子间作用力不

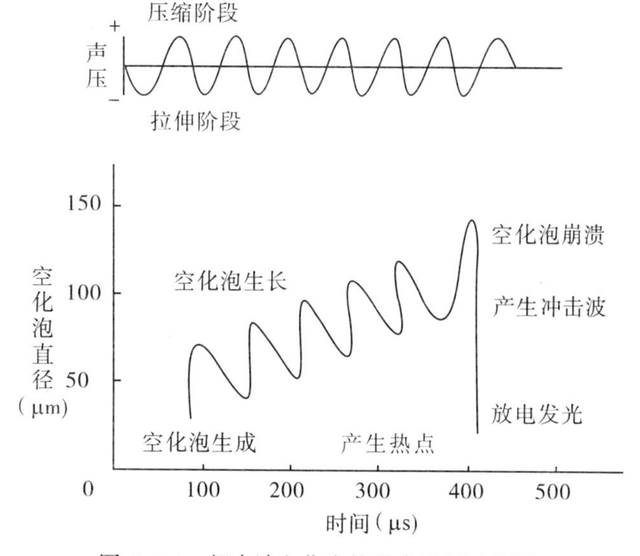

图 6.2.1 超声波空化泡的形成过程示意图

足以维持原有结构，导致出现空腔(或称空穴、空化泡)，这个过程称为空化。空穴形成后，它将增大到负声压的极大值，但在相继而来的声波正压相内，空穴又被压缩，其结果是空化泡完全崩溃[12]。

在较强超声作用下会发生瞬态空化，即在一个或几个声波周期内，空化泡在声波负压相作用下迅速增大，至少是原先半径的 2 倍；随后在正压相作用下空化泡迅速收缩以至剧烈崩溃。气体被压缩时会产生热量，且崩溃的速度远大于热传导的速度，因此在液体中形成瞬时的局部热点(hot spot)。根据数学模拟计算和实验，在空化泡崩溃时，在极短的时间和极小的空间内，产生局部的高温(~5000 K)和高压(~10^8 Pa)，温度变化率达 10^9 K · s^{-1}，并伴随有强烈的冲击波和时速达 400 km 的射流[12]。

超声空化伴随的物理效应可以归纳为 4 种：一是机械效应(体系中的声热流、冲击波、微射流等)；二是热效应(体系局部的高温、高压及整体升温)；三是光效应(声致发光)；四是活化效应(产生自由基)[13]。这些效应为在一般条件下难以实现的化学反应提供了一种非常特殊的物理化学环境。

空化泡的化学反应场所通常可分为 3 个区域，即空化气泡的气相区、气-液过渡区和本体液相区(图 6.2.2)：

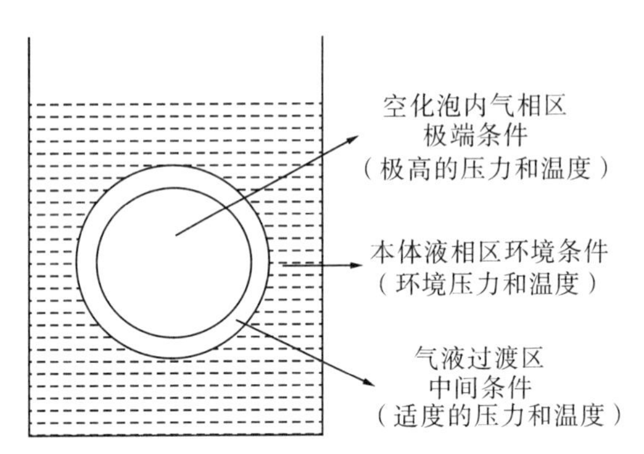

图 6.2.2　空化泡的化学反应场所示意图

空化气泡的气相区由空化气体、水蒸气及易挥发溶质的蒸汽的混合物组成。在空化气泡崩溃的极短时间内，气泡内的水蒸气可发生热分解反应，产生 OH · 和 H · 自由基，并且易挥发溶质的蒸汽也会进行直接热分解或形成自由基。

气液过渡区是围绕气相的一层很薄的超热液相层，含有挥发性的组分和表面活性剂(假如反应体系中有的话)。此处存在着高浓度的 OH · 自由基，且水呈超临界状态。极性、难挥发溶质可在该区域内进行 OH · 自由基氧化和超临界氧化反应。

本体液相区基本处于环境条件，在前 2 个区域未被消耗的 OH · 自由基等氧化剂会在该区域继续与溶质进行反应，但反应量很小。

每一区域中所发生的反应依超声条件(如超声波的频率)和反应体系的特征(如组分的挥发性)而定。非挥发性溶质的反应主要在边界区(气-液过渡区)或在本体溶液中发生[12]。

超声空化产生的高能环境和自由基可以引发化学反应，同时超声波促进的乳化作用、宏观的加热效应、表面清洁作用等也有利于反应的进行。例如，对于金属作为反应物或者催化剂参与的反应，往往容易因为金属表面污染而影响反应活性，因而在使用前都要预先清洗，如制备格氏试剂时用碘除去镁表面的氧化膜等。超声波的作用使得在有金属参加的反应中不再需预先清洗，另外也使得金属表面形成的产物和中间体得以及时“除去”，使得金属表面保持“洁净”，这比通常的机械搅拌要有效得多[14]。

超声辅助反应技术具有操作简单、反应条件温和、低能耗、安全、反应速度快、反应时间短、反应产率高等优点。在有些反应中，超声波可以改变反应途经，从而提高特定产物的选择性，甚至使一些在传统条件下不能发生或很难发生的反应顺利进行，获得新的化学反应产物。

6.2.2 超声辅助技术的应用

6.2.2.1 超声辅助均相有机反应

α-氰基肉桂酸乙酯可用作紫外滤光剂和光敏剂的成分、纤维染色剂的中间体以及杀菌剂等。可以用氰乙酸乙酯和各种芳香醛作为反应物，经 Knoevenagel 缩合制备 α-氰基肉桂酸乙酯，传统的方法是用吡啶作催化剂，进行加热回流，反应速率慢，且产率低。在超声辐射条件下进行该反应，反应温度较低（20～42℃），可缩短反应时间，并提高收率（80%～96%）。例如，对于对羟基苯甲醛的反应，传统的制备方法实现的收率为58%，而在超声波作用下，收率为94%（式6.2.1）[15,16]。

$$\text{HO}-\text{C}_6\text{H}_4-\text{CHO} + \text{CNCH}_2\text{CO}_2\text{Et} \xrightarrow[\text{u. s. 3h. 20℃}]{\text{Py}} \text{HO}-\text{C}_6\text{H}_4-\text{CH}=\text{C(CN)CO}_2\text{Et} \tag{6.2.1}$$

6.2.2.2 超声辅助液-液非均相反应

带支链的 α-氨基乙酰胺和 α-氨基酸在医药和生物抗生素研究方面有重要的作用。5,5-二取代乙内酰脲是合成 α-氨基酸的重要中间体。在超声波作用下，以芳醛或酮、工业级 NaCN 水溶液和$(NH_4)_2CO_3$为原料，在45℃反应，3～5 h 内即可完成，且产率高，也易于操作（式6.2.2）[17]。

$$\text{R}_1(\text{R})\text{C}=\text{O} \xrightarrow[\text{u. s.}]{(\text{NH}_4)_2\text{CO}_3,\ \text{NaCN}} \text{HN}-\text{C}-\text{C}(=\text{O})-\text{NH}-\text{C}(=\text{O})- \text{(ring)} \tag{6.2.2}$$

β-萘乙醚是一种人工合成的香料，被广泛用于肥皂和化妆品，也是生产乙氧基萘青霉素的原料。常用合成方法有硫酸催化法、Williamson 法和相转移催化法。前两种方法是在强酸或强碱体系中进行，反应温度较高，产率较低（50%～60%）。在相转移条件下，反应温度较低，但反应产率仍不是很高（84%）。乔庆东等[18]采用超声波作用下的相转移催化技术合成了 β-萘乙醚，产率提高到94.2%，纯度达99.8%，催化剂用量减少1/2，反应时间缩短为 5 h(式 6.2.3)。

$$\text{C}_{10}\text{H}_7\text{ONa} + \text{C}_2\text{H}_5\text{Br} \xrightarrow[\text{u. s.}]{\text{Bu}_4\text{NBr}} \text{C}_{10}\text{H}_7\text{OC}_2\text{H}_5 + \text{NaBr} \quad (6.2.3)$$

6.2.2.3　*超声辅助固-液非均相反应*

Suslick 等[19]研究了用 Ni 粉作为催化剂的烯烃加氢反应，发现在超声作用下，该反应可以在常温常压下进行，其反应活性增大十多万倍。该发现被列入 1987 年科技大事之一。扫描电子显微镜观察表明，超声处理后，Ni 粉由最初的凹凸状结晶演变成光滑的球形，这是由于超声空化引起的冲击波和微射流导致 Ni 粉表面的氧化物钝化膜被清除，从而形成了清洁光滑的颗粒，并使 Ni 粉的活性显著提高[20]。

吴晓云等[21]用 $TiCl_4$/Mg 体系在 THF 中制备低价 Ti，将 $TiCl_4$、Mg 粉在 THF 中混合后加入酮，超声辐射数分钟至 1 h 后，反应即可完成。超声辐射对该反应有明显的促进作用。以苯乙酮为例，它与 $TiCl_4$/Zn 的反应需在二氧六环中回流 4 h，而在超声辐射条件下，在室温下反应 10 min 即可得到 92%的收率(式 6.2.4)。对其他的芳香酮或 α，β-不饱和酮亦有相同的效果。而原来需反应十几个小时方能完成的脂肪酮，经超声辐射后反应时间可缩短为 1 h，两者产率相当。

$$\text{PhCOCH}_3 \xrightarrow[\text{THF, 10min}]{\text{TiCl}_4/\text{Mg}} \text{Ph(CH}_3\text{)C=C(CH}_3\text{)Ph} \;\; 92\% \quad (6.2.4)$$

6.3　有机电化学合成

6.3.1　有机电化学合成概述

有机物的电化学合成(electrosynthesis)又称为有机物的电解合成，常常简称为有机电合成。它是用电化学的方法进行有机合成的技术，通过有机分子或催化媒质在“电极/溶液”界面上的电荷传递、电能与化学能相互转化实现旧键断裂和新键形成。

早在 19 世纪初期，雷诺尔德和欧曼用醇烯溶液进行过电解反应的研究，发现电是一种强有力的氧化剂和还原剂。1834 年，法拉第发现电解醋酸盐水溶液时，阴极上会析出 CO_2，并生成烃类化合物，这可以说是在实验室中最早实现的有机电合成反应。1849 年，柯尔贝发现一系列脂肪酸都可以通过电解脱羧生成长链烃，这即是近代被称作“柯尔贝反应”的著名有机电解反应，也是最早实现工业化生产的有机电合成反应。1898 年，哈布尔研究了硝基苯的逐步还原问题，提出了控制电极电位的概念，为有机电解过程的系统研究奠定了基础。但在 1940 年以前，由于对有机电化学动力学了解甚少，有机电合成只是实验室中研究的一种制备方法，并未在工业化上迈出步伐。之后，随着电子装置以及电极过程动力学研究的发展，加快了有机电化学动力学的研究步伐，各种有机化合物的电解氧化和还原得到广泛研究，有的还实现了工业化。20 世纪 60 年代中期，美国孟山都公司将丙烯腈电解还原二聚合成己二腈实现了大规模工业化，纳尔柯公司实现了四乙基铅电解合成的工业化生产。这两项有机电合成项目的成功实施，标志着现代有机电化学合成的开端，自此以后，世界各国相继开发了许多电合成有机化合物的项目。1996 年，有机电合成在我国被列为开发精细化工产品的一项高新技术[22]。

有机电合成基于电解来合成有机化合物，反应通过电极上的电子得失来完成，因此需满足三个基本条件：①持续稳定供电的直流电源；②满足电子转移的电极；③可完成电子转移的介质。其中最重要的是电极，它是实施电子转移的场所，起到反应基底和催化剂的作用。

有机电化学电极反应通常由以下步骤组成(图 6.3.1)：①反应物自溶液体相向电极表面区域传递，这一步骤称为液相传质步骤；②反应物在电极表面或临近电极表面的液层中进行某种转化，例如表面吸附或发生化学反应；③“电极/溶液”界面上的电子传递，生成产物，这一步骤称为电化学步骤或电子转移步骤；④产物在电极表面或表面附近的液层中进行某种转化，例如表面脱附或发生化学反应；⑤产物自电极表面向溶液体相中传递。任何一个有机反应的电极过程都包括①、③、⑤三步，有些还包括步骤②、④或其中一步。

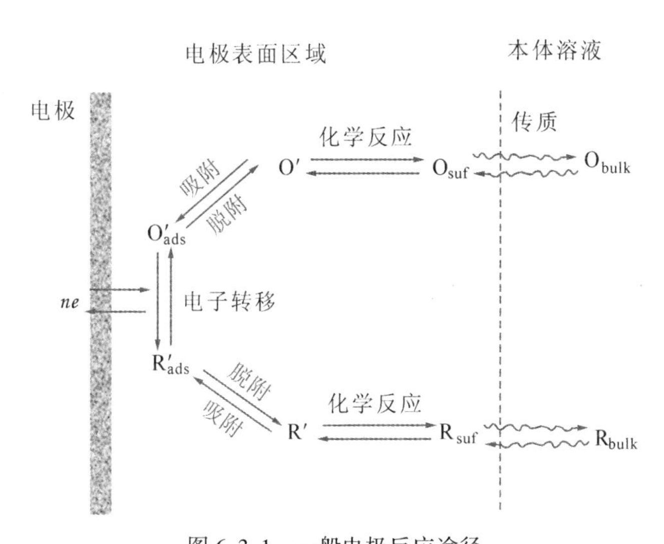

图 6.3.1　一般电极反应途径

有机电化学合成具有很多显著的优点：避免使用有毒或危险的氧化剂和还原剂，电子是清洁的反应试剂，反应体系中，除了原料和产物，通常不含其他试剂，减少了物质消耗，而且产品易分离、纯度高，环境污染小；在电合成过程中，电子转移和化学反应这两个过程可同时进行，可以通过控制电极电位来有效和连续改变电极反应速度，减少副反应，使得目标产物的收率和选择性较高；反应可在常温、常压下进行，一般无需特殊的加热和加压设备，节约了能源，且降低了设备投资；电合成装置具有通用性，在同一电解槽中可进行多种合成反应，在多品种生产中有利于缩短合成工艺；可以合成一些通常的方法难以合成的化学品(如难以氧化或还原的)，几乎所有类型的有机反应都能够用电解反应来实现。[23,24]

6.3.2　有机电化学合成反应分类与典型应用

6.3.2.1　有机电合成反应分类

按电极反应在整个有机合成过程中的地位和作用，有机电化学合成可以分为直接电合成和间接电合成两种途径。

直接电合成反应指的是反应直接在电极表面完成的反应。直接有机电合成的途径可以通过图 6.3.2 来概述。其中，N 代表亲核试剂，E 代表亲电试剂。反应物在电极上直接得到电子或失去电子，生成自由基中间体(阳极氧化生成阳离子自由基中间体，阴极还原生成阴离子自由基中间体)，随后自由基可以根据条件的不同得到不同的产物和中间体。

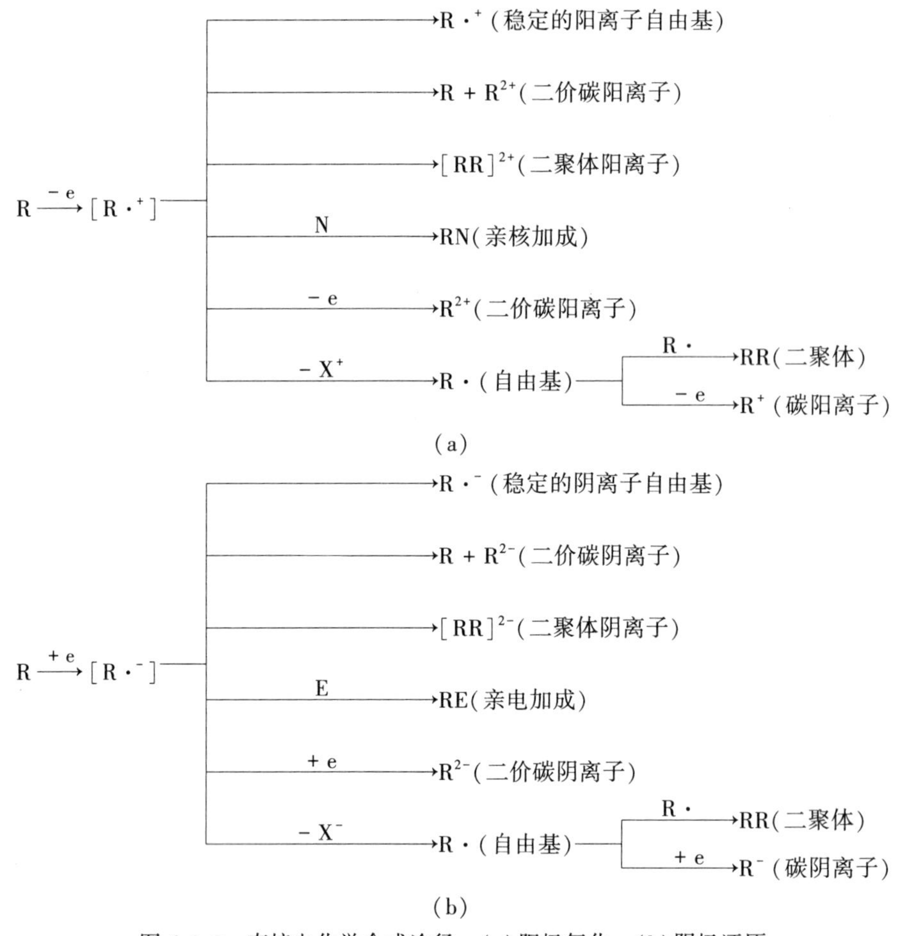

图 6.3.2　直接电化学合成途径：(a)阳极氧化；(b)阴极还原

间接电合成反应需要利用中间媒质，反应物通过媒质间接与电极进行电子交换。媒质在电极上氧化或还原得到较强氧化性或较强还原性的物质，再将反应物氧化或还原(图 6.3.3)。反应后媒质再在电解槽中通过阳极或阴极再生，重新参与下一次化学反应，如此循环，直到反应完毕。媒质在电化学体系中主要充当具有催化作用的“电子载体”角色。

间接电合成法可以有两种操作方式：槽内式和槽外式。槽内式指的是在同一装置中进行化学合成反应和电解反应，因此这一装置既是反应器也是电解槽。槽外式指的是在电解槽中进行媒质的电解，电解好的媒质从电解槽转移到另外的反应器中完成化学合成反应。[23,25]

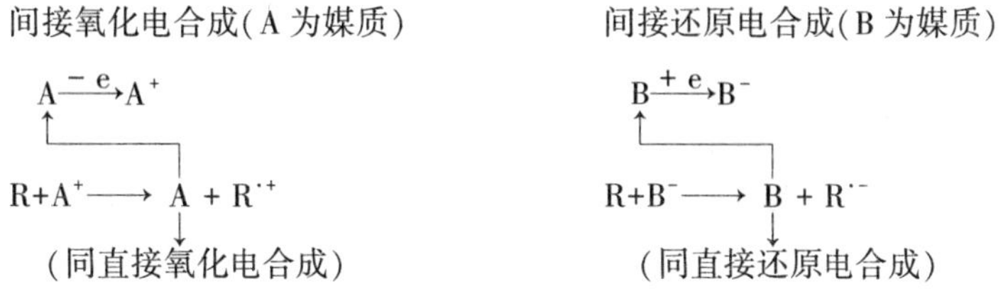

间接氧化电合成(A 为媒质)
A —−e→ A⁺
R+A⁺ ⟶ A + R·⁺
(同直接氧化电合成)
间接还原电合成(B 为媒质)
B —+e→ B⁻
R+B⁻ ⟶ B + R·⁻
(同直接还原电合成)

图 6.3.3　间接电化学合成途径

按电极表面发生的反应类别，有机电合成反应可分为阳极氧化过程和阴极还原过程。阳极氧化过程包括电化学环氧化反应、电化学卤化反应、苯环及苯环上侧链基团的阳极氧化反应、杂环化合物的阳极氧化反应、含氮硫化合物的阳极氧化反应等。阴极还原过程包括阴极二聚反应、有机卤化物的电还原、羰基化合物的电还原反应、硝基化合物的电还原反应、腈基化合物的电还原的反应等。

6.3.2.2　有机电合成技术的应用

1. 直接有机电化学阳极氧化

从理论上讲，任何一种可用化学试剂进行的氧化反应，都能用电解氧化的方法得以实现。某种物质在阳极上能否被氧化主要取决于电化学氧化的电位值。

烷基可以在乙腈、乙醇、乙酸等溶剂中发生电氧化实现官能团化(式 6.3.1)。例如，在乙腈溶液中，C—H 键(C—C 键)的 σ-键失去一个电子之后形成正碳离子，受到腈氮原子亲核进攻，形成腈鎓离子，继而与水反应生成 N-取代乙酰胺[23]。

$$CH_3(CH_2)_4CO_2CH_3 \xrightarrow[\substack{CH_3CN,\ LiClO_4 \\ 2)\,H_2O}]{1)\,Pt\ anode} \underset{\displaystyle NHCOCH_3}{CH_3\underset{|}{C}H}(CH_2)_3CO_2CH_3 + CH_3CH_2\underset{\displaystyle NHCOCH_3}{\underset{|}{C}H}(CH_2)_3CO_2CH_3 \qquad (6.3.1)$$

芳香族化合物的电氧化通常伴随着 π 分子轨道失去一个电子形成 π-离域的阳离子自由基，生成的阳离子自由基会迅速进攻反应体系中的亲核试剂。三甲基苯酚通过电解可制备三甲基对苯醌和三甲基氢醌(式 6.3.2)。

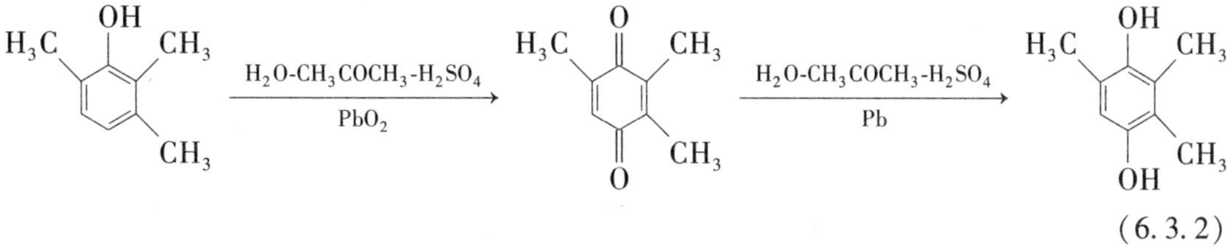

OH
H3C
CH3
CH3
H2O-CH3COCH3-H2SO4
PbO2
O
H3C
CH3
CH3
O
H2O-CH3COCH3-H2SO4
Pb
OH
H3C
CH3
CH3
OH

(6.3.2)

电氧化醛可以得到相应的酸、酯(式 6.3.3)。此类反应的第一步为羰基氧原子上的孤电子对失去一个电子，然后根据底物和溶剂的差别，发生不同的反应。

$$\text{(decalin-1-one)} \xrightarrow[\text{EtOH, Na}_2\text{CO}_3]{\text{Pt anode}} \text{(lactone) } 30\% + \text{(spiro lactone) } 18\% \qquad (6.3.3)$$

醇的直接电氧化通常伴随着羟基氧上非键电子对的一个电子离去，产物为酸或酮(式6.3.4和式6.3.5)

$$HC \equiv CCH_2OH \xrightarrow[\text{dil. } H_2SO_4]{PbO_2 \text{ anode}} HC \equiv CCO_2H \quad 76\% \qquad (6.3.4)$$

$$ClCH_2CHOHCH_2Cl \xrightarrow[\text{EtOAc, } H_2O\text{, sat. NaCl, pH2, } RuO_2 \cdot 2H_2O \text{ cat.}]{\text{Pt anode}} ClCH_2COCH_2Cl \qquad (6.3.5)$$

2. 直接有机电化学阴极还原

CO_2的电化学还原对于其作为温室气体的化学固定具有重要意义。Kaneco 等人在 NaOH、KOH、RbOH、LiOH 和 CsOH 的 CH_3OH 溶液中，以 Cu 电极作为阴极材料，对 CO_2的还原做了大量的研究工作，揭示该反应体系的主要产物是 CH_4、C_2H_4、HCOOH 和 CO，其反应机理如图 6.3.4 所示。[26]

$$CO_2 \xrightarrow{+e^-} \cdot CO_2(ads) \xrightarrow[+e^-]{+H^+} CO(ads) + OH\cdot$$
$$CO(ads) \xrightarrow[-H_2O]{+4H^+,\ +4e^-} :CH_2(ads) \xrightarrow[+e^-]{+H^+} CH_4$$
$$:CH_2(ads) \xrightarrow{+:CH_2(ads)} C_2H_4$$
$$CO_2 \xrightarrow{+e^-} \cdot CO_2(ads) \xrightarrow[+e^-]{+H^+} HCOO\cdot(ads) \longrightarrow HCOOH$$
$$\cdot CO_2(ads) \xrightarrow[-CO_3^{2-}]{+CO_2\ \ +e^-} CO$$

图 6.3.4 非水溶液中 CO 的电化学还原的机理

独立的 C ═C 双键本身不易发生电还原，但当其上连有腈基、羰基、羧基、酯基等活化基团时，由于吸电子基团的存在，使得 C ═C 双键上的电子云密度降低，从而很容易得到电子而被还原成阴离子自由基，然后根据实验条件的不同而发生自由基的二聚或与羰基化合物的亲核加成反应。在阴极上丙烯腈的还原二聚反应是有机电合成在工业上应用最成功的例子之一(式 6.3.6)。丙烯腈还可与脂肪醛发生 C—C 偶合反应生成 γ-羟基腈(式6.3.7)[23]。

$$2\ CH_2{=}CHCN \longrightarrow NC(CH_2)_4CN \qquad (6.3.6)$$

$$CH_2{=}CHCN + RCHO \xrightarrow[\text{Pb 阴极}]{H_2O\text{-}Et_4NSO_4Et} R\text{-}CHOH\text{-}CH_2\text{-}CH_2\text{-}CN \qquad (6.3.7)$$

3. 间接有机电化学合成

顾登平[27]等研究了二甲基亚砜间接电氧化为二甲基砜的反应。以 WO_5^{2-}/WO_4^{2-} 作为催化体系，向阴极不断地通入 O_2，发生电还原生成 H_2O_2(式 6.3.8)，再与 WO_4^{2-} 反应生成氧化能力很强的 WO_5^{2-}(式 6.3.9)，最后 WO_5^{2-} 将二甲基亚砜氧化为二甲基砜(式 6.3.10)。将有机物和无机物分离后，钨酸盐可重复使用。

$$O_2+2e+2H_2O \longrightarrow H_2O_2+2OH \tag{6.3.8}$$

$$H_2O_2+WO_4^{2-} \longrightarrow WO_5^{2-}+H_2O \tag{6.3.9}$$

$$WO_5^{2-}+ \mathrm{Me-S(=O)-Me} \longrightarrow WO_4^{2-} \quad \mathrm{Me-S(=O)_2-Me} \tag{6.3.10}$$

通过成对间接电氧化技术可以将苯氧化成苯醌[28]。反应历程如图 6.3.5 所示。阳极采用 Ag^+/Ag^{2+} 媒质，阴极采用 Cu^+/O_2 体系。阳极上 Ag^+ 氧化成 Ag^{2+}，Ag^{2+} 可以氧化苯生成苯醌。同时，阴极上 Cu^{2+} 还原生成 Cu^+，O_2 能被 Cu^+ 还原生成 H_2O_2，H_2O_2 也能氧化苯生成苯醌。阴阳极反应均利于生成苯醌，电流效率明显提高。

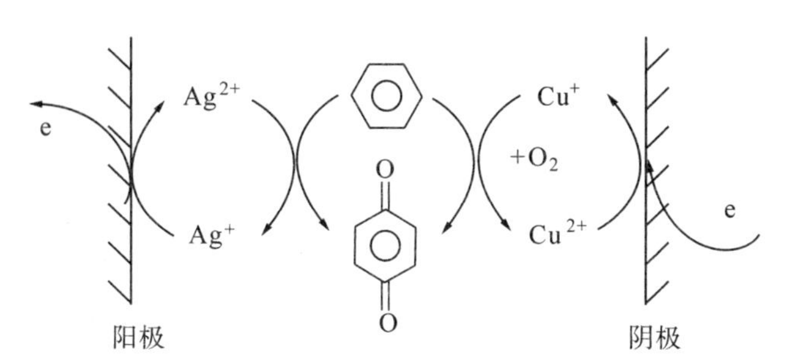

图 6.3.5　苯成对电合成苯醌反应历程

6.4　多组分反应

6.4.1　多组分反应概述

多组分反应(multicomponent coupling reactions，MCRs)指的是由三个或更多的组分通过“一锅煮”(one-pot procedure)的方法合成一个复杂的新化合物的过程，新化合物包含所有原料组分主要的结构片段。MCRs 可以一次形成多个化学键，无需进行中间体分离，提高了反应的效率，且在构建分子结构的复杂性和多样性上具有很大的优势，理论上可产生的化合物数目大，对于组建有机化合物库、筛选需要的活性化合物具有重要意义。

1850 年，Strecker 首次使用醛、氨和氢氰酸经过 α-氨基腈中间体合成了 α-氨基酸。在之后的一百多年里，陆续有一些经典的多组分反应被发现，如 Mannich 反应(1912 年)、

Robinson 托品酮合成反应(1917 年)、Passerini 反应(1921 年)等，但发展缓慢。20 世纪 60 年代初，Ugi 发表了用 Ugi 四组分反应(U-4CR)合成的第一个化合物库，70 年代，Divanfard 等利用 U-4CR 合成了一些生物碱，多组分反应的优势逐渐引起人们的重视。1995 年，Weber 研究组和 Keating 研究组分别发表了用 U-4CR 建立的化合物库，这也是第一次报道多组分合成在医药领域的应用。MCRs 可以满足人们快速获得有机化合物的需求，近几年来，得到了迅猛发展，成功应用到嘧啶酮、吡唑、吡啶、吡喃、咪唑啉、吩嗪、喹唑啉、呋喃等衍生物的合成，而这些化合物或是具有多种药理活性，或是重要的合成中间体[29,31]。

MCRs 是会聚性反应。由于加成反应过程中所丢失的原子少于取代反应，更符合原子经济性的原则，因此一个理想多组分反应中的双分子应尽可能发生加成反应，而不是发生取代反应。MCRs 通常从简单易得的原料出发，直接获得结构复杂的分子。合成方法简便，避免了保护和去保护步骤。而传统的有机合成是分步进行的，一个复杂天然产物的合成往往要经过数步甚至数十步反应。显然 MCRs 更为经济和环境友好。

6.4.2　多组分反应示例

Ji[32]等人以醋酸为溶剂，进行 2-氰基取代吡啶、醋酸铵和不同类型醛的反应，成功合成了多种咪唑啉化合物(式 6.4.1)。

$$\text{2-cyanopyridine} + R^1CHO + NH_4OAc \xrightarrow[170℃,\ 10h]{HOAc} \text{imidazole product} \quad (6.4.1)$$

荣良策[33]等在 NaOH 存在的情况下，无溶剂室温研磨芳醛、丙二腈、N-甲基哌啶-4-酮，合成了一系列 6-氨基-8-芳基-2-甲基-5,7,7(1H)-三腈基-2,3,8,8a-四氢异喹啉衍生物(式 6.4.2)，该反应产率高，操作简单。

$$ArCHO + 2\,CH_2(CN)_2 + \text{N-methylpiperidin-4-one} \xrightarrow[Grinding]{NaOH} \text{product} \quad (6.4.2)$$

Shaabani[34]等在对甲苯磺酸催化剂存在的情况下，以芳香醛、二烯酮、脂肪胺(或芳香胺)、尿素或(硫脲)为原料，在二氯甲烷溶剂中室温合成了 3，4-二氢嘧啶-2-酮衍生物(式 6.4-3)。

$$R\text{-}NH_2 + \text{diketene} + ArCHO + H_2N\text{-}C(=X)\text{-}NH_2 \xrightarrow[CH_2Cl_2,\ rt]{p\text{-}TsOH.H_2O} \text{product} \quad (6.4.3)$$

X=O, S

参 考 文 献

[1] Vanderhoff J W. Method for carrring out chemical reactions using microwave energy [P]. US3432413, 1969.

[2] Richard Gedye, et al. The use of microwave ovens for rapid organic synthesis [J]. Tetrahedron Letters, 1986, 27(3): 279-282.

[3]黄现强. 芳醛与芳酮的无溶剂缩合反应研究[D]. 西北师范大学, 2005.

[4] 杨毅华. 微波促进钯催化下卤代烃与端烯及四苯硼钠的偶联反应研究[D]. 西北师范大学, 2002.

[5] 王锡天. 微波辐射无溶剂下某些五元和六元杂环化合物的合成的研究[D]. 西北师范大学, 2008.

[6] 黄卡玛等. 电磁波对化学反应非致热作用的实验研究[J]. 高等学校化学学报, 1996, 17(5): 764-768.

[7]Polshettiwar V, Varma R S. Aqueous microwave chemistry: a clean and green synthetic tool for rapid drug discovery[J]. Chemical Society Reviews, 2008(37): 1546-1557.

[8]Leadbeater N E, Marco M. Rapid and amenable suzuki coupling reaction in water using microwave and conventional heating[J]. The Journal of Organic Chemistry. 2003(68): 888-892.

[9] Ju Y H, Varma R S. Aqueous N-alkylation of amines using alkyl halides: direct generation of tertiary amines under microwave irradiation[J]. Green Chemistry, 2004(6): 219-221.

[10] 应安国等. 微波促进离子液体相反应在有机合成中的应用[J]. 化学进展, 2008, 20(11): 1642-1650.

[11] Lin Y L, Cheng J Y, Chu Y H. Microwave-accelerated Claisen rearrangement in bicyclic imidazolium[b-3C-im][NTf_2] ionic liquid[J]. Tetrahedron, 2007(63): 10949-10957.

[12] 张凯等. 声化学技术在聚合物领域中的研究进展[J]. 化工技术与开发, 2006, 35(7): 7-10.

[13] 李伟, 刘亚青. 超声波的空化作用在聚合物化工中的应用[J]. 科技情报开发与经济, 2007, 17(1): 132-135.

[14] 覃兆海等. 超声波在有机合成中的应用[J]. 化学进展, 1998, 10(1): 63-73.

[15] 李记太等. 超声波应用于有机合成方面的新进展[J]. 河北大学学报, 2000, 20(1): 96-102.

[16] Li J T, et al. Synthesis of ethyl a-cyanocinnamates under ultrasound irradiation[J]. Ultrasonics Sonochemistry, 1999(6): 199-201.

[17] Jitai Li, Li T S, Li L J, et al. An efficient and convenient procedure for the synthesis of 5, 5-disubstituted hydantoins under ultrasound[J]. Ultrasonics Sonochemistry, 1996, 3, S141-S143.

[18] 乔庆东等. 超声波相转移催化合成 β-萘乙醚[J]. 精细化工, 1997(14): 32-34.

[19] Suslick K S, Casadonte D J. Heterogeneous sonocatalysis with nickel powder[J]. Journal of The American Chemical Society, 1987, 109(11): 3459-3461.

[20] 于凤文等. 超声波在催化过程中的应用[J]. 应用声学, 2002, 21(2): 40-45.

[21] 吴晓云等. 超声波作用下拨基化合物的还原偶联反应[J]. 应用化学, 1998, 15(8): 115-116.

[22]王欢. 电羧化有机化合物固定 CO_2 反应的研究[D]. 华东师范大学, 2008.

[23] 张凯. 不饱和双键化合物与二氧化碳的电羧化反应研究[D]. 华东师范大学, 2011.

[24]任海锐. 电化学水相条件下锌催化的羰基化合物的烯丙基化反应[D]. 华南理工大学, 2010.

[25]钮东方. CO_2 和有机化合物的电催化羧化研究[D]. 华东师范大学, 2010.

[26]冯秋菊. 离子液体中以二氧化碳为原料电化学方法合成有机碳酸酯的研究[D]. 中南大学, 2011.

[27]顾登平, 王瑞芝, 张宏坤等. 阴极间接电氧化——二甲基砜的有机电合成(Ⅰ)[J]. 电化学, 2000(01): 84-88.

[28]张越, 段书德, 沈铁焕. 成对间接电氧化合成有机物研究[J]. 石家庄师范专科学校学报, 2001(02): 47-50.

[29]刘丽华. 多组分反应研究现状[J]. 化工中间体, 2012(02): 1-5.

[30]杨文龙. 多组分“一锅煮”合成新型螺杂环化合物方法学研究[D]. 青岛科技大学, 2009.

[31]荣良策. 多组分反应构建杂环化合物的合成研究[D]. 中国矿业大学, 2013.

[32] Wu X, Jiang R, Xu X, et al. Practical multi-component synthesis of di- or tri-aryl (heteraryl) substituted 2-(pyridin-2-yl) imidazoles from simple building blocks[J]. Journal of Combinatorial Chemistry, 2010, 12(6): 829-835.

[33]荣良策, 韩红霞, 姜虹等. 无溶剂研磨合成6-氨基-8-芳基-2-甲基-5, 7, 7(1*H*)-三腈基-2, 3, 8, 8a-四氢异喹啉衍生物[J]. 有机化学, 2009, 29(6): 962-965.

[34] Shaabani A, Seyyedhamzeh M, Maleki A, et al. Diketene as an alternative substrate for a new Biginelli-like multicomponent reaction: one-pot synthesis of 5-carboxamide substituted 3, 4-dihydropyrimidine-2(1H)ones[J]. Tetrahedron, 2010, 66(23): 4040-4042.

第7章 绿色产品

生产环境友好的绿色化学产品是绿色化学化工的重要内容。绿色化学产品就是根据绿色化学理念，采用环境友好原料，生产开发的传统化学品的无害替代品，或合成的更安全的化学品。

7.1 绿色农药

绿色农药又叫环境无公害农药或环境友好农药，是指具有高效防治病菌、杀灭害虫或除去杂草的能力，而对人畜、害虫天敌以及农作物自身安全，在环境中易分解，在农产品中低残留或无残留的农药[1,3]。绿色农药的发展基于绿色化学的进步，按类别其可分为生物农药与化学合成类绿色农药。

7.1.1 生物农药

生物农药是指利用生物活体或代谢产物对有害生物进行防治的一类制剂[4]。按其来源，生物农药可分为微生物源、植物源、动物源、转基因作物和基因工程农药等[5]。

7.1.1.1 *微生物农药*

微生物农药是利用微生物(如细菌、真菌、病毒和线虫等)或其代谢产物来防治农业有害生物的生物制剂。微生物农药的所有种类中，最常使用的真菌杀虫剂为绿僵菌和白僵菌，它们可防治200余种害虫。真菌杀虫剂的作用机理为触杀式，其具有许多微生物杀虫剂欠缺的广谱杀虫效果，因此真菌杀虫剂的应用最广泛。病毒制剂中研究较多、应用较广的是颗粒体病毒、核型多角体病毒和质型多角体病毒[6]。

7.1.1.2 *植物源农药*

植物源农药是利用具有杀虫、杀菌、除草及植物生长调节等活性的植物中的某些部分，或提取其有效成分加工而成的药剂[7]。主要包括植物源杀虫剂、植物源杀菌剂、植物源除草剂及植物光活化霉毒等[8]。

当前开发使用的植物源农药具有低毒性、不破坏环境、少残留、选择性强、不杀伤天敌、持续时间长、用量少、成本低等优点。

7.1.1.3 *动物源农药*

动物源农药是指动物体的代谢物或其体内所含的具有特殊功能的生物活性物质，例如昆虫所产生的各种内、外激素等，其调节昆虫的各种生理过程，以达到除虫的目的。动物源杀虫剂主要包括动物毒素、昆虫内激素、昆虫信息素以及天敌动物等。

1. 动物毒素

动物毒素主要是由节肢动物产生的用以保卫自身、抵御敌人的天然产物，诸如斑蝥素、蜂毒、蜘蛛毒素、蝎毒等。

2. 昆虫内激素

内激素是昆虫体内的内分泌器官或细胞分泌的，在体内起到调控作用的一类激素。正常情况下，激素分泌量正常才能维持昆虫的正常生长与发育，缺少任意内激素都会影响昆虫正常的变态发育过程。较典型的昆虫内激素，比如蜕皮激素和羽化激素，在昆虫蜕皮及羽化过程中起到关键的作用。

3. 昆虫信息素

信息素又称为昆虫外激素，是昆虫产生的作为种内或种间个体间传递信息的微量活性物质，具有高度专一性，可引起其他个体的某种行为反应，具有引诱、刺激、抑制、控制昆虫摄食或集合、报警、交配产卵等功能[7]。利用昆虫信息素防治害虫的方法可分为大量诱捕法、交配干扰法及与其他生物农药组合使用的技术。

7.1.2　化学农药

化学农药是由人工研制合成、由化学工业生产的农药，其分子结构复杂、品种繁多、生产量大，应用范围广，是现代所施用农药的主体部分。按其化学组成分类，化学农药可分为有机氯、有机磷、有机汞、有机砷、氨基甲酸酯类等。由于化学农药见效快，易大规模生产、低能耗的特点使其在将来相当长一段时间仍将作为农药施用的主体部分，但化学农药往往具有高毒性、高残留、环境污染严重的缺点，因此绿色化学农药的研发是农药发展的重点。绿色化学农药应有如下特点：仅对特定有害生物起作用的高选择性；药剂施用量少而见效快的超高效性；无毒或低毒且能迅速降解的无公害性。

7.2　绿色表面活性剂

表面活性剂是在加入很少量时即能大大降低溶剂的表(界)面张力的一大类有机化合物，它同时具有亲水基团和亲油基团，在溶液中和界面上可以自行结合形成有序的分子组合体，从而在润湿、铺展、起泡、乳化、加溶、分散、洗涤等各种重要过程中发挥重要作用[9, 10]。表面活性剂工业与人们生活息息相关，无论是生产还是使用过程中都涉及环境友好问题。正是为了适应这种需要，绿色表面活性剂应运而生[11]。

绿色表面活性剂一般是以天然可再生资源为原料，通过清洁反应制备出的具有两亲性结构的物质，对人体刺激小，易生物降解[12]。同时也有一些绿色表面活性剂是在普通表面活性剂的基础上对结构进行修饰得到[13]。

下面介绍常用的几种绿色表面活性剂。

7.2.1　烷基多苷

烷基多苷(APG)也叫烷基糖苷，是由天然脂肪醇和葡萄糖合成的，是一种新型非离子表面活性剂。

7.2.1.1　APG的合成

目前工业上制备APG的方法可分为直接法和间接法。

直接法是在酸性催化剂存在的情况下，用长链脂肪醇直接与葡萄糖反应，一步生成烷基多苷和水(式7.2.1)，反应生成的水在真空条件下脱除。直接法合成路线简单，适合大规模工业生产，且产品质量好。

$$\text{Glucose(OH)} + ROH \longrightarrow [\text{Glucosyl}]_{DP}\text{-}OR + H_2O \quad (R=C_8\sim C_{18}\text{烷基})\ (DP=\text{平均聚合度}) \tag{7.2.1}$$

间接法即醇交换法，先由低碳醇(一般用丁醇)与葡萄糖生成糖苷，再用合适的长链脂肪醇与之进行醇交换，分离出低碳醇和过量未反应的醇，即制得所需要的糖苷。

现阶段，用淀粉代替葡萄糖作为原料以及用生物法代替化学法合成APG成为受关注的发展趋势[6]。

7.2.1.2　APG的优点及性能

APG由可再生资源合成，它兼有非离子与阴离子表面活性剂的许多优点，不仅表面张力低、活性高、去污力强、泡沫丰富细腻而稳定，且具有对皮肤无刺激、无毒、生物降解迅速且完全、环境相容性好等优点[15, 16]，是国际公认的首选“绿色”功能性表面活性剂。其亲水基团是甙基基团上的羟基，水合作用强于环氧乙烷基团。APG在水中的溶解度随烷基链的加长而减小，水溶液无浊度，不会形成凝胶。APG本身无电解质增稠作用，但大多数阴离子表面活性剂加入APG后黏度增大。APG的泡沫细腻而稳定，优于醇醚型非离子表面活性剂，发泡力在硬水中明显降低。

APG可用于与人体直接相关的餐饮、香波、护肤用日化用品，也可用作工业清洗剂、衣用洗涤剂、纺织助剂、农用化学品以及塑料、建材、造纸、石油等行业的助剂。

7.2.2　烷基醚羧酸盐

烷基醚羧酸盐包括醇醚羧酸盐(AEC)、烷基酚醚羧酸盐(APEC)和酰胺羧酸盐(AAEC)。其中AEC原料丰富，性能指标良好，下面以AEC为代表进行介绍。

7.2.2.1　AEC的合成

AEC的合成方法包括羧甲基化法及氧化法两种。

羧甲基化反应式如下：

$$RO(CH_2CH_2O)_nH + ClCH_2COONa \xrightarrow[\text{3. HCl 或 }H_2SO_4]{\text{1. NaOH}\quad\text{2. 脱 }H_2O\text{, NaCl}} RO(CH_2CH_2O)_nCH_2COOH \tag{7.2.2}$$

氧化法反应式如下：

$$RO\text{-}(CH_2CH_2O)_m\text{-}H \xrightarrow{\text{氧化}} RO\text{-}(CH_2CH_2O)_m\text{-}CH_2COOH \tag{7.2.3}$$

7.2.2.2　AEC的性能特点

AEC是一类新型的多功能阴离子表面活性剂，兼备阴离子和非离子表面活性剂的特点，主要表现为：良好的增溶能力；良好的去污性、润湿性、乳化性、分散性和钙皂分散力；良好的发泡性和泡沫稳定性，发泡力不受水的硬度和介质 pH 值的影响；对眼睛和皮肤非常温和，能显著提高配方的温和性；耐硬水、耐酸碱、耐电解质、耐高温、对次氯酸盐和过氧化物稳定；无毒，使用安全。

AEC 可应用于化妆品、口腔清洁用品、洗涤剂等的生产，同时也可作为工业助剂应用于纺织、石油开采、造纸工业、皮革工业等。

7.2.3　生物质表面活性剂

7.2.3.1　纤维素基表面活性剂

纤维素是自然界中储量最大、分布最广的天然有机物。纤维素分子有 3 个活泼的羟基，通过一系列与羟基有关的化学反应(如酯化、醚化、交联)以及氧化、酸解、碱解和生物降解等降解反应，纤维素可以合成一系列表面活性剂[17]。

魏玉萍[18]以聚合度为 280 的纤维素为原料，将纤维素溶液化后，使其与长链脂肪酰氯进行酯化反应。将疏水链段引入纤维素主链，并对得到的纤维素长链脂肪酸酯再进行硫酸酯化，得到了取代度为 0.43 的纤维素辛酰酯，再以其为原料进行硫酸酯化，将亲水基团引入其主链，成功地合成了新型结构的纤维素辛酰酯硫酸钠高分子表面活性剂。

潘虹[19]选用结构简单均一且来源不同的纤维素，以经 N，N-二甲基甲酰胺浸润的纤维素为原料，与氯磺酸磺化试剂反应，将亲水基团引入纤维素，得到纤维素硫酸酯钠。然后以环氧丙基辛基二甲基氯化铵(GDDMAC)、环氧丙基十二烷基二甲基氯化铵(GDDMAC)、环氧丙基十四烷基二甲基氯化铵(GDDMAC)作为醚化剂，在异丙醇/水体系下，以 NaOH 为催化剂，通过和纤维素硫酸酯钠进行高分子反应得到两性纤维素表面活性剂。

7.2.3.2　壳聚糖基表面活性剂

壳聚糖(CTS)分子中存在羟基和氨基，对羟基和氨基的化学改性可以改善它们的溶解性能[20]，且不同取代基团的引入赋予了壳聚糖更多的功能特点[21]。壳聚糖具有可生物降解、无毒、耐腐蚀[20,22]等特点，同时还具生物及免疫活性。

范金石[23]等人采用乙酸为反应介质，用 H_2O_2 在酸性条件下与壳聚糖反应，得到不同分子量范围的低分子壳聚糖，再以四种不同相对分子质量的壳聚糖(相对分子质量分别为 4.00×10^5、1.09×10^5、7.15×10^4 和 3.42×10^4)为原料，先在相同反应条件下分别与环氧丙烷反应制得相应的水溶性衍生物——羟丙基壳聚糖(HPCHS)，再进一步在催化剂存在条件下与十二烷基缩水甘油醚反应制得相应的功能性壳聚糖衍生物——非离子型壳聚糖表面活性剂，即(2-羟基-3-十二烷氧基)丙基-羟丙基壳聚糖(HDP-HPCHS)。

池伟林[24]等人以壳聚糖和 2，3-环氧丙基三甲基氯化铵反应，合成了羟丙基三甲基氯化铵壳聚糖，并对其水溶性、表面张力、抗菌性及与表面活性剂复配的稳定性进行了研究。

7.3　绿色清洗剂

在工业生产和加工的各个领域都需要清洗工序，目的是除去油脂、有机残留物和颜料污垢及覆盖层和氧化物质，在食品工业领域和工厂卫生中还包括消毒杀菌作用[25]。化学清洗是用化学方法去除物体表面积垢而使其恢复原表面状态的过程。化学清洗剂是由清洗主剂、缓蚀剂及助剂组成的。

化学清洗技术正在向“绿色”环保方向发展，主要体现在以下方面：具有生物降解能力和酶催化作用的环保型化学清洗剂取代难分解的污染性清洗剂；弱酸性或中性的有机化合物取代强酸、强碱；直链型有机化合物和植物提取物取代芳香基化合物；无磷、无氟清洗剂取代含磷、含氟清洗剂；水基清洗剂取代溶剂型和乳液型清洗剂[26]。

同其他洗涤剂一样，绿色清洗剂的配方通常也是由表面活性剂、助洗剂、添加剂等成分组成的。通过对表面活性剂、助洗剂、添加剂的绿色化，可以实现清洗剂的绿色化。

有关的绿色表面活性剂在前面已有介绍。表面括性剂的疏水基可以来源于化石原料或天然油脂，来自天然油脂的可称得上绿色表面活性剂。

在合成洗涤剂中，助洗剂通常起软化水硬度和改善洗涤液酸碱度的作用，其用量一般较大。STPP(三聚磷酸钠)作为软水剂性能全面，是常用的助洗剂。但由于 STPP 是含磷助剂，会在一定程度上加剧水体的富营养化。层状二硅酸钠、4A 沸石、葡萄糖酸钠、柠檬酸钠均可用作绿色洗涤剂的助洗剂。新型绿色螯合剂 IDS(亚氨基二琥珀酸)、EDDS(乙二胺二琥珀酸)、GLDA(谷氨酸二乙酸钠)也是绿色洗涤剂的较好选择。

添加剂的用量较小，习惯称为“小料”。酶制剂是洗涤剂的重要添加剂，其不仅有助于洗除特殊污渍(如奶渍、汗渍、血渍、油渍、菜汁渍等)，而且可节省表面活性剂，降低洗涤温度和耗水量，减少废物排放，对节能环保具有重要意义。虽然酶制剂单价较贵，但用量低，效果好，性价比高。酶制剂在液洗中的稳定性不太理想，但在洗衣粉中的稳定性相当好。

7.4 绿色缓蚀剂

7.4.1 缓蚀剂概述

缓蚀剂是以适当的浓度和形式存在于环境(介质)中的，可以防止或减缓腐蚀的化学物质或几种化学物质的混合物。缓蚀剂技术广泛应用于石油品生产加工、化学清洗、工业用水、仪表制造等生产过程[27]。

一般认为，缓蚀剂的作用机理主要有以下三类[28]：

(1)吸附理论：有机缓蚀剂属于表面活性物质，其分子由亲水疏油的极性基和亲油疏水的非极性基组成。在介质中，极性基定向吸附排列在金属表面，从而使致腐离子难以接近金属表面，起到缓蚀作用。吸附型缓蚀剂的性能取决于缓蚀剂在基体表面的吸附能和覆盖度。

(2)成膜理论：缓蚀剂能与金属或腐蚀介质的离子发生反应，在金属表面生成不溶或难溶的具有保护作用的各种膜层，阻止腐蚀过程，起到缓蚀作用。

(3)电极过程控制理论：缓蚀剂的加入抑制了金属在腐蚀介质中的电化学过程，减缓了电化学腐蚀速度。缓蚀剂的存在可能增大阴极极化或阳极极化。

常用的缓蚀剂包括以下几类[29]：

(1)铬酸盐、亚硝酸盐、钼酸盐和钨酸盐，曾是用于循环冷却水系统中最有效的缓蚀剂。它们属于无机阳极氧化膜型缓蚀剂，能使钢铁表面生成一层连续而致密的含有 Fe_2O_3 和 Cr_2O_3 的钝化膜。

(2)聚磷酸盐(常用的为三聚磷酸钠和六偏磷酸钠)属于无机阴极沉积膜型缓蚀剂。在水中有溶解氧存在时，其与两价金属离子形成螯合物，沉积于金属表面而形成保护膜，抑制腐蚀的阴极反应。

(3)有机膦酸类缓蚀剂属于有机阴极沉积膜型缓蚀剂。常用的有羟基亚乙基二膦酸(HEDP)、氨基三亚甲基膦酸(ATMP)、乙二氨四亚甲基膦酸(EDTMP)、多元醇膦酸酯、羟基膦酰基乙酸(rtPA)、膦酰基羧酸(POCA)和多氨基多醚基亚甲基膦酸(PAPEMP)等。

(4)有机胺类、脂肪酸类及咪唑啉类等则属于有机吸附膜型缓蚀剂。

7.4.2 绿色缓蚀剂

近年来，基于环境保护和可持续发展战略的需要，工业缓蚀剂不仅要求具有稳定高效的缓蚀效果和安全方便的管理使用方法，在应用开发过程中还应适应绿色化学的要求，降低产品的环境负荷。经过探索，形成了一系列绿色缓蚀剂[30,31]：

1. 天然植物类缓蚀剂

植物类缓蚀剂是将植物中的有效缓蚀成分提取出来并用于金属腐蚀的防护。据相关记载，世界上第一个缓蚀剂专利是钢板酸洗缓蚀剂，它的成分就是糖浆和植物油的混合物。现今使用的缓蚀剂主要来源于矿物原料等，存在着成本高、对环境污染大、有二次污染、不易降解等缺陷。天然植物类缓蚀剂被认为是绿色环保型缓蚀剂，它具有来源广泛、性能优良、对环境友好的优点。

2. 氨基酸类缓蚀剂

氨基酸分子中同时含有酸性羧基和碱性氨基 2 种基团，并且氨基酸分子中可以含有多个羧基或多个氨基。根据分子中羧基和氨基数目的相对多少可以将其分为酸性、中性和碱性氨基酸。氨基酸来源广泛，可以通过蛋白质水解获得，同时还可以在自然环境中完全分解。由于氨基酸具有来源广泛、价格低廉和绿色环保等优点，已经被广泛应用于缓蚀剂研究和应用。

由于氨基酸分子中的 N、S 原子上含有孤对电子，它们能够与 Fe 空轨道结合形成表面配合物吸附到金属表面，形成一层致密的吸附膜，这层膜能有效阻止金属与腐蚀介质接触，大大降低其腐蚀速度。此外，氨基酸能够吸附在金属/溶液界面比较活泼的地方，使界面的双电层结构发生变化，增大界面反应活化能，从而使腐蚀反应中的阴极反应或阳极反应受到阻滞。

3. 离子液体缓蚀剂

离子液体是新型的绿色缓蚀剂，越来越引起人们的关注及研究。离子液体是完全由离子所组成的在室温或接近室温时呈液态的盐。通过调整组成离子液体的阴阳离子，可构造出各种功能、特性的离子液体。但是目前还存在一些问题：离子液体是一类“新化学产品”，基础理论和实验研究尚不充分和深入；离子液体的生产成本比较高，合成工艺较复杂；回收利用还有待进一步研究。

7.5 绿色阻垢剂

7.5.1 阻垢剂概述

一般来讲，阻垢剂的阻垢机理包括以下方面[32]：

1. 螯合增溶作用

阻垢剂能与水中 Ca^{2+}、Mg^{2+}等阳离子形成稳定的可溶性螯合物，阻止其与成垢阴离子的接触，使得成垢的几率大大下降。

2. 凝聚与分散作用

聚羧酸盐类聚合物阻垢剂在水溶液中解离生成的阴离子在与碳酸钙微晶碰撞时，会发生吸附现象而使微晶表面形成双电层。聚羧酸盐的链状结构可吸附多个相同电荷的微晶，它们之间的静电斥力可阻止微晶的进一步碰撞，从而避免了大晶体的形成。当吸附产物又碰到其他聚羧酸盐离子时，会把已吸附的离子交给其他聚羧酸盐分子，最终呈现出分散的状况。这种凝聚和随后的分散作用，使得有成垢可能的微晶体稳定地悬浮在水溶液中，既阻碍了晶粒之间及晶粒与金属表面的碰撞，又减少了溶液中的晶核数，从而提高了晶体的溶解性能。

3. 晶格畸变作用

溶液中的碳酸钙晶体生长是严格有序的，钙离子和碳酸根离子碰撞后彼此结合，微晶粒按照一定的方向生长成大晶体，之后沉积下来。阻垢剂不仅能与水中溶解的钙、镁离子发生作用，而且能与晶体表面的钙发生作用，阻止钙离子与碳酸根离子在活性生长点上生长，或是阻垢剂分子镶嵌在晶格中，增加了晶体的张力，使晶体处于不稳定状态，阻碍晶格的正常生长，使晶格歪曲而形成形状不规则的晶体，这就是晶格畸变。

4. 再生自解脱膜假说

Herbert 等认为聚丙烯酸类阻垢剂能在金属传热面上形成一种与无机晶体颗粒共同沉淀的膜，当这种膜增加到一定厚度时，会在传热面上破裂并脱离传热面。由于这种膜的不断形成和破裂，使垢层生长受到抑制，此即“再生-自解脱膜假说”。

阻垢剂种类很多，大致可以分为以下几大类[33]：

(1)天然聚合物阻垢剂：天然高分子化合物，如淀粉、纤维素、单宁、木质素、壳聚糖等是最早应用于冷却水系统的一类阻垢剂。这类聚合物的特点是分子中含有许多羟基、羧基等，因而对钙、镁等盐垢晶体生长有一定的抑制作用。

(2)无机含磷聚合物阻垢剂：工业循环冷却水中，最常用和熟知的无机含磷聚合物阻垢分散剂莫过于三聚磷酸钠和六偏磷酸钠。微量无机聚磷加入水中，可以破坏碳酸钙等成垢晶体的正常生长，从而起到阻垢效果。

(3)有机膦酸阻垢剂：有机膦酸既是阴极沉积膜型缓蚀剂，也是非化学当量螯合型阻垢剂，对钙、镁等两价离子不仅具有明显的抑制作用，而且对其他药剂还有协同作用，是目前广泛使用并且效果良好的阻垢剂。其产品主要有氨基三甲叉膦酸(ATMP)、羟基乙叉二膦酸(HEDP)及羟基膦酰基乙酸(HPA)等。

(4)有机水溶性聚合物阻垢剂：有机水溶性聚合物阻垢剂产品种类繁多，可细分为羧酸类聚合物阻垢剂、有机含磷水溶性聚合物阻垢剂和磺酸类聚合物阻垢剂。如聚丙烯酸及其钠盐(PAA)、聚甲基丙烯酸(PMAA)、水解聚马来酸(HPMA)、膦基聚羧酸(PCA)及膦酰基羧酸(POCA)等。

7.5.2　绿色阻垢剂

随着人类环保意识日渐高涨，开发低磷或无磷、环境友好型的“绿色阻垢剂”的概念已被提出并成为水处理剂的发展方向[33-35]。

1. 聚天冬氨酸

聚天冬氨酸(PASP)是受动物代谢过程启发而合成出来的一种高分子化合物，不含磷。Wheler 和 Sikes 在对碳酸钙有机体的研究中发现，从渗入牡蛎壳的蛋白母体得到的糖蛋白具有阻止无机或生物碳酸钙沉积的作用，是一种潜在的阻垢剂，而不是像过去人们一直认为的那样，是碳酸钙成核和晶体生长的促进剂。进一步的研究发现，在氨基酸聚合物中，聚天冬氨酸的阻垢性能最好，并具有非常好的生物相容性和可生物降解性。

2. 聚环氧琥珀酸

聚环氧瑚珀酸(PESA)最早在20世纪90年代初由美国 Betz 实验室首先开发，是一种无磷、非氮并具有良好生物降解性的绿色阻垢剂，具有很强的抗碱性，在高钙、高硬度水中，其阻垢性能明显优于常用的有机膦酸类。

3. 烷基环氧羧酸盐

烷基环氧羧酸盐(AEC)是由 BetzDearborn 公司生产的。它无毒、能耐氧、耐温，有特别优良的碳酸钙阻垢性能，是无磷阻垢剂。当其与少量无机盐(磷酸盐或锌盐等)复配时，对碳钢具有缓蚀作用，因而可组成低磷或低锌配方，用于高 pH 值、高碱度、高硬度、高浓缩倍数的冷却水系统，且对环境损害很小。

4. 其他环境友好型阻垢剂

主要是某些改性的天然产物，如孙海梅等研究了一种天然阻垢剂，其主要作用组分是用秸秆等农田作物下脚料经发酵而制取的一种天然大分子有机物质，它含有羧基、酚羟基等多种酸性基团和羟基等亲水基团。实验证明这种新型天然阻垢剂具有良好的阻垢效果，可用于低压锅炉和工业循环冷却水。

另外，含磷水溶性聚合物如 PCA 和 POCA，其本身磷含量一般低于3%，这样低的磷系配方对环境保护十分有利，意味着此类含磷水溶性聚合物也符合环境友好型水处理剂的概念。

7.6　绿色涂料

传统的涂料在干燥成膜时向空气中散发的挥发性有机化合物 VOCs 对大气环境和人体健康构成了严重的威胁，绿色涂料的研究发展方向就是要寻求 VOCs 排放不断降低直至为零，并且涂料的使用范围尽可能宽、设备投资适当、实用性能优越等[36]。当前，绿色涂料发展的方向主要是涂料水性化、粉末化和高固体分化。

7.6.1 水性涂料

水性涂料是以水作溶剂，避免使用挥发性有机溶剂，从而减少了对人体的危害。主要品种有：水性环氧涂料、水性丙烯涂料、水性聚氨脂涂料、有机硅丙酸酯涂料、含氟丙烯酸涂料等[37, 38]。

1. 水性环氧涂料

目前，市场上广泛应用的水性环氧树脂涂料是由双组分组成。其中一组分为疏水性环氧树脂分散体(乳液)，是将水性环氧树脂以微粒或液滴的形式分散到以水为连续相的分散介质中而制得的稳定的环氧树脂分散体系，另一组分为亲水性的胺类固化剂，通过两组分之间的化学交联反应，固化后成网状结构膜。环氧树脂具有优异的金属附着性和防腐蚀性，是目前用于金属防腐蚀最广泛、最重要的树脂之一[39]。

2. 丙烯酸类水性涂料

水性丙烯酸树脂涂料是指主要使用水作为分散剂的丙烯酸树脂涂料。根据树脂在水中的状态，可分为水乳性、水溶胶和水溶型丙烯酸涂料[40]。水溶性丙烯酸树脂可分为非离子型和离子型两种，都是通过交联化方式成膜，通过加入交联树脂(如环氧树脂、酚醛树脂、氨基树脂等)以实现外交联。此类涂料具有合成简单、耐久、耐低温、环保、不着火等优点，但同时也存在硬度过大、耐溶剂性能弱的问题。目前，丙烯酸类涂料包括了水性纸品、水性路标、水性木器、水性防锈及水性防腐蚀涂料等品种。

3. 聚氨酯水性涂料

聚氨酯水性涂料包括水溶型、水乳化型和水分散型。聚氨酯水性涂料具有难燃、无毒、无污染、易贮运、使用方便等优点，广泛地应用在木材、皮革、纸张、塑料、常规金属的涂饰中。随着人们对聚氨酯水性涂料改性研究的深入，出现了水性聚氨酯改性丙烯酸酯树脂、环氧改性聚氨酯涂料、改性聚醚以及改性醇酸树脂等涂料种类，提高了材料性能，降低了成本[41, 42]。

4. 水性有机硅涂料

水性有机硅聚合物主要指有机硅单体与乙烯基硅烷偶联剂单体的聚合物及其与其他多种可共聚单体的聚合产物等。有机硅具有独特的化学结构和极低的表面能，其能够有效地提高水性聚氨酯、环氧树脂的耐水性、耐候性及附着力。目前，国际上几大主要有机硅材料生产商均已开发出多种水性含硅聚合物用单体或中间体[43, 44]。

7.6.2 粉末涂料

粉末涂料具有无溶剂、100%转化成膜、兼具保护和装饰综合功能等特点。粉末涂料可分为热塑性粉末涂料和热固性粉末涂料。热塑性涂料主要有聚乙烯、聚丙烯、聚氯乙烯、氟树脂等；热固性涂料主要有环氧、聚酯、环氧-聚酯、聚氨酯、丙烯酸等。

1. 聚酯/丙烯酸粉末涂料

聚酯/丙烯酸粉末涂料是以羧基聚酯和缩水甘油基丙烯酸树脂为基础的混合型粉末涂料[38]。该涂料具有优良的机械性能，存贮性能稳定，固化期间无挥发物质产生，多用于家用电器、汽车、户外设施等的涂装。

2. 聚氯乙烯粉末涂料

聚氯乙烯粉末涂料是以聚氯乙烯为主体，加入稳定剂、颜料、增塑剂、流平剂、改性剂等各种助剂，经混合裂化、挤出造粒、粉碎筛选等工序加工而成[45]。常温下，聚氯乙烯涂料可耐受所有浓度的盐酸，90%浓度以下的硫酸，20%浓度以下的烧碱等，化学性质稳定，且固化时不会产生副产物。由于其涂层平整光滑，色彩鲜艳且机械强度高，现多用于油田、矿山、化工设备、管道等设施的涂饰。

3. 环氧/丙烯酸粉末涂料

环氧树脂与丙烯酸树脂基的混合型粉末涂料可同时弥补环氧树脂耐老化性差及丙烯酸树脂机械强度差的缺点。在涂膜硬度、耐化学性、耐污染性等方面都优于聚酯/环氧混合型粉末涂料，其耐候性更为显著[46]。该类涂料多应用于气候较寒冷地区的户外建筑、桥梁等。

7.6.3　高固体分涂料

高固体分涂料一般指固体分含量在60%~80%的涂料，其不仅可有效减少VOCs的排放，并且由于其制造及施工所用设备均与普通涂料相近，可节省设备投资。此外，高固体分涂料的黏度小、分子量小、涂装时对基材易润湿，平流性及丰满度较佳；高固体分涂料的固体含量大于75%，因此一次喷涂即可得到较厚的涂层，节省材料并减少了环境污染。此类涂料多用于汽车面漆涂补及工业涂装。

1. 高固体分丙烯酸聚氨酯涂料

双组分高固体分聚氨酯涂料由羟基丙烯酸树脂和多异氰酸酯组成，其漆膜固化是由丙烯酸树脂提供的-OH基与多异氰酸酯提供的-NCO基在室温或低温下进行逐步加成聚合反应而实现的[47]。典型的商品化多异氰酸酯固化剂黏度极低，固体分含量可达100%，因此其VOC的产生量很低。高固体分丙烯酸聚氨酯涂料固化时耗能低，被广泛应用于飞机蒙皮、家电、火车等车用产品的涂饰。

2. 聚酯高固体分涂料

聚酯高固体涂料的固含量一般达70%~85%。聚酯树脂提供了任何树脂所不能达到的综合性能[48]。高固体分聚酯树脂可应用于单组分三聚氰胺交联体系及双组分体系，且单组分体系具有优良的耐溶剂性、耐污染性和底材附着力，被广泛地应用于仪表、仪器等的涂饰。

7.7　绿色制冷剂

7.7.1　绿色制冷剂概述

作为20世纪对人类社会产生重大影响的工程技术成就之一，制冷技术在人们的日常生活、工业生产及国防建设中起着越来越重要的作用。传统的氟利昂系列制冷剂不仅会对大气层中的臭氧层产生破坏[49]，大多数还会产生温室效应[50]。因此，多个国家率先全面淘汰了 CFCs 的生产和消费，并进行了相关的替代工作。2007 年 9 月，蒙特利尔议定书第 19 次缔约方会议通过了加速淘汰 HCFCs 的调整案，规定发展中国家 HCFCs 制冷剂完全淘汰的时间提前至 2030 年。在当前环保和节能的双重压力下，发展绿色制冷剂势在必行。有应用价值的绿色制冷剂必须满足以下要求[51]：

(1)环保要求：对臭氧分解潜能值(ODP)和全球变暖潜能值(GWP)为零或尽可能小。

(2)热力学要求：替代品与原制冷剂有近似的沸点、热力学特性及传热特性。

(3)理化性质要求：安全性高(尽可能无毒、无可燃性和爆炸性)。

(4)可行性要求：制造成本低，工艺简单，兼容性好(无需对原有装置进行大改动即可使用)。

7.7.2 绿色制冷剂研究现状

目前，国际上关于氟利昂的替代技术路线主要有两条：①采用自然工质为替代物，如氨、二氧化碳、水、碳氢化合物等非氟利昂系代用品；②保留和改进氟利昂优异物性，开发无公害氟利昂。

7.7.2.1 自然工质

1. 碳氢化合物(HCs)

碳氢化合物(HCs)制冷剂大多数具有较强的可燃性，出于安全性考虑，碳氢化合物制冷剂曾被淘汰。现在，随着技术的发展和安全性度量的改进，HCs 再次引起注意，在冷冻箱和家用电冰箱上有着一定的应用。HCs 制冷剂的发展方向是选择低 GWP 的物质，解决好可燃性和充装量等问题。常见的 HCs 制冷剂有丙烷、异丁烷和乙烯等。

丙烷(R290)的 ODP=0，GWP=1，热力学特性(如标准沸点、凝固点、临界温度、临界压力等)与二氟一氯甲烷(R22)相近，具备替代 R22 的基本条件。而且，R290 的气化潜热大约是 R22 的 1.8 倍，在相同条件下，R290 充注量比 R22 小得多。Granryd[52]等研究了 R290 在家用热泵空调器中的传热特性，认为 R290 制冷剂侧的压力降大约低于 R22 的 40%~50%。因此，可通过优化设计换热器结构，获得最佳的压力降与传热系数。另外，在 R290 中添加一定量的不可燃物之后可以削弱其可燃性。

异丁烷(R600a)的 ODP=0，GWP=0，是一种性能优异的新型碳氢制冷剂，其蒸发潜热大，冷却能力强，流动性能好，输送压力低，耗电量低，与各种压缩机润滑油兼容，可以作为二氯二氟甲烷(R12)的理想替代品。R600a 主要缺点是易燃性，因此在制冷设备生产、使用和维修时必须采取适当防范措施。Sariibrahimoglu[53]等对 R600a 封闭式制冷压缩机中轴承的(烧结铁/100Cr_6摩擦副)摩擦性能进行了研究，润滑油采用矿物油，结果表明：由于 R600a 对润滑油的黏度和泡沫特性存在影响，阻碍了摩擦副烧结铁表面氧化层的形成，因此，轴承摩擦将增大。

乙烯(R-1150)的 ODP=0，GWP=20，与传统的润滑油兼容，主要用于替代三氟一氯甲烷(R13)制冷剂。由于 R1150 易燃，通常只用于充液量较少的低温制冷设备中，或者作为低温混配冷媒的一种组分。

2. CO_2(R744)

CO_2制冷剂 ODP=0，GWP=1，来源广泛，无毒无害，气体密度高，可降低使用的管路与压缩机尺寸，从而使系统重量减轻、结构紧凑、体积小。然而其高临界压力和低临界温度，限制了其发展。CO_2压缩机的研究开发一直是制冷技术发展的难点，与使用普通制冷剂的压缩机相比，CO_2跨临界循环压缩机具有工作压力高、压差大、压比小、体积小、重量轻、运动部件间隙难以控制、润滑较困难等特点。近年来，我国 CO_2制冷技术的研究进步明显，开发了 CO_2制冷压缩机样机，进行了性能模拟和实验研究[54]，研究了 CO_2膨胀机[55]和 CO_2制冷系统喷射器[56]。

3. NH_3(R717)

NH_3是近年来制冷剂替代技术发展的另一热点，它具有良好的热力性能，ODP = 0，GWP < 1，目前在化工、食品及民用空调等领域都得到了应用。NH_3/CO_2复叠式制冷系统节能效果显著，满负荷工况下与氨单级制冷系统相比，单位冷吨的耗功减少 25%，与 NH_3双级制冷系统相比则减少 7%[57]。NH_3的毒性、可燃性和爆炸性是影响其发展的主要原因，寻找与 NH_3互溶的润滑油、开发半封闭式结构压缩机、换热器小型化以及提高安全性和可靠性，是氨制冷技术应用推广的关键[58]。

7. 7. 2. 2　无公害氟利昂

1. HFO-1234yf

HFO-1234yf 是杜邦公司联合霍尼韦尔(Honeywell)公司开发的适用于汽车空调的替代制冷剂，其 ODP = 0，GWP = 4，毒性小，可燃性在安全可控范围，热力性能与 R134a 相近。2007 年以来，美国汽车工程师协会(SAE)对 HFO-1234yf 的安全性和综合性能进行了评估，结果显示，HFO-1234yf 斜盘压缩机的磨损与 R134a 系统基本相同，有希望成为汽车空调的替代制冷剂之一。HFO-1234yf 在家用空调和冷水机组中的应用也获得了研究，从离心机组的分析结果来看，相比 R134a，叶轮速度低 18%，叶轮直径增大 10%，压缩机耗功增加 4%，体积流量增加 8%[58]。

2. 氟乙烷(R161)

R161 的 ODP = 0，GWP = 12，临界温度为 102. 2℃，临界压力为 4. 7 MPa，化学性质稳定，具有和二氟一氯甲烷(R22)相近的热力学性能，平均大气寿命只有 0. 3 年，相比 R22(11. 8 年)，具有较大的环保优越性。但是，R161 具有可燃性，与空气混合会形成爆炸性混合物，为了降低其可燃性，常将其与其他制冷剂按一定比例混合使用。浙江大学开发出了具有自主知识产权的 ZCI 系列制冷剂[51]。

3. R1234yf 和 R1234ze

Dupont 与 Honeywell 推出的 R1234yf 和 R1234ze 被认为是替代 R134a 的新一代环保制冷剂。R1234yf 和 R1234ze 的 ODP 均为 0，GWP 分别为 4 和 6；而且其大气寿命分别只有 11 天和 18 天，相对于 R134a(44 年)和 R22(11. 8 年)要小很多；其最终的大气分解物与 R134a 相同，寿命期气候性能(LCCP)也低于 R134a，与 R134a 相比，R1234yf(R1234ze)具有更好的环保性。

R1234yf(R1234ze)的制冷性能也与 R134a 相近，拉吉夫等测试了相同工况下 3 种制冷剂的特性[59]，结果表明，R1234ze 的制热能效比(COP)比 R134a 的高 4% 以上，R1234yf 的 COP 比 R134 低 2%，但是二者的排气温度均低于 R134a，这样大大降低了设备的损耗，减小了设备维修问题。R1234yf 燃烧时产生的有害物量与 R134a 相当[60]。在

Dupont 与 Honeywell 联合实验室进行的毒性实验表明，其毒性低于 R134a。

4. DR-2

Dupont 公司开发了一种代号为 DR-2 的卤代烃制冷剂，ODP=0，GWP=9.4，热物性与化学性质较稳定，可与常用的润滑油和塑料兼容并存，用于替代中央空调系统中的 R123(ODP=0.02，GWP=77)。与 R123 制冷系统相比，DR-2 的蒸发温度与冷凝温度分别为 4.4℃和 37.8℃时，蒸发压力下降 23.1%，冷凝压力下降 17.5%，压缩机的等熵效率为 0.70。DR-2 与 R123 的对比实验表明，在相同的制冷能力与工作效率下，DR-2 离心压缩机的叶轮外缘速度降低了 1.4%，叶轮转速下降了 13%，压缩机入口音速下降了 4%，但叶轮直径增大 13.3%。这表明 DR-2 具有替代 R123 的潜力[58]。

7.8　可降解高分子材料

7.8.1　可降解高分子材料概述

高分子材料在工农业生产、国防建设及人们日常生活等领域得到了广泛的应用，然而，废弃的高分子材料对环境的污染日益加剧。塑料作为应用最为广泛的高分子材料，以体积计量已居世界首位。包装所使用的聚合物大部分是石油基聚合物，难以在自然条件下降解，每年要产生 1.5 亿吨、价值 1500 亿美元的塑料包装废弃物[61]。塑料的回收利用率在 20 世纪 80 年代仅为 1%，到 20 世纪末，意大利和日本的回收利用率达到 10%，中国为 2%[62]。因很多塑料难以降解且用量居高不下，废弃塑料所造成的白色污染早已成为世界性的公害。

处理高分子材料的一些常规方法诸如焚烧、掩埋、回收利用、熔融共混挤出等都有着难以克服的缺陷和局限性，会带来严重的环境负荷，因此开发环境可接受的降解性高分子材料是解决塑料污染的重要途径。

可降解塑料是带降解功能的高分子材料，在使用过程中，它与同类的普通塑料具有相近的卫生性能和应用性能，而在其使用功能完成后，能在自然环境条件下迅速降解成为容易被环境消纳的碎片或碎末，且随时间的推移进一步降解成为最终氧化产物(CO_2 和水)[63]。

7.8.2　可生物降解高分子材料

通常认为，高分子材料的生物降解经过两个过程。首先，微生物向体外分泌水解酶，和材料表面结合，通过水解切断高分子链；生成分子量小于 500 的小分子量的化合物(有机酸、醣等)；然后，降解的生成物被微生物摄入体内，经过各种代谢路线，合成为微生物体需要的化学物质或转化为微生物活动的能量，最终都转化为水和二氧化碳[64]。

高分子材料的化学结构直接影响着生物可降解能力的强弱，一般情况下：脂肪族酯键、肽键>氨基甲酸酯>脂肪族醚键>亚甲基[65]。可生物降解高分子按照材料来源的不同，主要可分为天然高分子材料、合成高分子材料和掺混型高分子材料[66]。

7.8.2.1 天然生物可降解高分子

纤维素、淀粉、甲壳素、蛋白质等是自然界中丰富的天然高分子材料，并且其自然分解的产物完全无毒。但这些材料大多不具有热塑性，耐水性差，成型加工困难，不宜单独使用。

1. 纤维素

纤维素的结构重复单元 β(1-4)聚葡萄糖苷联接非常稳定，易于形成氢键，因而天然纤维素材料的强度较高，难以被大多数有机体消化。纤维素材料经结构改性后得到了广泛的应用，如再生纤维素和化学改性纤维素[67]。

纤维素酯、纤维素醚、纤维素缩醛化合物等常用的化学改性纤维，其生物降解性与羟基反应的强烈程度有关，因此加大纤维素羟基的反应程度也是纤维素改性使用的一个方向[5]。

2. 淀粉

淀粉分为由 α(1-4)连接的聚糖直链淀粉和通过 α(1-4)和 α(1-6)连接成高度支化的支链淀粉，这两种连接均比 β((1-4)连接弱，因而在活体组织中淀粉是可吸收的。然而淀粉的热塑性很差，且亲水性过强，导致其加工成型非常困难。通常合成淀粉的衍生物或与其他高聚物，诸如聚乙烯、聚氯乙烯、聚丙烯、聚苯乙烯等共混，形成生物降解性能良好的高分子材料[67]。淀粉可以和果胶、纤维素、半乳糖、甲壳素等天然大分子复合成可完全生物降解的材料，用于制备包装材料或食品容器[68-70]。

3. 甲壳质

甲壳质是由 2-乙酰氨基 2-脱氧-B-D-葡萄糖通过 β(1，4)苷键连接而成的线性聚合物，多存在于虾、蟹、昆虫等动物的壳内。由于其具有高结晶度及较多的氢键，导致甲壳质的溶解性能较差。但在碱性条件下甲壳质脱乙酰化成为甲壳胺(壳聚糖)，其溶解性能比甲壳质好。

甲壳质是自然界中唯一呈碱性的多糖，其生物相容性、生物活性优异，生物降解性好，降解产物无毒，因此对甲壳质的开发越来越受到重视。

7.8.2.2 合成可生物降解高分子

与天然可降解高分子材料相比，合成生物可降解高分子材料更不易产生免疫性，有着更好的生物相容性。该类生物降解高分子材料多在分子结构中引入酯基结构的聚酯[71]，合成高分子材料的机械性能容易通过物理和化学方法进行调整。

1. 微生物合成生物可降解高分子材料

此类型材料的合成过程是通过用葡萄糖或淀粉类对微生物进行喂养，使它在体内吸收并发酵合成出微生物多糖及微生物聚酯。这两类高分子均具有生物降解性，且微生物聚酯具有良好的物理性能、成型性能、热稳定性能等。

聚 3-羟基丁酸酯(PHB)、共聚聚酯、羟基丙酸和羟基戊酸的 PHA 等都是生物合成可降解高分子。以 PHB 为例，它是由微生物生产的典型微生物聚酯，是以 3-羟基丁酯(3HB)作为基本单元的高聚合度均聚物[66]。它是一种脂肪族热塑性聚酯，可在各种自然环境如土壤、沙漠、海水和河水中被多种细菌完全分解为 CO_2和 H_2O，是理想的生物降解材料[72]。PHB 材料通常在厌氧污水中降解最快，于海水中降解最慢，可用于制作农用薄膜、食品袋、包装盒等。因其优良的生物相容性，PHB 在生物工程中具有不可替代的作用，具有广阔的应用前景。

2. 化学合成生物可降解高分子材料

常见的化学合成可降解高分子包括聚乳酸、聚 ε-已内酯、聚乙醇酸、聚乙二醇等。已进行工业化量产的合成高分子材料有聚乳酸(PLA)和聚已内酯(PCL)。

聚乳酸(PLA)类生物可降解塑料属化学合成的直链族聚酯，具有较高的使用强度、良好的生物相容性、降解性及生物吸收性，已广泛在医疗、药学、农业、包装、服装等领域中替代传统材料。聚乳酸在水体系中可以分解，在人体内的降解与酶无关，并且在土壤、海水中也能在微生物多酶的作用下分解。聚乳酸的热稳定性和韧性较差，可通过与其他单体的共聚来改变其性能，还能有效降低产品成本。

利用化学法合成生物降解高分子材料，可以通过改变脂肪族聚酯的化学结构来制得力学性能优良的生物降解材料，诸如利用扩链反应使聚酯链长增长，分子量增大，以提高材料的使用强度。合成高分子材料比天然高分子材料具有更多的优点，它可以从分子化学的层面来设计分子主链的结构，进而控制高分子材料的物理性能，而且可以充分利用自然界中提取或合成的各种小分子单体。

7.8.2.3 掺混型可生物降解高分子材料

掺混型高分子材料主要是指将两种或两种以上的高分子物共混或共聚，其中至少有一种组分是可生物降解的，目前研究较多的是添加天然淀粉、纤维素、壳聚糖等天然高分子材料和化学合成可完全降解高分子的共混物，但这种材料不能得到完全降解。

7.8.3 其他类型可降解高分子材料

除了可生物降解高分子材料外，还有光降解、光/生物双降解和水降解等高分子材料。

7.8.3.1 光降解高分子材料

光降解高分子材料是指一类在光辐射下降解为碎片和粉末，最终分解为无污染产物的高分子链。若在聚合物中添加有光敏剂作用的化学助剂或者在聚合物分子结构中引入羰基、双键等光敏基团，就能加快光降解速度[73]。

影响光降解的因素主要有：①高分子结构：含有—N ═N—NH—、>C ═O、—S—S—、—NH—NH—、—CN ═N—、—O—、—CH—CH—等化学结构的高分子易发生光降解反应；②添加光敏剂促进光解；③光波长：光辐射的波长必须与塑料高分子断裂的敏感波段相匹配；④大气条件：大气中的氧、热、湿度会加速光降解[74]。

7.8.3.2 光/生物降解高分子材料

光/生物降解高分子材料是利用光降解机理和生物降解机理相结合的方法制得的一类塑料，克服了因光线不足而降解困难和生物塑料加工复杂、成本高的缺陷[75]。它以光降解为基础，添加热氧化剂和生物诱发剂等，使不直接接收光作用的部分材料继续降解，从而使大分子断裂，降解为可被微生物吞噬的低分子化合物碎片[76]。光/生物降解高分子材料可分为淀粉型和非淀粉型两种[77]。

7.8.3.3 水降解高分子材料

水降解材料含有亲水性成分，当材料使用后弃于水中即被溶解掉，具水溶性、热塑加工性和生物降解性，其代表产品是聚乙烯醇。

这种材料主要用于医药卫生用具方面，如医用手套等；它还可以通过挤塑、纺丝成型，制得与纸复合高抗油脂的薄膜，适用于包装食品和有机溶剂；由其制得的纤维可用于制造农用水溶性薄膜、容器及一次性消费品等[78]。

7.9 绿色水泥

7.9.1 绿色水泥概述

绿色水泥(green cement)国际上也称为生态水泥、健康水泥和环保水泥。狭义上的绿色水泥是指利用城市垃圾焚烧灰和下水道污泥等作为主要原料，经过烧成、粉磨形成的水硬性胶凝材料；而广义上，绿色水泥不是单独的水泥品种，而是对水泥"健康、环保、安全"属性的评价，包括对原料采集、生产过程、施工过程、使用过程和废弃物处置五大环节的分项评价和综合评价[79]。

与传统水泥相比，绿色水泥有以下方面的基本特征：

(1)原料中各种废弃物的利用率要达到一定的比例；

(2)生产工艺过程及产品不产生二次污染；

(3)整个生产工艺过程是完全循环回收系统；

(4)具有良好的使用性能，满足各种建设的需要。

水泥绿色制造是指以节能、节材、利废和增效等为目标，采用优化简洁工艺，低成本、低能耗、无污染实现水泥制成的一种生产模式，其核心内容和关键技术是以提高磨机粉磨效能，达到节能高产；提高废渣的有效利用率，达到减排、利废、增效的科学发展目标。绿色生态水泥比传统水泥能更多地利用废弃材料，降低熟料在水泥中的比重，从而大幅度降低 CO_2 排放和利用一切能减少水泥单位能耗的技术来降低水泥生产能耗[80]。

7.9.2 绿色水泥的主要发展方向

7.9.2.1 细掺合料技术

1. 利用工业废渣生产绿色水泥

将工业渣深加工提高细度部分替代水泥熟料生产绿色水泥，是提高工业渣附加值的重要途径。工业渣可以分为冶金渣、化工渣和燃料渣，皆可用于绿色水泥的制造。

冶金渣包括高炉矿渣、钢渣、铁合金渣和有色金属冶炼废渣等。

高炉矿渣是由脉石、灰分、助熔剂和其他不能进入生铁中的杂质所组成的易熔混合物，而粒化高炉矿渣是熔融状态流出后，经水淬急冷处理而成。从化学成分上看，高炉矿渣属于硅酸盐质材料[81]。王春梅等人采用矿料与熟料分别粉磨再混合粉磨的技术，研究了不同细度、掺量的矿渣微粉对水泥物理性能的影响，发现高细粉磨的矿渣以高掺量与熟料、石膏混合可制备出各项性能良好的水泥。

锰渣是矿渣中的一种，是由在锰铁合金冶炼过程上排放的高温炉渣经水淬而形成的一种高炉矿渣。水淬锰渣大部分是玻璃体，具有较高的潜在活性，在激发剂的作用下能起水化反应产生胶凝性。在工业上将其磨细到一定程度，与熟料以及石膏等搭配，生产不同种类的硅酸盐水泥，不仅可以改善水泥的性能，还能大大降低水泥的生产成本。

钢渣中含有氧化钙和氧化铁，矿物组成为硅酸二钙、硅酸三钙，密度大、质地坚硬[81]。采用钢铁渣粉与熟料粉混合的生产工艺，在钢铁渣粉掺入量为10%~30%时，其水泥强度不降低，且由于钢铁渣粉的成本低，可降低水泥成本，起到节能、降耗、减排CO_2作用。

锂渣是有色金属冶炼废渣，含有大量活性SiO_2和Al_2O_3，玻璃体含量较多，可以作水泥和混凝土的活性矿物掺料应用。锂渣最大掺量可达30%，替代水泥熟料15%，其配制混凝土强度超过原混凝土强度。

化工渣包括硫酸渣、电石渣、磷渣、矾渣等[82]。

硫酸渣是一种高铁、高硅、低钙和具有火山灰活性的工业废渣，其活性的大小与化学组成有关，与铁含量成反比，与硅含量成正比。虽然含有重金属，但含量较低，不会对环境造成危害。肖忠明等用硫酸渣掺入水泥中，发现对其性能的影响与一般火山灰质材料基本一致，但不同的是硫酸渣具有改善水泥的体积安定性、提高耐硫酸盐侵蚀，同时还有后期强度增进率小的特点。

燃料渣包括粉煤灰、炉底渣、煅烧煤矸石等。

大量的粉煤灰排放污染了大气和水体环境。粉煤灰中含有大量的$A1_2O_3$、SiO_2和CaO，当掺入少量生石灰和石膏时，可生产无熟料水泥，也可掺入不同比例的熟料生产各种规格的水泥。苗瑞平研究了利用粉煤灰作水泥混合材、脱硫石膏作水泥缓凝剂的水泥性能以及脱硫石膏作用机理。研究结果表明，当粉煤灰掺量小于30%时完全可以生产符合国标要求的32.5以上的强度等级的水泥，水泥凝结时间正常，并且对水泥的力学性能和安定性有积极作用。

煤矸石是煤炭伴生矿物，占煤产量的10%~20%。煤矸石主要成分是由高岭石及碳质组成，其主要化学元素成分为45%SiO_2、37%Al_2O_3。经煅烧后碳质留下微孔，以及SiO_2经煅烧可分解成游离SiO_2，因此具有活性。王海霞等[83]用熟蚀变煤矸石和磨细矿渣粉代替部分水泥熟料，制备煤矸石质少熟料水泥，制备的少熟料水泥的性能达到GB 175-2007中42.5级普通硅酸盐水泥的3 d的抗折、抗压强度要求，与42. 5级普通硅酸盐水泥相比，该少熟料水泥具有更高的早期强度，80μm方孔筛筛余减小，凝结时间缩短，安定性合格。

2. 利用污水污泥生产绿色水泥

城市污水污泥是指城市生活污水及工业废水处理过程中产生的固体废弃物。污水污泥的成分很复杂，它是由多种微生物形成的菌胶团及其吸附的有机物和无机物组成的集合体，除含有大量的水分外，还含有难降解的有机物、重金属和盐类以及少量的病原微生物和寄生虫卵等。

污泥的化学特性与水泥生成所用的原料基本相似，可用干污泥或污泥焚烧灰作水泥原料，按一定比例添加煅烧生态水泥。利用水泥回转窑处理污泥，不仅具有焚烧法的减容、减量化特征，且能减少水泥产业原材料的消耗[85]。

宝志强利用污泥制备生态水泥的实验表明，以适量的污泥替代水泥原料配料，水泥熟料的强度影响不大或有所提高，凝结时间正常，并对生料易烧性有一定的改善作用。在污泥掺量为2.5%的情况下，改善易烧性的作用最为明显，且此时水泥对污泥中的重金属具有较好的固化作用，重金属的滤出值远远小于滤出的最低标准，不会对环境造成危害响[84]。

3. 利用废弃混凝土生产绿色水泥

混凝土是当今世界上用量最大的人造建筑材料。废弃混凝土中含有的部分石灰石和硅质原料，硬化的水泥浆体在高温下脱水形成氧化钙、氧化硅和氧化铁等氧化物，都是制造水泥所必需的氧化物。大量的研究表明，废弃混凝土可用作再生混凝土的骨料，也可取代部分优质石灰石生产水泥。

万惠文等利用废弃混凝土可作生产水泥的原料，随着废弃混凝土利用率越高，生产水泥熟料的质量越差，适宜的废弃混凝土取代石灰石的比例为60%，可煅烧出正常的水泥熟料，熟料中4个矿物的衍射峰清楚，C3S和C2S特征峰尖锐，且熟料的强度可达到47.4MPa[85]。

7.9.2.2 粉磨节能新技术

作为水泥生产优化的重要组成环节，预粉磨过程的平稳运行在提高设备运行效率、提高能效和降低能耗中起着重要的作用。

1. 开发新型高效粉磨设备[86]

从水泥粉磨的装备类型来看，传统工艺多采用球磨机进行磨制，在球磨机系统的粉磨过程中，由于其结构的局限性，主要的能量消耗并未有效用于破坏颗粒的结构，而是转化成了声能和热能的形式随之消耗，这使得球磨机的能量利用效率最好的情况下也只有3%~5%。正是由于这种情况，使得我国水泥行业中粉磨水泥的能耗居高不下，不仅大量消耗了能源，也间接造成了CO_2的大量排放，所以改进水泥制备过程中粉磨能耗问题是有效解决当前整个水泥工业节能减排、发展低碳经济的一个重要措施。

对球磨机的结构弊端进行改进，主要是运用更为科学合理的力学作用模式来高效粉磨物料，提高能量的利用效率，减少不必要的能量损耗。目前主要有辊压机、辊式磨、筒辊磨等采用料床粉磨原理而开发出的新型粉磨装备。这些粉磨装备由于采用了高效的料床粉磨原理，使得其粉磨效率较传统球磨机系统有了极为显著的改进，在已有的报道中均显示这类粉磨系统的相应能耗较球磨机至少可降低20%~30%，因而显示出极大的发展空间。

朱龙飞系统研究了不同粉磨方式(球磨终粉磨、辊压机终粉磨、联合粉磨、立磨终粉磨)对所制备水泥试样颗粒特性的影响，结果表明辊压机虽然粉磨效率高，但用于终粉磨所得水泥试样的粒径分布不合理，颗粒圆度差，导致水泥需水、凝结和硬化等宏观性能均较差，相同条件下水泥后期强度只有球磨机终粉磨水泥相应值的80%左右；联合粉磨与立磨终粉磨所得水泥试样的粒径分布均较为集中，颗粒圆度优于辊压机终粉磨水泥，强度方面联合粉磨试样可与球磨终粉磨水泥相当，立磨终粉磨水泥也可以达到后者相应值的90%左右；总体而言球磨机终粉磨水泥样圆度最佳，微观形貌观察反映其表面圆整、平滑，且其粒径分布范围最宽，客观上更有利于满足最紧密堆积要求，使其在宏观性能上具有低需水性、凝结速度和早期水化速率更为合理的特点。但与其高能耗、低效率的突出问题相比，显然联合粉磨和立磨系统具有更好的前景。

2. 水泥助磨剂[87]

在 GB/T667—2004 水泥助磨剂标准中，水泥助磨剂定义明确为：在水泥粉磨时加入的起助磨作用而又不损害水泥性能的外加剂，其加入量不超过水泥质量的 1%。水泥助磨剂是一种表面活性较高的化学物质，将适量的助磨剂掺匀在粉磨物料中，使其吸附在物料颗粒的表面上，既能降低物料颗粒的表面自由能，使颗粒易碎性提高，又能平衡物料颗粒断裂面上的电荷，从而防止物料细颗粒的再聚合。

根据许多相关文献的介绍，将助磨剂对产量的增加、粉磨时间的缩短、能耗的降低、比表面积的变化综合列入表 7.9.1 中。

表 7.9.1　**水泥生产中使用助磨剂的效果**

助磨剂的主要成分	助磨剂掺量（%）	产量提高（%）	球磨时间缩短（%）	能耗降低（%）	备注
二甘醇		10~20	10~20		磨波特兰水泥
二甘醇			10~45		磨矿渣水泥
环氧乙烯	0.01~0.05				
丙二醇	0.05	~10		10	
乙二醇	008~0.22	>20		~10	
制造丁醇的可燃废料	008~0.22	>20			
木质素化合物	0.01~0.02		>13.2		
尿素	0.1	30~40			
二乙醇胺盐	0.03		~13		
Maveklin 助磨剂	0.1	15~17			
十二烷基苯磺酸胺盐	0.05		~16		
一硬脂酸盐	0.05		~15		
$(C_2H_5)CO_3$	0.25~0.5				
羊毛脂乳状废料	0.05~0.1	20~30			有疏水性
向日葵油皂类		34		25	

参考文献

[1]陈蔚林，韩谋国，温家钧. 绿色农药新剂型的开发[J]. 安徽化工，2004(02)：2-5.
[2]胡常伟，李贤均. 绿色化学原理和应用[M]. 北京：中国石化出版社，2007.
[3]彭延庆，宋恭华. 绿色有机化学合成新技术[J]. 世界农药，2002(04)：1-5.
[4]巨修练. 化学农药与生物农药的内涵与外延[J]. 农药，2011(02)：153-154.

[5]朱昌雄，蒋细良，姬军红等. 我国生物农药的研究进展及对未来发展建议[J]. 现代化工，2003(07)：1-4.

[6]刘雪琴，周鸿燕. 绿色农药研究进展[J]. 长江大学学报(自科版)，2013(35)：4-7.

[7]杜小凤，徐建明，王伟中等. 植物源农药研究进展[J]. 农药，2000(11)：8-10.

[8]刘国强，高锦明，吴文君. 大环二氢沉香呋喃吡啶类生物碱的结构及活性[J]. 化学研究与应用，2003(03)：321-326.

[9]林巧云，葛虹. 表面活性剂基础及应用[M]. 北京：中国石化出版社，1996.

[10]肖进新，赵振国. 表面活性剂应用原理[M]. 北京：化学工业出版社，2003.

[11]李会荣，杨原梅. 几种绿色表面活性剂的简介[J]. 染整技术，2013(04)：1-7.

[12]刘俊莉，马建中，鲍艳等. 绿色表面活性剂的研究进展[J]. 日用化学品科学，2009，(10)：22-26.

[13]刘军海，冯练享. 表面活性剂的研究热点及其绿色化发展[J]. 西部皮革，2008(02)：23-26.

[14]房秀敏，江明. 生物表面活性剂及其应用[J]. 现代化工，1996(06)：17-19.

[15]杨朕堡，杨锦宗. 烷基糖苷——新型世界级表面活性剂[J]. 化工进展，1993(01)：43-48.

[16]王志良，陈学梅. 烷基糖苷合成技术进展[J]. 化学工业与工程技术，2000，21(3)：29-33.

[17]何林燕，王学川，袁绪政. 绿色表面活性剂的研究进展与应用[J]. 皮革与化工，2008(05)：14-18.

[18]魏玉萍. 纤维素基高分子表面活性剂的合成及性能表征[D]. 天津大学，2005.

[19]潘虹. 以纤维素为基体的两性表面活性剂的合成及性能研究[D]. 天津大学，2006.

[20]郑晖，魏玉萍，程静等. 天然高分子表面活性剂[J]. 高分子通报，2006(10)：59-69.

[21]马宁，汪琴，孙胜玲等. 甲壳素和壳聚糖化学改性研究进展[J]. 化学进展，2004(04)：643-653.

[22]郭敏杰，刘振，李梅. 壳聚糖吸附重金属离子的研究进展[J]. 化工环保，2004(04)：262-265.

[23]范金石，张启凤，徐桂云等. 分子量对非离子型壳聚糖表面活性剂表面活性的影响[J]. 高分子材料科学与工程，2004(01)：117-120.

[24]池伟林，覃彩芹，曾林涛等. 壳聚糖季铵盐与表面活性剂复配性能及杀菌活性研究[J]. 日用化学工业，2006(05)：299-302.

[25]房春媛. 新型高效水基金属清洗剂的研制[D]. 辽宁师范大学，2006.

[26]徐庆等. “绿色”环保工业清洗剂现状及发展[J]. 清洗世界，2011(10)：34-37.

[27]何新快，等. 缓蚀剂的研究现状与展望[J]. 材料保护，2003，36(8)：1-4.

[28]江依义. 酸化缓蚀剂的合成及其缓蚀性能研究[D]. 浙江大学，2013.

[29]胡兴刚. 环境友好型阻垢剂的合成及实际应用[D]. 天津大学，2007.

[30]程鹏，等. 绿色缓蚀剂研究进展[J]. 武钢技术，2014(52)：51-54

[31]屈冠伟，等. 离子液体缓蚀剂的研究进展[J]. 煤炭与化工，2014(37)：43-46.

[32]赵俭. 磺酸类阻垢剂的合成及应用性能研究[D]. 天津科技大学，2013.

[33]胡兴刚. 环境友好型阻垢剂的合成及实际应用[D]. 天津大学，2007.

[34]刘永昌，张冰如. 循环冷却水处理缓蚀阻垢剂的绿色化学研究进程[J]. 净水技术，2006，6：16-20.

[35]崔运启，张二琴，张普玉. 水处理用阻垢剂的绿色化研究进展[J]. 天中学刊，2009，24(2)：19-22.

[36]王树文，荆进国. 高固体分涂料的应用与发展[J]. 中国涂料，2001(4)：39-44.

[37]周鸿燕，卢鑫. 绿色过程工程中的绿色涂料进展[J]. 济源职业技术学院学报，2008，7(2)：12-15.

[38]庞来兴，杨建文. 涂料工业的世纪进展——绿色涂料[J]. 广州化工，2001，29(4)：3-6.

[39]孙敬轩，李文安. 绿色涂料的研究进展[J]. 化学与黏合，2007，29(5)：361-365.

[40]蒋文嵘. 绿色涂料研究进展[J]. 广东化工，2009，36(5)：68-90.

[41]王兆华，张鹏. 丙烯酸树脂防腐蚀涂料及其应用[M]. 北京：化学工业出版社，2002.

[42]孙道兴，申欣，王春芙. 水性丙烯酸酯涂料的应用与发展[J]. 涂料技术与文摘，2003，18(4)：1-4.

[43]曹家庆，肖慧萍. 水性涂料用丙烯酸树脂的研究[J]. 南昌航空工业学院学报，2004，18(3)：41-46.

[44]朱洪. 富锌底漆中锌粉的分析研究[J]. 涂料工业，1998，28(2)：38-42.

[45]郑添水，金晓鸿. 鳞片状锌基环氧富锌底漆的研究[J]. 材料保护，1999，32(4)：25-26.

[46]赵三元，孙胜，柏永清等. 钢管涂塑预处理——喷丸处理[J]. 钢管，2000，29(3)：57-60.

[47]孙先良. 绿色涂料与新型粉末涂料和涂装技术的发展[J]. 现代化工，2003，23(6)：6-9.

[48]夏文斌，涂伟萍，杨卓如等. 高固体分丙烯酸聚氨酯涂料的研究进展[J]. 现代涂料与涂装，2002(1)：15-18.

[49]Molina M J, Rowland F S. Stratospheric sink for chlorofluoromethanes: chlorine atom-catalysed destruction of ozone[J]. Nature, 1974, 249(5460): 810-812.

[50]马一太，张国莉. 紧迫的氟利昂大气污染问题及其解决措施[J]. 制冷技术，1990(02)：17-21.

[51]陈伟，祁影霞，张华. HCFCs 制冷剂替代物研究进展及性能分析[J]. 低温与超导，2011(12)：41-44.

[52] Granryd E. Hydrocarbons as refrigerants-an overview[J]. International Journal of Refrigeration-Revue Internationale Du Froid, 2001, 24(1): 15-24.

[53] Sariibrahimoglu K, Kizil H, Aksit M F, et al. Effect of R600a on tribological behavior of sintered steel under starved lubrication[J]. Tribology International, 2010, 43(5-6): 1054-1058.

[54]杨军, 陆平, 张利等. 新型全封闭旋转式 CO_2 压缩机的开发及性能测试[J]. 上海交通大学学报, 2008(03): 426-429.

[55]李敏霞, 马一太, 安青松等. CO_2 跨临界循环水源热泵的封闭式摆动转子膨胀机[J]. 机械工程学报, 2008(05): 160-164.

[56]徐肖肖, 陈光明, 唐黎明等. 带喷射器的跨临界 CO_2 热泵热水器系统的实验研究[J]. 西安交通大学学报, 2009(11): 51-55.

[57]杨一凡. 氨制冷技术的应用现状及发展趋势[J]. 制冷学报, 2007(04): 12-19.

[58]李连生. 制冷剂替代技术研究进展及发展趋势[J]. 制冷学报, 2011(06): 53-58.

[59]辛格拉吉夫 R, 范汉 T, 威尔逊戴维 P 等. 含有氟取代烯烃的组合物[P]. CN1732243, 2006.

[60]林小茁, 赵薰, 江辉民. R32 替代 R22 的可行性探讨[J]. 制冷与空调, 2011(02): 73-77.

[61]陈希荣. 生物工程包装材料及其发展趋势[J]. 中国包装工业, 2006(4): 72-75.

[62]郭安福, 李剑锋等. 基于模糊层次分析法的可降解包装材料绿色度评价[J]. 功能材料, 2010, (3): 401-405.

[63]王禧. 国内外降解塑料的现状及发展方向[J]. 江苏化工, 2002, 30(1): 7-11.

[64]姜浩然. 生物可降解高分子材料的开发[J]. 盐城工学院学报, 2002, 15(3): 36-37.

[65]俞昊. 生物可降解聚酯纤维进展[J]. 合成纤维, 1999(2): 16-29.

[66]蔡机敏. 生物可降解高分子的合成及其应用研究进展[J]. 中国科技信息, 2008(2): 250-252.

[67]王建. 生物可降解高分子及其应用[J]. 四川纺织工业杂志, 2003(3): 14-17.

[68] Coffin D R, Fishman M L . Physicaland mechanical proper-ties of hig hly plasticized pectin/starch films[J]. The Journal of Applied Polymer Science, 1994, 54(9): 1311.

[69]Schroeter J, Hobelsberger M. On the Mechanical Properties of Native Starch Granules[J]. Starch - Stärke, 1992, 44(7): 247-252.

[70]John P. Bonin, Derek C. Theoretical and empirical studies of producer cooperatives: Will ever the twain meet? [J]. Journal of Economic Literature, 1993(31): 1290-1320.

[71]吴颖. 生物降解聚酯-聚乙丙交酯的合成研究及应用[J]. 化工新型材料, 2000, 28(1): 22.

[72]张龙彬, 王金花, 朱光明等. 可完全生物降解高分子材料的研究进展[J]. 塑料工业, 2005, 33(Z1): 20-33.

[73]范远强. 国外光降解塑料研究开发状况[J]. 合成材料老化与应用, 1994(3): 17-21.

[74]杨东洁, 张丽英. 光降解塑料及其品种的技术剖析[J]. 成都纺织高等专科学校学

报, 2000, 17(4) 12-15.

[75]俞文灿. 可降解塑料的应用、研究状况及其发展方向[J]. 中山大学研究生学刊(自然科学、医学版), 2007, 28(1): 22-32.

[76]唐赛珍等. 降解塑料研究开发的进展[J]. 石油化工, 2004, 33(11): 1009-1015.

[77]王慧. 光降解塑料的降解原理及其应用[J]. 印刷质量与标准化, 2011(5): 8-11.

[78]李阔斌. 可降解塑料与环境保护[J]. 化学教育, 2004(01): 2-12.

[79]李海东. 生态水泥的制备技术研究及生产工艺优化[D]. 桂林理工大学, 2010.

[80]任晓景. 低熟料绿色生态水泥的制备及其工业化应用[D]. 桂林理工大学, 2013.

[81]朱桂林, 孙树杉. 钢铁渣在建材工业中的应用[J]. 中国水泥, 2006(7): 33-35.

[82]肖忠明, 王昕, 霍春明等. 硫酸渣对水泥性能的影响[J]. 水泥, 2009(9): 12-15.

[83]王海霞, 倪文, 姜涛等. 煤矸石质少熟料水泥的水化机理分析[J]. 新型建筑材料, 2011, 38(8): 1-7.

[84]宝志强. 利用污泥制备生态水泥的初步研究[D]. 浙江大学, 2009.

[85]万惠文, 钟祥凰, 水中和. 利用废弃混凝土生产绿色水泥的研究[J]. 国外建材科技, 2005, 26(2): 9-11.

[86]朱龙飞. 不同制备方法对水泥颗粒及其性能影响的研究[D]. 武汉理工大学, 2013.

[87]陆震洁. 绿色复合水泥助磨剂的研究[D]. 南京工业大学, 2008.

第8章　绿 色 能 源

能源是现代文明的物质基础。化石原料是当前使用的最主要的能源物质，但其不可再生，其耗尽已经可以预见。此外，化石能源的使用过程中常常伴随着氮氧化物、硫氧化物的释放，是造成大气污染的重要原因。能源的绿色化利用和新型绿色能源的开发是绿色化学的研究内容之一。

8.1　燃料电池

8.1.1　燃料电池的概念与工作原理

燃料电池(fuel cell，FC)是一种不经过燃烧、直接将储存在燃料(氢气、醇类小分子有机物等)和氧化剂(氧气)中的化学能通过电化学反应高效、无污染地转化为电能的发电装置[1, 2]。燃料电池不经过热机过程，因此不受热机卡诺效率的限制，因而能量转化效率高，而且在产生电能的同时，几乎不排放氮氧化物和硫氧化物等大气污染物，环境友好。

与传统电池相比，燃料电池只是一种催化转换组件，其电极本身并不携带燃料和氧化剂，这些活性物质由外部供给。在运行过程中，为保持电池连续工作，要连续不断地向电池内送入燃料和氧化剂，排出反应产物与废热，以维持电解液浓度和电池工作温度的恒定[3]。它的基本原理与常规化学原电池类似，由阳极、阴极和电解质构成，两电极表面均涂覆有电催化剂。图8.1.1表示了燃料电池的工作原理。实际上就是氧化还原反应。燃料气和氧化气分别由燃料电池的阳极和阴极通入。燃料气在阳极上放出电子，电子经外电

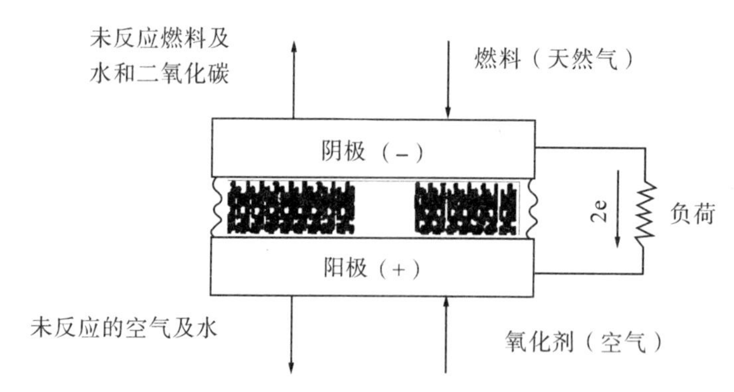

图8.1.1　燃料电池的工作原理

路传导到阴极并与氧化气结合生成离子。离子在电场作用下，通过电解质迁移到阳极上，与燃料气反应，构成回路，产生电流。同时，由于本身的电化学反应以及电池的内阻，燃料电池还会产生一定的热量。电池的阴、阳两极除传导电子外，也作为氧化还原反应的催化剂。阴、阳两极通常为多孔结构，以便于反应气体的通入和产物排出。电解质起传递离子和分离燃料气、氧化气的作用。为阻挡两种气体混合导致电池内短路，电解质通常为致密结构[3,4]。

8.1.2 燃料电池的优点

燃料电池有以下优点[4,5]：

(1)发电效率高。燃料电池发电不受卡诺循环的限制。理论上，它的发电效率可达到85%~90%，但由于工作时各种极化的限制，目前燃料电池的能量转化效率为40%~60%。若实现热电联供，燃料的总利用率可高达80%以上。

(2)环境友好。燃料电池以天然气等富氢气体为燃料时，二氧化碳的排放量比热机过程减少40%以上。另外，由于燃料电池的燃料气在反应前必须脱硫，而且按电化学原理发电，没有高温燃烧过程，因此几乎不排放氮和硫的氧化物，减轻了对大气的污染。

(3)比能量高。液氢燃料电池的比能量是镍镉电池的800倍，直接甲醇燃料电池的比能量比锂离子电池(能量密度最高的充电电池)高10倍以上。目前，燃料电池的实际比能量尽管只有理论值的10%，但仍比一般电池的实际比能量高很多。

(4)噪音低。燃料电池结构简单，运动部件少，工作时噪声很低。即使在11MW级的燃料电池发电厂附近，所测得的噪音也低于55 dB。

(5)燃料范围广。对于燃料电池而言，只要含有氢原子的物质都可以作为燃料，例如天然气、石油、煤炭等化石产物，或是沼气、酒精、甲醇等，因此燃料电池非常符合能源多样化的需求，可减缓主流能源的耗竭。

(6)负荷调节灵活，可靠性高。当燃料电池的负载有变动时，它会很快响应。无论处于额定功率以上过载运行或低于额定功率运行，它都能承受且效率变化不大。由于燃料电池的运行高度可靠，可作为各种应急电源和不间断电源使用。

(7)易于建设。燃料电池具有组装式结构，安装维修方便，不需要很多辅助设施。燃料电池电站的设计和制造相当方便。

(8)使用寿命长。燃料电池的氧化剂和燃料是从电池的外部供给，因而只要外部的燃料和氧化剂不断供应，燃料电池的能量就不会耗尽，就可以长期使用下去。不像通常的电化学电池的氧化剂和还原剂共存在一个电池体系中，也不需要像充电电池需要充电，因此寿命大大延长。

8.1.3 燃料电池的分类

至今已开发了多种类型的燃料电池，一般按电解质种类将燃料电池分为碱性燃料电池(AFC)、质子交换膜燃料电池(PEUIFC)、磷酸燃料电池(PAFC)、熔融碳酸盐燃料电池(MCFC)和固体氧化物燃料电池(SOFC)等[1]。各类燃料电池的类型与特征如表8.1.1。

1. 固体氧化物燃料电池

表 8.1.1　　燃料电池的类型与特征

类型	电解质	导电离子	工作温度	燃料	氧化剂	技术状态	可能的应用领域
碱性	KOH	OH^-	50～200	纯氢	纯氧	高度发展，高效	航天、特殊地面应用
质子交换膜	全氟磺酸膜	H^+	室温～100	氢气、重整气	空气	高度发展，降低成本	电动汽车、潜艇推动、移动动力源
磷酸	H_3PO_4	H^+	100～200	重整氢	空气	高度发展，成本高，余热利用价值低	特殊需求、区域供电
熔融碳酸盐	$(Li,K)CO_3$	CO_3^{2-}	650～700	净化煤气、天然气、重整氢	空气	正在进行现场实验，需延长寿命	区域供电
固体氧化物	氧化钇稳定的氧化锆	O^{2-}	900～1000	净化煤气、天然气	空气	电池结构选择，开发廉价制备技术	区域供电、联合循环发电

固体氧化物燃料电池(SOFC)是一种直接将燃料气和氧化气中的化学能转换成电能的全固态能量转换装置，具有一般燃料电池的结构。固体氧化物燃料电池以致密的固体氧化物作电解质，在高温800~1 000℃下操作，反应气体不直接接触[6]，目前正在研制开发的新一代固体氧化物燃料电池，其特征是基于薄膜化制造技术，是典型的高温陶瓷膜电化学反应器，我们可称其为陶瓷膜燃料电池。固体氧化物燃料电池被誉为“第四代燃料电池”，具有更为突出的优点和特点，如能量转化效率最高、燃料适应性最强、全固态模块结构适用于各种功率的装置且不太改变其能量效率、应用方便(分散式电源、固定电站和移动能源)等[7]。

2. 质子交换膜燃料电池

质子交换膜型燃料电池(PEMFC)以全氟磺酸型固体聚合物为电解质，铂/碳或铂-钌/碳为电催化剂，氢或净化重整气为燃料，空气或纯氧为氧化剂，带有气体流动通道的石墨或表面改性的金属板为双极板。以阴阳极催化剂层和电解质膜所组成的三合一组件统称为膜电极，是PEMFC的核心部件。气体扩散层起到分散燃料和氧化剂以及收集电流的作用。双极板起集流、分隔氧化剂和还原剂并引导氧化剂和还原剂在电池内电极表面流动的作用。质子交换膜燃料电池不仅具有燃料电池的一般优点，还具有可以在室温下迅速启动和工作温度低等突出优点，是理想的移动电源和便携式电源，成为最具发展前途的燃料电池之一[8]。

3. 碱性燃料电池

在众多类型的燃料电池中，碱性燃料电池(AFC)技术是最成熟的。从20世纪60年代到80年代，国内外学者深入广泛地研究并开发了碱性燃料电池。但是在20世纪80年代以后，由于新的燃料电池技术的出现，例如PEMFC使用了更为便捷的固态电解质而且可以有效防止电解液的泄漏，AFC逐渐被其他燃料电池取代。但是，通过PEMFC和AFC之间的对比，不难发现理论上AFC的性能要优于PEMFC，甚至早期的AFC系统都可以输出比现有PEMFC系统更高的电流密度。同时，碱性体系的弱腐蚀性也确保了AFC能够长期工作[9]。

4. 磷酸燃料电池

磷酸燃料电池(PAFC)是目前商业化最快的燃料电池，PAFC的电解质是酸性物质，二氧化碳不会对电解质产生影响，因此对供给的反应气体纯度的要求大大降低，可以使用由化石燃料改质后得到的含有二氧化碳的气体。催化剂中贵重金属的用量也大大减少，整体成本有了大幅度的下降，并且工作性能稳定，电解质可长时间使用，可以接近民用水平，这也是它可以最早实现商业化的重原因。其运行温度为200℃，冷却方式可以采用水冷，从而减小了冷却系统的体积。PAFC的发电效率与PEMFC接近，并且都可以使用系统余热提供暖气和热水能量来源，提高能源的综合利用效率。PAFC的缺点是，由于系统加热时间较长，导致系统启动速度较慢，以及电池使用寿命较短[10]。

5. 熔融碳酸盐燃料电池

熔融碳酸盐燃料电池(MCFC)在650~700℃运行，可采用镍做电催化剂，而不必使用贵重金属；燃料可实现内重整，使发电效率提高，系统简化；CO可直接用作燃料；余热的温度较高，可组成燃气/蒸汽联合循环，使发电容量和发电效率进一步提高。MCFC的优点是；可使用价格较低的金属材料，电极、隔膜、双极板的制造工艺简单，密封和组装的技术难度相对较小，大容量化容易，造价较低。缺点是：必须配置 CO_2 循环系统；要求燃料气中 H_2S 和 CO 浓度低于 0. 5ppm；熔融碳酸盐具有腐蚀性，而且易挥发。与低温燃料电池相比，MCFC 的缺点是启动时间较长，不适合作备用电源[11]。

8.2　氢能

8.2.1　氢能概述

氢能是能够从自然界获取的、储量最丰富且高效的可再生含能体能源，因具有燃烧热值高、资源丰富、环境友好等众多优异的特性，而被誉为 21 世纪的绿色新能源[12, 13]。氢能主要有以下特点[14]：

(1)资源丰富。地球上的氢主要以其化合物，如水和碳氢化合物——石油、天然气等的形式存在。而水是地球的主要资源，地球表面的 70%以上被水覆盖，水就是地球上无处不在的“氢矿”。

(2)来源多样。可以通过各种一次能源，如化石燃料天然气、煤、煤层气；也可以是可再生能源，如太阳能、风能、生物质能、海洋能、地热；或者二次能源，如电力，来开采“氢矿”。

(3)清洁无污染。利用低温燃料电池可以将氢转化为电能和水。不排放 CO_2 和 NO_x，不产生污染。

(4)可储存。与电、热不能大规模储存不同，氢可以实现大规模储存，就像天然气一样。

(5)可再生。氢由化学反应产生电能(或热)并生成水，而水又可通过电解转化为氢和氧；如此循环，永无止境。

(6)燃烧热值高。氢能的燃烧热值远高于一般的常规能源(表 8. 2. 1)[15]

表 8. 2. 1　**氢能和常规能源的热值比较表**

燃料	主要成分	热值 kJ/g
天然气	CH_4	56
液化气	C_4H_{10}	50
汽油	C_8H_8	48
煤	C	33
氢能	H_2	142

8.2.2　氢能的制取与储存

目前工业规模制氢的主要方法有以下几种[15]：

1. 电解水制氢

电解水制氢是目前应用较广且比较成熟的方法之一。以水为原料制氢的过程是氢与氧燃烧生成水的逆过程，因此，在一定条件下，提供一定能量，可以使水分解。电解水制氢的效率一般在75%~85%，其工艺过程简单，无污染，但消耗电量大，因此其应用受到一定的限制。太阳能取之不尽，利用光电制氢的体系称为太阳能氢能系统，国内外已进行了实验研究。随着太阳能电池能量效率的提高、成本的降低及使用寿命的延长，其在用于制氢方面具有良好的前景。

2. 利用化石原料制氢

以煤、石油及天然气为原料制取氢气是当今制取氢气的主要方法。该类方法具有成熟的工艺，并建有工业生产装置。例如，天然气或其他碳氢的蒸汽重整制氢。天然气水蒸气重整制氢需吸收大量的热，制氢过程能耗高，燃料成本占生产成本的50%~70%。由于化石资源面临枯竭，因此，利用化石原料制氢虽然当前具有应用价值，但不具有可持续性。

$$CH_4 + 2H_2O = 4H_2 + CO_2 \tag{8.2.1}$$

3. 热化学循环法制氢

利用硫-碘热循环法制取氢气也是常用的一种方法。其原理如下：

$$SO_2 + I_2(g) + 2H_2O(l) = H_2SO_4 + 2HI(g) \tag{8.2.2}$$

$$2HI(g) = H_2 + I_2(g) \tag{8.2.3}$$

$$2H_2SO_4 = 2SO_2 + O_2 + 2H_2O(g) \tag{8.2.4}$$

该循环过程需要在较高温度下才能进行，生成的SO_2和I_2可以循环使用，其他产物对环境无污染，但由于耗能太大，所以此法也难以大规模应用。

4. 生物质制氢

生物质资源丰富，是重要的可再生能源。生物质可通过气化和微生物过程制氢。生物质气化制氢是将生物质原料如薪柴、麦秸、稻草等压制成型，在气化炉(或裂解炉)中进行气化(或裂解)反应制得含氢燃料。微生物制氢是利用微生物在常温常压下进行酶催化反应制得氢气。目前已有利用碳水化合物发酵制氢的专利，并利用所产生的氢气作为发电的能源。

5. 其他制氢方法

目前，世界各国已进入试验研发阶段的制氢技术还包括：绿藻制氢、氧化亚铜做催化剂从水中制氢、陶瓷与水反应制氢、光催化剂反应和超声波辐射完全分解水制氢等。

由于氢易气化，易燃烧，易爆炸，因此如何妥善解决氢能的储存和运输问题也就成为了开发氢能的关键。目前，氢的储存主要有高压气态储存、低温液态储存和金属氢化物储存三种方法。目前最有前景、安全经济的氢气存储方式是用金属氢化物储存。

8.2.3　氢能的应用

氢能的利用技术大致可分为三类：

1. 与氧直接反应燃烧产生热能

氢气可以与氧气直接燃烧产生水蒸气，其效率接近100%。也可以作为内燃机和涡轮发动机燃料。还可进行低温催化氧化，在合适的催化剂作用下，氢可与氧在室温至500℃

范围内催化氧化为水蒸气并产生热能。

2. 氢化物中的化学能与氢能相互转换[16, 17]。

氢与金属可逆反应生成金属氢化物不但可以储氢，而且还伴随着热量的放出(生成氢化物)与吸收(氢化物分解)以及氢气压力的变化，因此有可能用于制冷制热、气体压缩、真空系统、废热利用、发电以及氢气的提纯与分离等，目前这些技术还有待于进一步开发。

3. 在燃料电池中发电

氢能的应用主要是通过氢燃料电池来实现的。氢燃料电池是把化学能直接转化为电能的电化学发电装置。基于 PEMFC 的氢能燃料电池是当前的研究热点之一。PEMFC 发电原理如下[18]：

在燃料电池的一侧，氢气经过加湿后通过导气板到达阳极，在阳极的催化剂作用下，分解为氢质子和电子。阳极反应为：

$$H_2 \longrightarrow 2H^+ + 2e^- \tag{8.2.5}$$

由于质子交换膜的特性，电子不能通过质子交换膜从外电路到达阴极。而氢质子进入质子交换膜，与膜中磺酸基上的 H^+ 发生交换并到达阴极。同时，在电池另一侧，氧气同样经过加湿后通过导气板到达阴极。在阴极催化剂的作用下，氢离子电子和氧气发生化学反应生成水和电能(热能)，完成化学能向电能的转换，其中没有反应完全的氢气、氧气以及生成的水通过电极排出。阴极的反应为：

$$\frac{1}{2}O_2 + 2H^+ + 2e^- \longrightarrow H_2O \tag{8.2.6}$$

总的电化学反应为：

$$H_2 + \frac{1}{2}O_2 = H_2O \tag{8.2.7}$$

可以看出这个反应其实是电解水的逆过程。在反应过程中，电子不断由阳极释放，通过外电路回到阳极，形成电流并向负载输出电能。

8.3 生物质能

8.3.1 生物质能概述

生物质能是以生物质为载体的能量，即通过植物的光合作用把太阳能以化学能形式存储在生物质中而形成的各种有机体，包括所有的动植物和微生物。生物质能主要从木材及森林废弃物、农业废弃物、水生植物、油料植物、动物粪便等物质中获取，可转化为常规的固态、液态和气态燃料，它一直是人类赖以生存的可再生能源[19]。

生物质能种类丰富，主要包括以下几类[20]：

1. 农业生物质资源

农业生物质能资源包括农作物秸秆、农产品加工业副产品、畜禽粪便和能源作物。农作物秸秆和农产品加工业副产品可用于发电或固体成型，畜禽粪便通常用于发酵制取沼气，能源作物用于生产生物液体燃料。

2. 林业生物质能资源

林业生物质能资源是指森林生长和林业生产过程提供的生物质能源，一部分来源于伐区剩余物和木材加工剩余物，另一部分来自不同林地育林剪枝获得的薪材量。

3. 农产品加工业有机废水

农产品加工业有机废水主要是指酒精、酿酒、制糖、食品、制药、造纸和屠宰等行业生产过程中排出的废水。

4. 城市固体废物

城市固体废物主要是由城镇居民生活垃圾、商业、服务业垃圾和少量建筑业垃圾等固体废物构成。

相对其他一般能源而言，生物质能的特点如下[21]：

(1)产量极大：生物质能源是仅次于煤炭、石油、天然气的世界第四大能源。生物质能直接或间接来源于绿色植物的光合作用，是一种取之不尽、用之不竭的能源。根据生物学家的估算，植物界每年由光合作用产生的有机质相当于 3×10^{21}J 的能量。

(2)可再生性：生物质能属于可再生能源，它可以通过光合作用提供持续的能量供应，符合当前可持续发展的要求和循环经济的理念，更符合科学发展观的要求。

(3)低污染性：生物质中含有的硫和氮通常很低，所以在燃烧过程中产生的 SO_x 和 NO_x 很少。同时，生物质燃烧过程中产生的 CO_2 量等于其在生长过程中从大气中吸收的 CO_2 量，因而不会造成碳排放量增加。

(4)利用形式多样：生物质能的利用形式较多。可以直接燃烧、做成液体燃料，也可以气化生成沼气。同时，残渣也可以利用，比如沼渣、沼液是很好的钾肥，可回归农田。

8.3.2　生物质能的转化与应用[22]

目前，世界上生物质能源转换途径包括物理转换、化学转换和生物转换三类，涉及燃烧、气化、液化、固化、热解和发酵等技术[23]。

1. 生物质燃烧技术

生物质燃烧技术是将生物质作为燃料直接送入燃烧设备中燃烧，利用其燃烧过程中释放的热量用于供热或发电。按照燃料组成分类，可分为生物质直接燃烧及生物质和矿物燃料的混合燃烧。

2. 生物质气化技术

生物质气化技术是一种热化学处理技术，在气化炉内以氧气(空气、富氧或纯氧)、水蒸气或氢气等作为气化剂，在高温的条件下通过热化学反应将生物质中可燃部分转化为含有 CO，H_2，CH_4 和 C_mH_n 的可燃气，用作燃料或生产动力[24]。生物质气化后一部分转变为可燃气，一部分转变为炭，另外还有少量的焦油产物。生物质气化后的气体产物是一种高品质能源，经过水洗、净化后即可使用；此外，通过添加催化剂，可以进一步合成甲醇、二甲醚、甲烷、汽油和柴油等产品。生物质气化技术可分为生物质气化供气技术和生物质气化发电技术。生物质气化发电技术是生物质通过热化学转化为气体燃料，将净化后的气体燃料直接送入锅炉、内燃发电机、燃气机的燃烧室中燃烧发电。它能克服生物质直接燃用困难、而且分布分散的缺点，而且燃气发电设备具有紧凑而且污染少的优点。所以气化发电是生物质能最有效、最洁净的利用方法之一。

3. 生物质液化技术

生物质液化技术主要包括转化成燃料乙醇、生物柴油、合成燃料和生物质直接液化。燃料乙醇技术是指利用酵母等发酵微生物，在无氧的环境下通过特定酶系分解代谢可发酵糖生成乙醇。生物柴油是指由甲醇等醇类物质与油脂中的主要成分甘油三酯发生酯交换反应，生成相应的脂肪酸甲酯或脂肪酸乙酯，即生物柴油。生产生物柴油的原料很多，既可以是各种废弃的动植物油，也可以是含油量比较高的油料植物。合成燃料是指采用热化学转化的方法将生物质先气化制成合成气，再经费托合成等工艺生产高品质的醇、醚及烃类燃料，以替代汽油、柴油等液体燃料。生物质直接液化是把生物质放在高压设备中，添加适宜的催化剂，在一定的工艺条件下反应，制成液化油作为汽车用燃料或进一步分离加工成化工产品，主要包括快速热解液化和加压液化。

4. 生物质固化技术

生物质固化技术是指将具有一定粒度的生物质原料，在一定压力作用下，制成棒状、粒状等各种成型燃料。便于运输和储存、集中利用和提高热效率，可作为工业锅炉、民用灶炉和工厂、家庭取暖的燃料，也可进一步加工成木炭和活性炭[25]。

5. 生物质热解技术

热解是生物质在隔绝或少量供给氧气的条件下，利用热能切断生物质大分子中碳氢化合物的化学键，使之转化为小分子物质的加热分解过程。这种热解过程所得产品主要有气体、液体、固体三类，其比例根据不同的工艺条件而发生变化，如图 8. 3. 1 所示[26]。

生物质能——→热解 { 可燃气体（气相产品）；生物油（液相产品）；生物质固体炭（固相产品）}

图 8. 3. 1　生物质热解过程

6. 生物质发酵技术

生物质发酵技术是指农林废弃物通过微生物的生物化学作用生成高品位气体燃料或液体燃料的过程。主要包括厌氧发酵制取沼气、生物质发酵制取乙醇和生物质发酵产氢。目前比较成熟的技术主要是沼气和乙醇制取技术，而发酵产氢尚处于探索阶段。沼气的主要成分甲烷是由甲烷产气菌在厌氧条件下将有机物分解转化而成。利用生物质发酵生产乙醇的技术，主要分为 2 步，第一步利用酸或酶将木质纤维素类生物质中的纤维素和半纤维素水解为单糖，第二步利用微生物发酵水解液制取燃料乙醇。

参 考 文 献

[1] 衣宝廉. 燃料电池的原理、技术状态与展望[J]. 电池工业，2003(01)：16-22.

[2] 侯侠，任立鹏. 燃料电池的发展趋势[J]. 云南化工，2011(02)：34-36.

[3] 崔爱玉，付颖. 燃料电池——新的绿色能源[J]. 应用能源技术，2006(07)：14-15.

［4］刘洁，王菊香，邢志娜等. 燃料电池研究进展及发展探析［J］. 节能技术，2010（04）：364-368.

［5］沈敏. 有序介孔材料在燃料电池催化剂上的应用研究［D］. 北京交通大学，2009.

［6］尹艳红，朱威，夏长荣等. 一种新的生物质气发电装置——固体氧化物燃料电池［J］. 可再生能源，2004（03）：38-40.

［7］孟广耀. 陶瓷膜燃料电池（CMFC）——新型高效绿色能源的发展方向［J］. 新材料产业，2005（07）：35-38.

［8］Subramanyan K，Diwekar U M，Goyal A. Multi-objective optimization for hybrid fuel cells power system under uncertainty［J］. Journal of Power Sources，2004，132（1-2）：99-112.

［9］姜义田. 碱性燃料电池铂、钯基催化剂的制备及性能研究［D］. 哈尔滨工业大学，2012.

［10］卢冲. 氢能燃料电池电能变换技术研究［D］. 北京化工大学，2011.

［11］郝洪亮. 熔融碳酸盐燃料电池/燃气轮机混合装置系统仿真与半物理实验研究［D］. 上海交通大学，2007.

［12］刘江华. 氢能源——未来的绿色能源［J］. 新疆石油科技，2007（01）：72-77.

［13］尚福亮，杨海涛. 氢能的制备、存储与应用［J］. 广东化工，2006（02）：7-9.

［14］毛宗强. 氢能离我们还有多远——我国燃料电池现状、差距及对策［J］. 电源技术，2003（S1）：179-182.

［15］程波. 21 世纪理想的绿色能源——氢能［J］. 青苹果，2007（Z1）：78-80.

［16］张轲，刘述丽，刘明明等. 氢能的研究进展［J］. 材料导报，2011（09）：116-119.

［17］Singh S P，Asthana R K，Singh A P. Prospects of sugarcane milling waste utilization for hydrogen production in India［J］. Energy Policy，2007，35（8）：4164-4168.

［18］Ellis M W，Von Spakovsky M R，Nelson D J. Fuel cell systems：efficient，flexible energy conversion for the 21st century［J］. Proceedings of the IEEE，2001，89（12）：1808-1818.

［19］梁菲. 我国生物质能产业利用外资的影响因素研究［D］. 江苏大学，2009.

［20］王久臣，戴林，田宜水等. 中国生物质能产业发展现状及趋势分析［J］. 农业工程学报，2007（09）：276-282.

［21］张玉兰. 我国生物质能主要能源品种的综合效益评价［D］. 南京航空航天大学，2011.

［22］杨艳. 生物质发电环保性能及在我国的适应性研究［D］. 南京信息工程大学，2011.

［23］Nouni M R，Mullick S C，Kandpal T C. Biomass gasifier projects for decentralized power supply in India：A financial evaluation［J］. Energy Policy，2007，35（2）：1373-1385.

［24］阳永富，申青连，段继宏等. 生物质气化发电技术［J］. 内燃机与动力装置，2006（04）：47-51.

［25］曹稳根，段红. 我国生物质能资源及其利用技术现状［J］. 安徽农业科学，2008（14）：6001-6003.

［26］蒋剑春. 生物质能源转化技术与应用(I)［J］. 生物质化学工程，2007（03）：59-65.

第 9 章　循环经济与工业生态学

传统化工生产过程的突出特点是消耗大量资源，同时产生大量废物，显然不具备可持续性。循环经济和工业生态学可以为化工生产提供可持续的绿色组织方式。

9.1　循环经济

人类在发展过程中，越来越感到自然资源并非用之不竭，生态环境的承载能力也非常有限。人类社会经济要持续发展，客观上要求转变增长方式，探索新的发展模式，减少对自然资源的消耗和生态系统的破坏。循环经济便是一种新的经济发展方式。

“循环经济”(circular economy)是英国环境经济学家 Pearce 和 Turner 在《自然资源和环境经济学》一书中提出的。它将“环境”由经济外部的制约性因素规定为经济内部的一种重要的基础资源。是对物质和能量多次循环使用为特征的物质资料生产方式，在环境方面表现为污染的低排放、甚至零排放。循环经济即物资闭环流动型经济，是资源、能源、物料闭合循环利用的经济形态，是一种新型、先进的经济模式[1]。

循环经济倡导人们在生产和消费活动中遵循新的行为规范和准则，4R 原则就是实施循环经济战略思想的基本指导原则：

(1)减量化原则(reduce)，要求用较少的原料和能源，特别是控制对环境有害的资源的使用，从而在经济活动的源头节约资源和减少污染。

(2)再回收原则(recovery)，要求将人类生产和生活产生的废物再分类回收。

(3)再利用原则(reuse)，要求所制造的产品和包装容器能够以初始的形式被多次使用和反复使用，而不是用过一次就废弃。即延长产品和服务的时间长度，提高产品和服务的利用效率，以抵制当今世界一次性用品的泛滥。应对产品进行标准化设计，并研究零件的可拆性和重复利用性，从而实现零件的再使用。

(4)再循环原则(recycle)，要求生产出来的物品在完成其使用功能后能重新变成可再利用的资源，而不是废物垃圾。因此，一些国家要求在大型机械设备上标明原料成分，以便找到循环利用的途径或新的用途。再循环有两种情况：一种是原级再循环，即废品被循环用来产生同种类型的新产品，如纸张再生纸张、塑料再生塑料等；另一种是次级再循环，即将废物资源化成为其他类型的产品原料。

循环经济在经济活动中主要体现在三个层面上[2]：

1. 企业层面(小循环)

指企业内部的物质循环，例如，下游工序的废物，返回上游工序，作为原料重新利用；水在企业内的循环使用以及其他消耗品、副产品等在企业内的循环。企业在生产中，必须优先采用清洁生产技术，实行清洁生产审核，使单位产品能耗、物耗、水耗及污染物排放量达到最小化。

2. 区域层面(中循环)

指企业之间的物质循环，例如，某下游工业的废物，返回上游工业，作为其原料重新利用；或者将其扩大化，某一工业的废物、余能，送往其他工业去加以利用。这是建立在多个企业或产业的相互关联、互动发展基础上的。

3. 社会层面(大循环)

循环经济最终追求的是大循环，即在整个社会经济领域，使工业、农业，城市、农村都达到循环，甚至在工业、农业、生态之间也存在着循环。例如，建立城市生活垃圾、特种废旧物资和城市中水回收利用系统，提高社会再生资源的利用率；建立循环经济信息平台，向社会定期发布企业产品、副产品和社会废旧物资供求信息，公布环境相关技术目录和投资指南等。

9.2 工业生态学

在地球生命形成的早期，可供使用的资源充足，而生命体的数量十分稀少，生命形式的存在不会对资源构成任何影响，在这种情况下，生态系统成员对资源的利用过程是“线形”的，如图 9.2.1(a)所示，称为Ⅰ型生态学。在生态系统进化的过程中，由于受到外部条件(资源、环境)的制约，不同种类生命体之间逐渐形成稳固的关联，在自然界产生了有效运行的系统。在这个系统中，相邻的两个生态系统成员(两类生命体)之间的物质流可能是相当大的，但流入、流出这个区域的物质流却十分小(流入的是资源，流出的是废物)，如图 9.2.1(b)所示，称为Ⅱ型生态学。显然Ⅱ型系统比Ⅰ型系统对资源的利用更有效，但资源流向还是单一的，Ⅱ型生态学最终还是会导致资源耗竭。事实上，随着生物生态系统的进一步演变，最终可以演化成完全的循环形式，即成员之间形成共生关系，某个成员的“废物”是另一个成员的“资源”，整个系统没有资源输入和废物流出，只有能量输入(主要是太阳能)，从而形成了可持续性的模式，如图 9.2.1(c)所示，称为Ⅲ型生态学[3]。

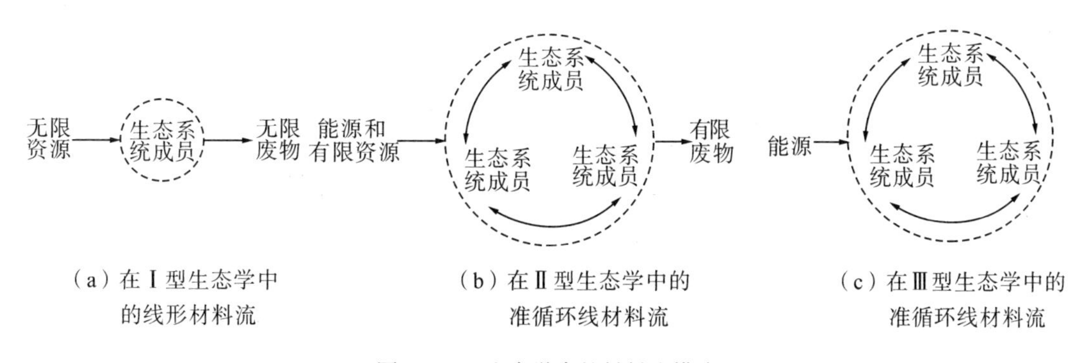

图 9.2.1 生态学中的材料流模式

自20世纪50年代开始，人们将生态学理念引入产业政策制定，认为复杂的工业生产和经济活动中存在着与自然生态学相似的问题与现象，可以运用生态学的理论和方法来研究现代工业的运行机制。1989年9月，Frosch和Gallopoulos发表了《制造业的战略》一文，提出了工业生态学的概念，成为工业生态学研究的最初标志。文章认为应该逐步建立类似于自然生态系统的工业生态系统，在这样的系统中，能量和物质的消耗是优化的，每个工业企业都与其他工业企业相互依存、相互联系，构成一个复合的大系统，无论是石油炼制过程的催化剂、发电过程产生飞灰和底灰，还是消费产品后的废塑料容器，都可以用作另一种过程的原材料，工业生产中没有绝对的废物，都是资源。可以运用一体化的生产方式代替过去简单化的传统生产方式，最终减少工业对自然生态环境的不利影响，实现工业生产和环境保护的统一。此后，工业生态学得到了迅速发展，2000年，世界范围内成立了工业生态学国际学会，标志着工业生态学正式进入有组织的系统研究阶段。从20世纪90年代末，我国学者也开始关注和研究工业生态学。2001年10月，东北大学主持召开了国内首次工业生态学国际研讨会。2002年11月，国家环境保护总局批准东北大学、中国环境科学研究院、清华大学联合建立“国家环境保护生态工业重点实验室”。经过十几年的发展，国内工业生态学研究取得了一系列成果[4]。

工业生态学涉及的研究领域相当广泛，主要有：原料与能量流动(工业代谢)；物质减量化；技术变革和环境；生命周期规划、设计、评价；为环境设计；延伸生产者的责任；生态工业园(工业共生系统)；产品导向的环境政策；生态效益[5]。

1. 原料与能量流动(工业代谢)

工业代谢研究焦点在于工业系统、区域和全球原料与能源流向的量化、原料与能源流动的环境影响以及减少环境影响的理论、技术方法。Ayres等人对经济运行中原料与能源流动对环境的影响进行了开拓性的研究。原料与能源流动研究采用的基本分析方法包括：质量平衡方法(mass balance)、输入-输出分析方法(input-output analysis，IOA)、生命周期分析与评价。如何进行定量化分析是今后一个富有吸引力和挑战性的问题[5]。

依据考察目的不同，可以区分两大类物质流动分析类型。第一类是针对具有时空边界的系统所展开的物质流分析，即MFA，对象尺度可以是城市、国家或更大范围。它关注对象系统中所有各种物质的输入、输出和累积情况，并设立一些指标来建立经济发展与物质代谢之间的关联。第二类的物质流动分析(substance flow analysis，SFA)关注某一种或几种元素(如铜、铁、铝等金属元素或者氮、碳、磷、硫等非金属元素)、化合物(如PVC、CFC等)或产品的流动过程，通过研究上述对象在特定时空系统中的流动规模、途径、结构与动力机制，从而识别特定环节上减缓资源消耗和减轻对环境负面影响的可行举措[6]。

2. 物质减量化

物质减量系统化研究和物质减量与经济发展的关系研究是工业生态学家们关注的两个重要问题。如何对物质减量化进行评估一直是众多学者所关注的问题。迄今为止，基于物质利用强度IU(intensity of use)这一主要评估指标，形成两种分析方法：环境库兹涅茨曲线(environmental kuznets curve) 理论和长波理论(material use and long waves)。此外，物质分解分析(material decomposition analysis)、输入-输出分析、物质利用强度的统计分析，以及动力学模型、综合国家物质利用分析等方法也是物质减量化评估的有效手段。上述方法都存在不同程度的不足，特别对综合物质利用方面的研究还存在不少问题，这无疑是未来研究需要面临的课题[5]。

3. 技术变革和环境

Erkman 指出环境系统分析是技术研究方法的基础，技术研究并不仅仅局限于技术自身，也涉及技术政策。技术的发展、传播和演进是以技术群出现，按一定技术轨迹进行的。Grübler 对此进行了研究，提出了技术传播的两种发展战略：循序渐进的"增量"改进战略和发展与现存技术体系割裂的创新战略。工业生态学技术研究涉及的技术领域较广，概括而言集中于两个方面：工业系统进化科学理论、方法与技术，创新技术在工业部门应用方法[5]。

4. 生命周期评价

经过多年的发展，生命周期评价(life cycle assessment，LCA)的理论框架已初步形成，国际环境毒理学与化学学会(SETAC)出版的报告"Code of Practice"将 LCA 分为 4 个有机组成部分：目的与范围的确定、清单分析、影响评价、改善评价。目前，LCA 主要采用两种评价方法：SETAC-EPA 分析方法和经济输入和输出生命周期评价模式(economic input-output life-cycle assessment model，EIO-LCA)。

生命周期设计(LCD)特别强调要在生命周期评价的基础上开展产品的设计，将寻求环境影响最小化的理念渗透于每一产品系统组成，即产品、工艺、分发和管理。由于涉及面广，LCD 实施仍存在一定困难，主要受内外因素影响：内在因素主要包括企业合作原则、企业的目的、产品表现检测方法、产品策略以及企业新工艺要求的原材料利用问题等；外在因素主要有政府政策、法律法规、市场需求、经济水平以及产品竞争等[5]。

5. 为环境设计

为环境设计(DfE)研究从一开始就十分重视实用性，目的是使企业产品的经济效益与环境效益达到最佳的结合。Allenby 对 DfE 进行了系统的研究，构建了 DfE 在整个产品生命周期内的实施框架。与此同时，Glantschnig 等则对 DfE 的设计原则、步骤程序以及设计领域等进行了深入分析。这些研究成果对实践具有直接指导意义[5]。

6. 延伸生产者的责任

延伸生产者责任是工业生态学的一种方法，它通过促使生产者对其产品的整个生命周期特别是产品的回收、循环利用和最终处置承担责任，从而降低产品总体的环境影响。目前，推行延伸生产者责任政策已形成 3 种途径：强制立法、自愿参与、自愿与强制立法相结合。强制立法起源于德国，其在 1991 年就颁布了"德国包装材料条例"，要求包装行业的包装材料生产者负责处理包装废弃物。这种政策的成本虽高，但延却被认为是行之有效的，这种理念在欧洲其他国家迅速传播，其应用范围已超出包装废弃物管理的范畴，开始向电子以及汽车领域延伸。针对欧洲的强制性延伸生产者责任政策代价太大的问题，美国则形成了自愿性的环境保护政策，其他国家也针对本国国情采取相应的推行方法[5]。

7. 生态工业园(工业共生系统)

工业共生的经典案例是丹麦卡伦堡工业体系(图 9.2.2)[2]。20 世纪 70 年代初期，卡伦堡已经存在着最初的废物交换行为，80 年代初期和 90 年代又先后两次发生了较为密集的废物交换。卡伦堡工业共生体系引发关注的重要原因在于废物交换的自发性或自组织性。事实上，工业的发展就是副产物或废物不断得到开发利用的过程，这从钢铁、石化、化工等行业的发展历程略见一斑。也就是说，废物交换是工业发展的必要手段，废物并不是一种累赘，而更是一种商机，工业共生是工业发展的常态，没有哪家企业是孤立存在的。在环境污染的危害充分暴露之前，历史条件决定了这些废物交换和共生的努力并不会是一种工业整体的自觉行为。废物交换或共生的成功与否取决于具体的技术条件、市场需求以及相对规模等因素。由于共生行为的这种范围经济性和规模经济性，企业迫于竞争压力或其他因素开始自觉寻求企业间的废物交换，由此在特定地域内形成了大小不一和种类多样的工业共生体[6]。

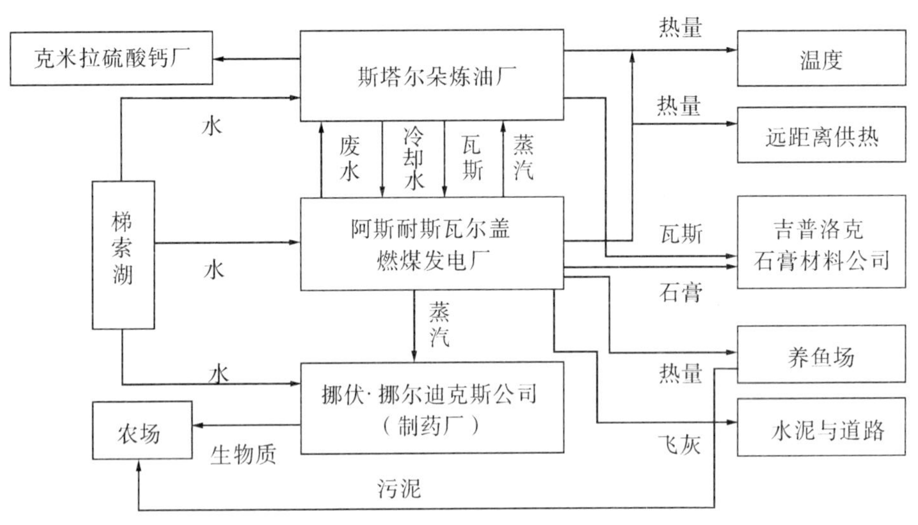

图9.2.2　卡伦堡生态工业系统共生关系图

工业共生实践最主要的形式就是生态工业园区。生态工业园是工业生态学的核心研究内容之一。Ernest Lowe 最早提出了生态工业园概念，并且发展了工业生态园的基础理论和实践准则，他与耿勇合著了《工业生态学和生态工业园》，该书系统、全面、详尽地阐述工业生态学基础理论研究以及实践运用。与此同时，在借鉴卡伦堡工业共生体经验的基础上，许多国家积极开展了生态工业园实践。随着生态工业园建设热潮的兴起，生态工业园的规划设计与运行成为生态工业园研究的主要方向。生态工业园的实施是规划设计最后的和关键的一步，目前主要形成两种不同思路：自下而上的方法和自上而下的方法。自下而上方法主要是通过“核心承租商(anchor tenant)”模式，即在一个或两个已经存在的或规划的“核心”承租商周围配置能够形成生态链的企业群，建设生态工业园；自上而下的方法考虑的重心在于整个区域及其将来的发展变化，其中涉及多个层次的利害关系者，但在这种方法中直接利益相关者起到核心作用，该方法对各方面利益进行权衡、综合，再形成设计的方案，同时需要一个组织对整个系统负责，由其真正发起和实施项目并加以监督[5]。

我国积极推进工业生态园建设，如广西贵港原来以制糖厂为其支柱产业，排放大量的各类废弃物，环境污染严重，现在利用制糖过程中的各种废料，以产业链方式建新厂制造新产品，如利用甘蔗叶、甘蔗梢建造了养牛场和肉类加工厂，利用甘蔗渣造纸，利用蔗髓发电，利用滤泥生产有机肥，利用糖蜜制造酒精和酵母等。他们生动地说："我们把甘蔗吃光榨尽了，完全消灭了污染排放，取得了最大的经济效益"(图 9.2.3)[7]。

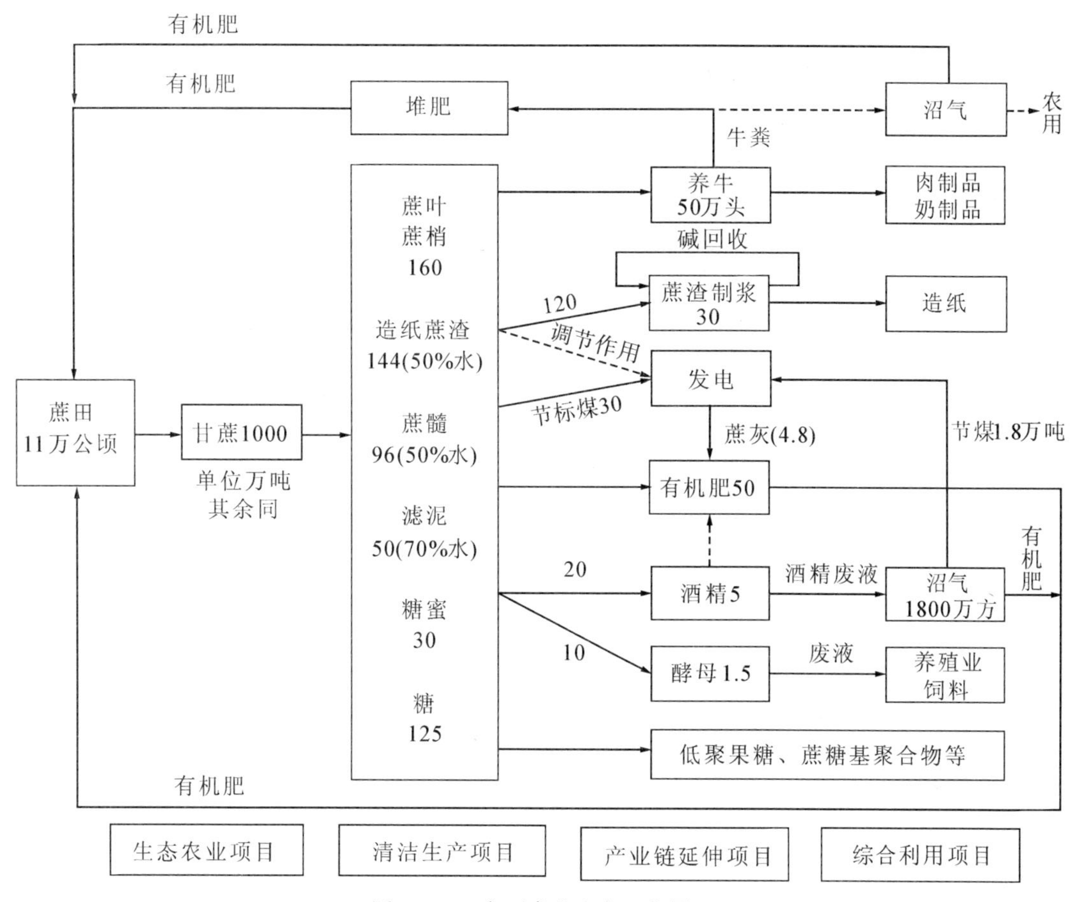

图 9.2.3　广西贵港生态工业园区

8. 产品导向的环境政策

产品导向的环境政策是工业生态学的另一个重要研究领域，一些工业化国家已经开展了相关研究并正在积极推行，并取得了一定的成果。1998 年丹麦国家资源与环境政策委员会发布了关于产品导向环境政策的行动计划，从行政管理上保障了产品导向环境政策的有效实施，但是对于与产品环境影响相关的组织和个人其应承担的责任并没有制度化，这会对产品导向环境政策实施产生一些不利因素。瑞典产品导向环境政策与丹麦有所不同，其强调行政管理、经济和市场等措施的综合运用，这有助于减少产品导向环境政策实施过程中的一些阻力。产品导向环境政策的制定是一项复杂工程，涉及自然学科、社会学科等诸多学科，合作研究成为必然趋势。北欧部长委员会 1999 年成立的专家组，就如何开发一个公共的产品导向环境政策框架技术进行研究。北欧部长委员会的公共的产品导向环境政策框架为解决不同国家的不同环境产品政策冲突构筑了有效的平台，并为产品环境政策规范化奠定了一定的基础。1998 年欧盟委员会提出了 IPP(integrated product policy)，并建议作为欧盟各国产品环境政策。欧洲工业化国家在进行产品导向的环境政策的理论研究的同时，也在实践中积极推行和完善这一政策，如丹麦和挪威等国家在开发新的技术和方法、建立和完善信息系统、营造有利市场环境等方面取得了一定的成果和经验[5]。

9. 生态效益

生态效益已成为工业生态学的一个重要研究领域与组成部分。目前，生态效益研究焦点已从概念的探讨转向生态改进和为环境设计，更加注重实用性。生态效益具体实施途径可归结为以下方面：降低产品与服务的原料消耗强度；降低产品与服务的能源消耗强度；减少毒性物质的扩散；增进原料的可回收性；将可再生资源的使用最大化；提高产品的耐久性；增进商品的服务强度。与工业生态学其他研究领域一样，生态效益的量化仍然是研究者面对的主要问题。世界可持续发展工商理事会(WBCSD)发展了生态效益指标的理论和方法，建立了生态效益指标框架。生态效益的实践运用也取得长足进展，亚太经合组织(A PEC)结合工业部门的生态效益实务，提出了完整的实施方法，具有较高的实践指导意义[5]。

参 考 文 献

[1]李艳. 基于产业集群的氯碱生态工业园模式与评价研究[D]. 东华大学，2010.

[2]吴春梅. 循环经济发展模式研究及评价体系探讨[D]. 山东科技大学，2005.

[3]陈重酉，胡艳芳，孙瑾. 资源、环境和可持续发展[J]. 青岛大学学报(工程技术版)，2009，24(4)：1-11.

[4]陆钟武. 对工业生态学的思考[J]. 环境保护与循环经济，2010，30(2)：4-6.

[5]李同升，韦亚权. 工业生态学研究现状与展望[J]. 生态学报，2005，25(4)：869-877.

[6]石磊. 工业生态学的内涵与发展[J]. 生态学报，2008(7)：3356-3364.

[7]钱易. 环境保护与可持续发展[J]. 中国科学院院刊，2012，27(3)：307-313.